漏斗型池塘循环水高效养殖“168”模式

（融媒体版）

王健华　郭江涛　弓飞龙　张　亚　主编

河南科学技术出版社
·郑州·

图书在版编目(CIP)数据

漏斗型池塘循环水高效养殖“168”模式 : 融媒体版 / 王健华等主编. -- 郑州 : 河南科学技术出版社, 2024. 10.--ISBN 978-7-5725-1770-9

Ⅰ. S96

中国国家版本馆CIP数据核字第2024YZ3600号

出版发行：河南科学技术出版社

地址：郑州市郑东新区祥盛街27号　　邮编：450016

电话：（0371）65737028　65788613

网址：www.hnstp.cn

策划编辑：杨秀芳　申卫娟

责任编辑：申卫娟

责任校对：臧明慧

封面设计：张　伟

责任印制：徐海东

印　　刷：河南瑞之光印刷股份有限公司

经　　销：全国新华书店

开　　本：890 mm × 1 240 mm　1/32　印张：12.25　字数：360千字

版　　次：2024年10月第1版　2024年10月第1次印刷

定　　价：59.00元

本书编写人员名单

主　　编：王健华　郭江涛　弓飞龙　张　亚

副 主 编：张友凡　董天成　元洁琼　孙新华

张亚娟　张　莉

参　　编：刘　猛　史楠冰

序言

1983 年郑州市农业技术推广中心水产技术推广站成立以来，全站技术人员紧盯主责主业，专注水产技术推广事业，积极汲取先进地区水产养殖经验，持续不断地实践与探索，创造与创新。2018 年，水产技术推广站技术团队从改变传统池塘的形状结构和使用功能着手，创新设计，研发出了漏斗型池塘循环水高效养殖技术，简称“168 ”模式。该技术拥有自主知识产权，国家发明专利（专利号：ZL 2021 1 0459131.6）。2021 年被农业农村部推介为全国农业主推技术。这种模式兼顾了养殖空间的“高效集约”、周边环境的“绿色环保”、养殖鱼类品质的“优质安全”、废水废料的“循环利用”，实现了综合种养经济效益的叠加。该技术处于国内领先水平。

6年来，技术团队不断地在实践中优化提升，逐步完善“168”模式，实现了“四突破”“四创新”。“四突破”：一是增产突破，即经过生产验证，养殖鲈鱼、罗非鱼、草鱼等淡水鱼品种亩产较传统池塘增产6倍以上。二是增效突破，即利用“168”模式养成商品鱼后原池吊水，去腥味、增活力、提质量，提高鱼的售价；循环流水养殖水质可控，减少鱼病和用药成本；生产方式高效，节约了用工成本和生产运行成本，综合效益提升40%以上。三是节水突破，采取集中养殖和生态处理相结合，实现循环水养殖，零排放，与传统池塘相比能节约用水80%。四是节地突破，即同等占地面积产出量是传统池塘的3倍以上，能节约50%以上的土地，减少土地资源压力。“四创新”：一是理念创新，即以生态高效、绿色健康养殖理念，创新设计出了由传统池塘养殖向工厂化养殖过渡，适合中国国情的现代渔业发展新模式。二是目标创新，即以“让养鱼环境好、让养的鱼好吃、让养鱼人赚钱”为目标，坚持培养一流人才，创新一流技术，锻造一流团队，成就一流事业，不断提升服务水平。三是技术创新，即圆形漏斗状池塘，对池塘内固体颗粒物移除率超过80%；首创全自动粪污分离和收集系统，实现了鱼粪、残饵收集移除；生态微流水养殖技术，机械动力制造涡旋水流，养殖运动鱼提高鱼肉品质；创制了“168+”水稻、莲藕、花卉、果园、菜园等模式，与农业结合，实现鱼菜粮多丰收。四是服务创新，即打造“168+”一站式服务，组建技术服务队伍，服务全国池塘养殖。目前，“168”模式除在河南省普及推广外，还推广到山东、浙江、湖北、云南、广西、新疆等 17 个省（区），得到了广大养殖户和专家的高度认可。全国已有 6 000多个养殖单元，涌现出多个规模性“168”模式应用示范基地。在渔业行业，郑州水产“168”模式已成为最接地气的设施渔业典范之一。

本书介绍了郑州水产“168”模式的技术原理、技术要点、应用案例、技术标准等一系列内容。全书通过丰富的技术理论、真实的应用案例、详尽的文字说明、直观的图表数据和大量清晰的图片注解，理论与实践并重，文字与图片并举，全面且深入地帮助读者学习和理解水产“168”模式。

笔者题序时，正值全面宣传贯彻党的二十届三中全会精神，会议指出，要健全绿色低碳发展机制，发展绿色低碳产业。希望本书的出版、发行和普及应用，可以作为水产技术推广人员、科研教学人员、管理人员推广该项技术发明的宣传资料，可以作为水产养殖企业、水产养殖户建设应用水产“168”模式的标准化参考书；能够推动“168”模式成为实施水产绿色健康养殖技术推广“五大行动”的有效载体，能为加快推进水产养殖业绿色发展，促进产业转型升级和建设绿色低碳水产业做出积极贡献。

2024 年 7 月 23 日

前言

习近平总书记于2015年10月在党的十八届五中全会上提出了创新、协调、绿色、开放、共享的新发展理念。党的十九大明确要求推动绿色发展，促进人与自然和谐共生。党的二十大报告指出，要以中国式现代化全面推进中华民族伟大复兴。习近平总书记在党的二十大报告中明确指出，中国式现代化是人与自然和谐共生的现代化。

根据新时代、新理念、新形势对渔业发展的新要求，2019年，农业农村部等十部委联合印发了《关于加快推进水产养殖业绿色发展的若干意见》，对水产养殖绿色发展做出安排部署，明确指出要将绿色发展理念贯穿于水产养殖全过程。2020年，农业农村部部署开展水产绿色健康养殖“五大行动”。

党的十八大以来，全国各地水产养殖方式正逐步由传统的池塘养殖向绿色健康养殖方式转型发展。近年来，水产养殖受土地、水等资源条件和生态环保的制约日益增强，渔业产业发展空间和发展潜力受到的影响越来越严重。我们国家作为14亿多人口的发展中大国，要整体迈入现代化，高消耗、高污染的模式是行不通的，资源环境的压力也是不可承受的，水产养殖要实现生态保护和高质量发展突破的目标，必须坚定不移地走生产发展、生活富裕、生态良好的文明发展道路。

实践充分表明，生态环境保护和经济发展是辩证统一、相辅相成的，加强生态环境保护，能够引领和倒逼发展方式绿色转型、实现高质量发展，而促进经济社会发展全面绿色转型，是解决我国生态环境问题的基础之策。

漏斗型池塘循环水高效养殖技术（简称“168”模式）就是在渔业转型发展的过程中创新研发的绿色健康水产养殖新技术。该技术自2018年研发成功后，以适合当前发展阶段实际需求和简单、灵活、投资小、见效快等优点迅速得到推广应用，2021年被农业农村部推介为全国农业主推技术，

2023年农业农村部农业生态与资源保护总站收录为农业面源污染防治关键技术与典型模式。郑州市农业技术推广中心作为技术发明单位，制定了《漏斗型池塘建设规范》和《漏斗型池塘养殖通用技术规范》，由河南省市场监督管理局发布为河南省地方标准，为“168”模式大范围推广应用提供了标准支撑。

为更好指导服务各地开展漏斗型池塘循环水高效养殖技术应用，让全国的渔业从业者了解和掌握“168”模式，推动水产养殖向绿色健康转型升级发展，我们组织技术人员，总结了2019年以来国内各地的诸多应用实践经验，编写了本书，希望能为广大水产同行提供帮助。由于编者水平有限和应用单位在实践中持续对技术优化改进，书稿内容若存在不妥之处，敬请广大读者和水产同行批评指正。

全书由王健华策划统筹，王健华、郭江涛、弓飞龙合稿，郭江涛、弓飞龙、张亚统稿，刘猛、张亚、张友凡、董天成、张亚娟、孙新华、元洁琼、张莉、史楠冰等编写。

全国水产技术推广总站、河南省农业农村厅、河南省水产技术推广站、河南省水产科学研究院以及郑州市农业农村局等各级渔业主管部门和技术推广部门对“168”模式的推广给予了大力支持，河南省以及国内科研院所的专家对“168”模式给予了大量指导，给出了中肯的评价，各应用单位在应用中自发改进优化技术，并为我们提供编写素材，在此一并表示感谢。

编者

2024年7月

目录

一、“168”的故事

郑州市农业技术推广中心水产技术推广站属于公益性事业单位，担负着全市新品种、新技术的引进、试验、示范、推广任务，2023年年底重塑性改革，划归郑州市农业技术推广中心。建站40余年以来，曾先后致力于黄河鲤鱼高产技术、饲料添加剂、鱼药、虾高产养殖、网箱养鱼，特别是1995～2007年利用电厂余热水进行工厂化温流水养殖罗非鱼、热带观赏鱼，在水产养殖方面积累了许多宝贵经验。站内多名技术人员赢得河南省技能大赛一等奖，获得郑州市五一劳动奖章、河南省劳动模范和先进工作者、河南省水产技术推广先进个人、全国农业农村系统先进个人称号。

（一）求助

2018年3月的一天，笔者接到郑州市农业农村工作委员会水产处王新平处长电话，说黄河边河南省千户源农业科技有限公司老杨求助，他想养鱼，想让去帮助看看他的设计方案行不行。

到达现场后看到，这里有一个环农场的10米宽像学校操场上跑道一样的400米长的莲藕池，环形莲藕池内侧有2个并排的宽25米、长50米的长方形鱼池。老杨讲了他的想法，从莲藕池抽水进入长方形鱼池的一端，从另一端出水，流水养鱼，养殖尾水经400米环形莲藕池利用净化处理后再抽回养鱼池。听了老杨的介绍后，我们确实感觉到他是动了脑筋的，他说他跟着农业农村局组织的考察团到先进地区考察学习时看到跑道式养鱼模式不错，所以有了这种想法。

笔者认为这种方式要比传统养鱼池好很多，产量会大幅度提高，但会有死角，鱼粪排出不彻底，建议他把2个池塘改成1个圆形的、中间最深处设排污口，也从莲藕池抽水，抽水处将莲藕池截断筑坝，沿圆池切线方向进水，让水转起来，排出的水到土坝另一侧，也经400米环形莲藕池净化处理后抽到圆形鱼池循环流水养鱼，可实现无死角彻底排出鱼粪、残饵。

王处长听后认为很有道理，立刻让出一个设计方案。

（二）设计

经技术人员实地勘察后，将原来的2个长方形池塘设计为1个直径为36米的圆形池塘，边坡深2米，中心最深处3米，设排污口，排污口为砖混结构，覆盖1米 × 1米钢丝网拦鱼栅，排污口内部呈漏斗状，连接直径300毫米的双壁波纹管到池外排污井，排污井为砖混结构，与排污管道连接处的双壁波纹弯头出口向上，底部用混凝土固定，用同直径双壁波纹管插管，高度低于圆形养殖池30厘米。排污井底部用管道连接莲藕池，经400米环形莲藕池净化处理后，由循环泵提取到圆形鱼池，进水管与鱼池呈切线方向逆时针进水，让水旋转起来，流水养鱼，并定期拔管排污。池塘内部铺设防渗膜，要求内部平整，与排污口连接处用混凝土压实。

（三）建设

老杨按照技术人员的要求于4月初开始建设。由于是首例，建设期间王处长多次带领技术人员到现场指导（图1.1、图1.2）。建设施工从鱼池开挖土建、边坡高度、池底坡度、排污口设置和管道选择铺设、灌水密实、防渗膜的选择与铺设、循环泵的选择与安装、加水等，到增氧机的选择与安装，以及发电机组安装，至5月15日建成。

图1.1　现场技术指导

图1.2　查看灌水密实情况

（四）养殖

2018年5月20日，6尾/千克的草鱼种共18 000多尾（图1.3），经食盐浸泡消毒灭菌后放入该圆形养殖池塘（图1.4）。

图1.3　鱼种称重

图1.4　鱼种投放

用功率500瓦、扬程5米、30吨/时的方向循环泵持续不间断地从莲藕池抽水进入圆形养殖池，水流方向与水车式增氧机相同，水车式增氧机于相对位置安装2台，养殖前期开1台，中后期根据天气、鱼的活动、摄食情况确定开闭增氧机的台数，溶解氧保证在5毫克/升以上，停电时打开发电机。

饲料采用草鱼专用膨化饲料，粒径随鱼体生长而改变。在池边安装自动投饵机，根据鱼的吃食情况确定自动投饵时间和投喂量，同时也要根据天气情况投喂，如阴雨天少喂，晴天正常投喂，高于35℃、低于15℃每天投喂1次，低于12℃停止投喂，其他时间喂2次，每次以八成饱为宜。

作为设计单位，我们时刻关注着鱼的生长情况，组织技术人员定期到现场检查水质、鱼病（图1.5）。对圆形养殖池、莲藕池进排水口做pH值、氨氮、亚硝酸盐等指标检测（图1.6）。定期撒网查看鱼的长势和鱼病监测，结果发现，鱼的生长速度明显。老杨也多次说，没喂多少料，怎么长这么快，让人不敢相信，按打样结果与饲料投喂量计算，饲料系数很低，几乎是喂1千克饲料长1千克鱼。除刚放鱼时有几条死亡外，整个养殖季节未发生鱼病问题。

图1.5　检查水质、鱼病

图1.6　排水口指标检测

（五）结果

2018年年底圆形池塘拉网清塘，共出草鱼18 162.5千克，规格约1.05千克/尾，全年投喂膨化饲料18.4吨，饲料系数1.01。该圆形池塘直径36米，面积1 017米^2，折合约1.5亩，亩产折合12 000千克（图1.7、图1.8）。

结果让大家都非常兴奋，生长季节长速打样得到了验证。当年草鱼价格11元/千克，总收入199 787元，支出饲料费用101 200元，电费6 600元，人工18 000元，地租2 200元，其他2 000元，利润69 787元。莲藕在没有施肥的情况下，也生长很好，增加了收入。

图1.7 拉网清塘

图1.8 健康的大草鱼

（六）“168”名字出炉

结果汇报给王新平处长后，他也很高兴，特别是草鱼在养殖过程中无病害发生，他要求好好总结一下。命名此项技术时，一是学习通威“365”技术的叫法，二是用数字表达好记，由此命名为“1648”，即1个圆形漏斗状池塘，总结了6大技术，当年5月20日投放鱼种，河南地区4月初鱼即开口摄食，如果早放1个多月，4万斤*产量没问题，按当时市场价算账能赚8万元，因此叫“1648”。

后来请教河南省水产科学研究院的贾滔高级水产师，他提出4万斤产量不成问题，但8万元的利润受市场影响可不一定年年都能达到，他建议把4去掉，改成8大好处！此后正式命名为“168”。

（七）验证

验证一。老杨2019年初再建5座“168”池塘，根据2018年清塘时池底淤泥残存情况，发现原来池底坡度不够，中心排污口池深3米，在环绕排污口3米以内有20厘米左右厚度的鱼粪、残饵和泥沙沉淀，判断是深度不够造成此现象，因此把鱼池建成直径30米，中间最深处4米。

含2018年建设的1个，总共建成 6个“168”池塘，全部集中在莲藕池的一侧，通过沟渠排入分隔坝的另一侧，经400米环形莲藕池净化

*斤为非法定计量单位，1斤=500克。

图 1.9　排污口检查

图 1.10　鱼池加水

图 1.11　长 400 米的莲藕池

图 1.12　生长中的莲藕

处理，再回抽到各个“168”池塘（图1.9~图1.16）。

其中3、4、5号三个池塘放养大规格鱼种养成商品鱼，1、2、6号三个池塘放养鱼苗养殖鱼种，3、4、5号养殖池放养的大规格草鱼种到9月18日平均尾重2.3 ~ 2.4千克，9月18日开始销售，到9月底全部销售结束，共产出成品鱼18 920千克，共投喂配合饲料22 330千克，配合饲料系数约为2。1、2、6号池塘草鱼种放养规格为50 ~ 67克/尾，截至10月底生长期结束，投喂饲料合计10 450千克。经抽测，平均规格达到260 ~ 300克/尾，预估存池量10 000千克左右，净增重饲料系数为2。

水循环利用节约了水电资源，降低了生产成本。养殖水环境优良，整个实验过程中无任何鱼病发生，杜绝了药物影响，确保了产品质量，极大地提高了安全水平。但也暴露出一些问题，2019年的成鱼产量明显低于2018年，饲料系数明显高于2018年，分析原因主要是改变饲料所致，因图便宜将饲料改成草鱼沉水料，水循环流水养鱼，一部分未能直接摄食的饲料随水流从中心排污口排出，造成饲料系数大幅度升高，同时鱼摄食不够，造成规格偏小、产量偏低。

图 1.13　摄食中的草鱼种

图 1.14　水质检测

图 1.15　莲藕池水质检测

图 1.16　收获

经验总结：“168”池塘，直径从36米降为30米，深度由3米增加到4米，漏斗型明显，清塘观察池底无鱼粪、残饵残留，排污效果明显。从这一次的深刻教训可以看出，“168”养鱼，要使用漂浮型膨化饲料，既可避免饲料浪费，又能保证鱼的充分摄食。

验证二。2018年年底的郑州市水产工作会议上，笔者见到了郑州市龙祥水产养殖有限公司的总经理刘祥，给他介绍了老杨的圆池养鱼的情况。2019年初他在新乡基地先建了14座“168”漏斗型池塘，并在圆池的基础上又搭建了篮球皮状保温大棚，冬季加注地热水养殖罗非鱼，当年产量达到34 000千克（图1.17～图1.21）。

图1.17　首个“168”保温大棚

图1.18　现场查看

图1.19　人工投喂罗非鱼

图1.20　满池的罗非鱼

图1.21　两个一组的“168”保温大棚外景

河南省水产技术推广站王飞站长到现场调研后，给予高度评价，并亲自为“168”明确了含义：“1”代表1 000米^{2}以下的漏斗型池塘；“6”代表六大模块：养殖设施、集污排污、增氧曝气、生态净化、温度控制、智能控制；“8”代表八大优点：生态理念引领、养殖环境可控、集污排污科学、提质降本增效、产品质量优良、操作管理方便、节能高效智能、组装配套灵活。自此上升为“河南的模式”。

后续：郑州市龙祥水产养殖有限公司又在新乡和中牟建了近200座“168”漏斗型池塘，分别进行了大口黑鲈苗种培育、大口黑鲈商品鱼养殖，以及黄颡鱼、丁鱥、锦鲤等品种养殖，与水稻、莲藕综合种养，都取得了很好的效果，成为河南省最大的“168”示范推广基地（图1.22）。

图1.22 郑州市龙祥水产中牟“168”基地全景

验证三。位于荥阳王村黄河滩万亩养鱼基地的荥阳富发水产养殖有限公司张跃平于2019年初改造一个10亩池塘，建成一个直径42米、中间深5米的“168”池塘，剩余部分建成四池三坝净化系统，循环水养殖。配套有人工排污、集污井、曝气池、莲藕池、生物净化池。4月建好后，投放大规格草鱼（1千克/尾）10 000余千克，至6月中旬，草鱼规格达到2千克/尾，总产量达到20 000余千克。随后放养大口黑鲈，至2020年6月，共生产14 000千克大口黑鲈商品鱼，取得了良好效益（图1.23～图1.26）。

图1.23　传统池塘改造为“168”池塘

图1.24　建成后的“168”池塘

图1.25　投喂

图1.26　销售

存在问题：①该养殖池直径42米，边坡深度3米，当时池塘改造缺土，中间最深处只有5米，在养殖过程中经检测，中心到半径15米处存在鱼粪、残饵沉积，池底坡度不够，排污效果不好。②收集到的鱼粪在集污井未抽出水体，虽然进行了四池三坝处理，水质处理效果欠佳。③在生物净化池也投放了大量的大口黑鲈，未按生物净化池的要求放养净化品种，也是造成水质处理效果不明显的主要原因。

（八）科技攻关

1. 立项与结题

2019年9月申报河南省科学技术厅科技攻关项目“新型

底排污池塘生态循环水养殖系统研发和产业化”（项目编号202102110262），并取得立项支持（图1.27）。至2021年3月完成结题验收并被河南省科学技术信息研究院收录，馆藏号：HNSTR-2021-000264（图1.28）。

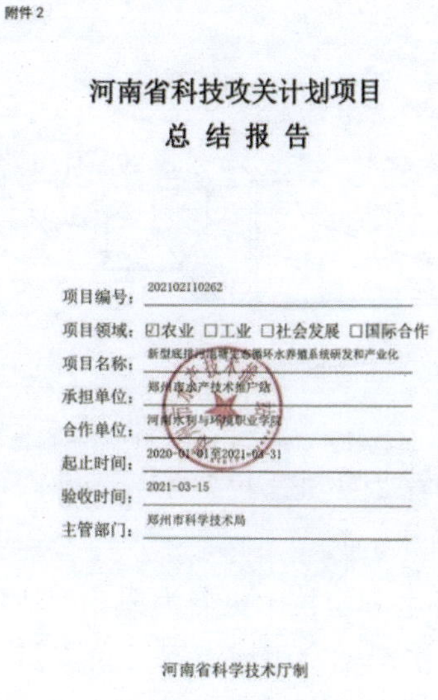
附件 2

河南省科技攻关计划项目
总 结 报 告

项目编号：202102110262
项目领域：☑农业 ☐工业 ☐社会发展 ☐国际合作
项目名称：新型底排污池塘生态循环水养殖系统研发和产业化
承担单位：郑州市水产技术推广站
合作单位：河南水利与环境职业学院
起止时间：2020-01-01至2021-03-31
验收时间：2021-03-15
主管部门：郑州市科学技术局

河南省科学技术厅制

图 1.27　科技攻关总结报告封面

收录证书
馆藏号：HNSTR-2021-000264

经审核，本报告已收录于河南省科技报告共享服务系统（http://kjbg.hnkjt.gov.cn）。
特颁此证。

报告名称：新型底排污池塘生态循环水养殖系统研发和产业化
报告编号：416046985—202102110262/01
报告作者：王健华（郑州市水产技术推广站）
张超峰（郑州市水产技术推广站）
等 4 人
收录时间：2021 年 3 月
支持渠道：河南省科技攻关计划
项目/课题名称：新型底排污池塘生态循环水养殖系统研发和产业化
项目/课题编号：202102110262

河南省科学技术信息研究院
2021 年 3 月 10 日

图 1.28　被河南省科学技术信息研究院收录

前后历时1.5年，在关键技术——新型底排污池塘设计（图1.29）、养殖系统设备优化、循环水生态系统构建、不同水产养殖品种的最佳养殖量等方面进行对照试验，项目深入研究了新型底排污池塘生态循环水养殖系统结构、污物排出率、水质净化效果，研究了新型底排污池塘必要装备，并通过进一步的中试和推广总结，得出了新型底排污池塘常见鱼类的养殖技术，最后得出结论如下：

（1）直径25米左右，池深5米，水深4.5米，池底斜坡与水平夹角以15° ~30° 为宜。

（2）池外与排污管道相连加配竖流集污装置，将鱼粪分离出养殖水体，效果最好。同时鱼粪的资源化利用也取得了成效。

（3）养殖面积与净化面积大于2∶8，效果明显。

（4）搭建的穹顶式保温大棚，实现了全年养殖。

（5）新型底排污池塘每700米^{2}养殖水面，生产优质水产品产量以不超过15 000千克为宜。

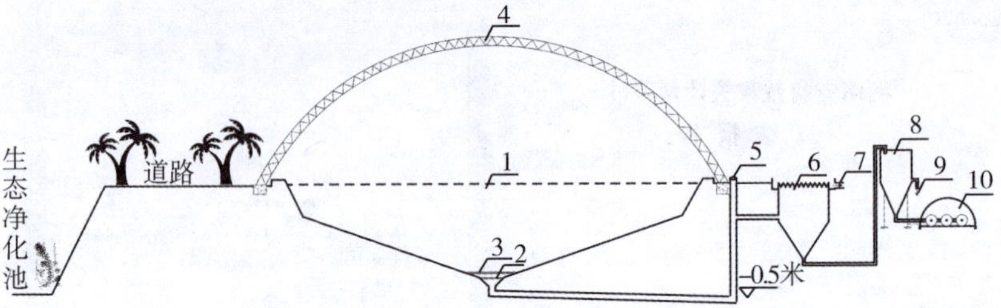

图1.29　“168”养殖系统剖面图

1. 养殖池塘　2. 第一层拦鱼网　3. 第二层拦鱼网　4. 钢构大棚　5. 直径 300 毫米垂直管道　6. 鱼粪集排装置　7. 溢水口　8. 沉淀塔　9. 溢水口　10. 鱼粪发酵通道

2. 成果评价

2022年4月将新型底排污池塘循环水养殖技术更名为漏斗型池塘循环水高效养殖技术，并报请河南省水产学会组成专家评价委员会（中国水产科学研究院渔业机械研究所刘兴国研究员、中国水产科学研究院珠江水产研究所谢俊研究员、华中农业大学李大鹏教授、河南农业大学刘忠虎副教授和河南牧业经济学院齐子鑫副教授）形成科学技术成果评价书（豫渔评字〔2022〕第1号），评价意见如下：

（1）该成果创建的圆形漏斗状池塘，有效解决了池塘集污、排污问题，对养殖水体中的固体颗粒移除率超过80%，改善了水质，大幅度提高了养殖产量；创新了“生态渠+农作物种植”养殖尾水综合处理技术，养殖尾水资源化利用率达到100%；搭建了穹顶式大棚，满足了春、秋、冬季保温需求，实现了全年养殖；应用后综合养殖效益提高了40%以上，具有节水、节地、节能、简单、灵活、安全、高效、质优等特点，具有广泛的应用前景。

（2）评价委员会一致认为，该成果总体达到国内领先水平（图1.30）。

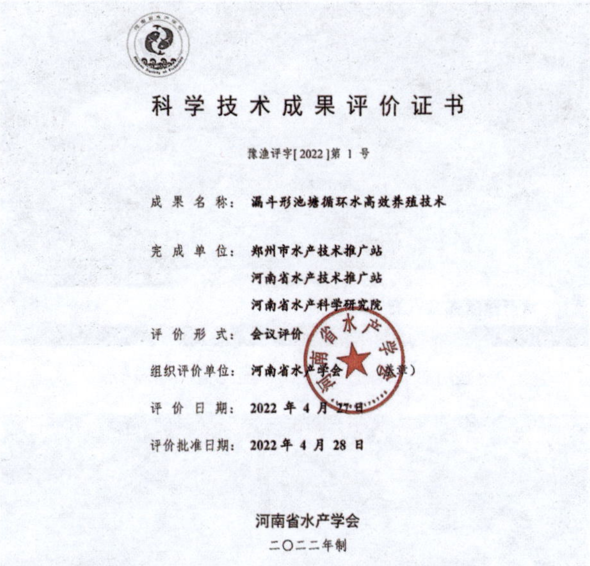

科学技术成果评价证书

豫渔评字[2022]第 1 号

成 果 名 称：漏斗形池塘循环水高效养殖技术

完 成 单 位：郑州市水产技术推广站
河南省水产技术推广站
河南省水产科学研究院

评 价 形 式：会议评价

组织评价单位：河南省水产学会 （盖章）

评 价 日 期：2022 年 4 月 27 日

评价批准日期：2022 年 4 月 28 日

河南省水产学会

二〇二二年制

图 1.30　河南省水产学会评价证书封面

（九）媒体报道

漏斗型池塘循环水高效养殖“168”模式是在渔业转型发展的过程中创新研发的绿色健康水产养殖新技术，并在生产实践中取得了显著的成效，2021年被农业农村部推介发布为健康养殖类主推技术。《水产前沿》、《河南日报》、河南乡村频道（大象新闻）、河南卫视等媒体争相对这一技术进行了宣传报道（图1.31~图1.34）。

图 1.31　新型养殖模式服务水产绿色发展

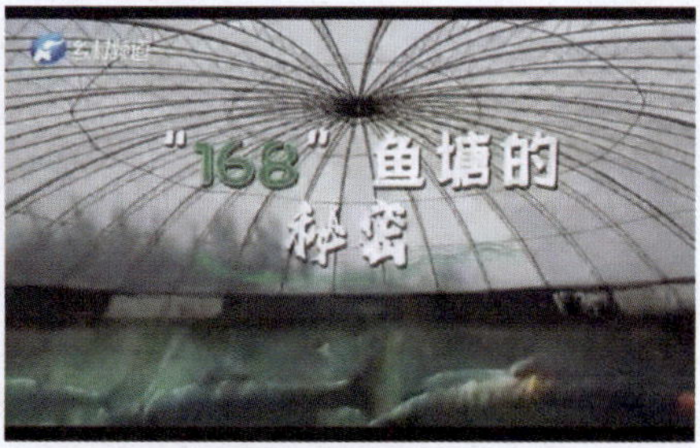

图 1.32　了不起的“金扁担”：“168”鱼塘的秘密

图 1.33　水产新模式　鱼儿有“马桶”

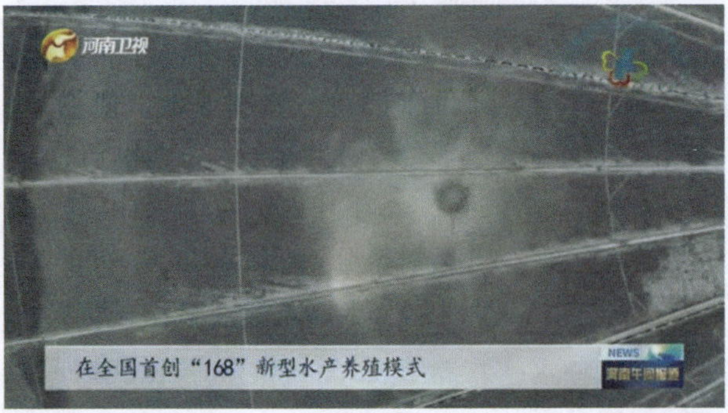

图 1.34　丰收背后的“金扁担”：在全国首创“168”新型水产养殖模式

二、圆形漏斗状池塘

（一）传统的池塘养殖

中国最早的养鱼记录出自春秋时期范蠡的《养鱼经》，也叫《陶朱公养鱼经》，其中“水畜，所谓鱼池也。以六亩地为池，池中有九洲”说的就是池塘养殖。20世纪80年代末90年代初，随着渔用配合饲料和渔业增氧机械的出现和应用，水产养殖从原来的低产混养逐步向高产精养转变。随着养殖方式的转变，池塘养殖解决了水产品短缺问题，水产养殖成为农业农村经济发展的突出亮点和重要增长点，取得了显著成绩。渔业的迅猛发展为促进渔民生活富裕做出了突出贡献，多元化的水产品丰富了群众餐桌，保障了菜篮子供给，为消费者提供了优质动物蛋白。水产养殖逐步发展成为我国大农业中的一个重要产业，水产养殖总产量占到世界养殖水产品产量的70%以上，且水产品出口总额位居世界首位。

自20世纪90年代初水产养殖技术向集约化高产养殖转变至今，中国内陆水产养殖方式多以池塘养殖为主，池塘的形状有长方形、三角形、四方形或不规则形，池底一般由池塘四周逐步向池底中间缓慢下降形成锅底状，池底坡度平缓。在人们的意识中，很少有打破池塘原有形状的思维。随着养殖技术水平的不断提高，池塘养殖亩产量从混养低产的100～200千克向集约化高产养殖的500千克、1 000千克、2 000千克快速提升。

同样的养殖面积，同样的土质塘底，承受着不同的粪污影响压力。在传统的方形、三角形、不规则形池塘中，养殖鱼类的排泄物、鱼儿未完全摄食的饵料残余，均排放到池塘水体中，大量的有机营养物质溶入水体或沉入池底，造成池塘环境富营养化，水体和底泥过肥，水体浑浊、透明度低，水质、底质环境恶化。为了给养殖鱼类提供有利的生长条件，只能采取排水后加注新水完成池塘换水，从而在一定程度上改变池塘养殖环境，但这种方式不能解决池塘内鱼粪、残饵的持续累积问题，只能通过周而复始地换水调节池塘水环境，消耗了大量水资源。按照实践总结归纳，传统的方形池塘养殖以亩产量1 500千克计算，一个养殖周期一般在180天左右，1亩水面水深平均1.3米，加满一次的需水量为900米^3，如果平均20天换水一次，换水量1/5 ~ 1/4，换一次水需要200米^3，一个养殖周期至少需要换水6次，需水量1 200米^3，在不考虑池水蒸发和渗漏的情况下，产出1 500千克水产品，至少需要用水2 100米^3，平均产出1千克水产品至少需要用水1.4米^3。

高产池塘，以饵料形式投入的氮、磷养分仅有约1/3被水产动物同化吸收，剩余养分大多以残饵和鱼类排泄物等形式残留在养殖水体和底泥中，日积月累导致塘内水质恶化，影响鱼类健康生长，而且养殖尾水的排出也加剧了周边水环境的污染。随着集约化程度的不断提高，养殖水体富营养化，鱼病频繁发生，养殖户大量用药，造成水产品质量安全隐患。因此，及时移除精养池塘中的氮、磷，减轻养殖水体中有害物质压力，可有效改善养殖环境，有利于养殖鱼类健康生长。

（二）池塘养殖方式的转变

据《中国渔业史》记载，新中国成立后，第一代领导集体为促进水产事业发展，为水产事业发展制定了一系列的方针和政策。1956年设立了中华人民共和国水产部，毛泽东主席任命许德珩为水产部部长。其后，毛泽东主席又在接见水产部领导成员时，关注而又高瞻地做出了以下指示：“三山六水一分田，渔业大有可为。”到1957年，淡水养殖产量就占到淡水水产品总产量的47.92%，部分高产池塘亩产量达到700千克以上。当时的淡水养殖方式有池塘养殖、沟渠养殖、湖泊水库养殖。1958年1月召开的全国水产工作会议上，朱德副主席在分析了我国水产生产的形势后指出：“由于我国人口多，耕地少，而水产资源丰富，我们更加需要向水上发展。”“当前的重点和中心是发展浅水和浅海的水产养殖，因为这是水产事业中潜力最大的方面，也是最广大的群众可以参加的。”会后，水产部副部长高文华还以《养捕之争》为题撰写论文，具体阐述了“以养为主”的方针。1982年，国家水产总局和水利部联合召开了全国淡水渔业工作会议，制定了“动员各方力量，充分利用各种水面，实行以养为主，养殖、增殖、捕捞相结合”的方针。1985年，池塘养殖生产了淡水渔业70%的渔产量。大面积连片的池塘商品鱼养殖基地平均亩产量达到696千克。1983年，全国已拥有渔用配合饲料工厂188座，渔用颗粒饲料此后迅速得到发展应用。

1980年以前，淡水渔业基本建设完全是指令性计划；1981年后开始出现联营企业；再后来，完全放开，池塘养殖得到快速发展，池塘集约化养殖技术越来越成熟，池塘养殖产量进一步提高；到2000年以后，池塘养殖环境变得越来越差，影响了池塘养殖健康持续发展。

党的十八大报告提出全面推进经济建设、政治建设、文化建设、社会建设、生态文明建设，实现以人为本、全面协调可持续的科学发展。党的十九大在全面总结经验、深入分析形势的基础上，从经济、政治、文化、社会、生态文明五个方面，制定了新时代统筹推进“五位一体”总体布局的战略目标，作出了战略部署。党的十九大提出加快生态文明体制改革，建设美丽中国，要求推进绿色发展，着力解决突出环境问题。习近平总书记多次强调，绿水青山就是金山银山，要坚持节约资源和保护环境的基本国策，推动形成绿色发展方式和生活方式。习近平总书记2019年视察黄河并在黄河流域生态保护和高质量发展座谈会上提出黄河流域绿色高质量发展要求，并强调要坚持生态优先、绿色发展，坚定走绿色、可持续的高质量发展之路；要坚持以水定地、以水定产，倒逼产业结构调整，建设现代产业体系。

2019年农业农村部等十部委联合印发了《关于加快推进水产养殖业绿色发展的若干意见》，这是新中国成立以来第一个经国务院同意、专门针对水产养殖业的指导性文件，是当前和今后一个时期指导我国水产养殖业绿色发展的纲领性文件，对水产养殖业的转型升级、绿色高质量发展都具有重大而深远的意义。

进入21世纪以来，特别是党的十八大以后，国家各级渔业主管部门和水产技术推广机构为改变池塘集约化高产养殖造成的影响水产品质量安全和养殖环境的弊端，引导转变养殖方式，向绿色健康养殖发展，并推广了多种绿色健康养殖模式。如开展池塘标准化改造，在缺少进排水设施的池塘中增加进排水设施，使池塘能实现底部排水，尽可能排出底部蓄积的鱼粪、残饵，改善池塘内部水环境；有的改造还对池塘边坡进行硬化处理，避免池塘边坡滑塌增加池底淤泥厚度。再如在全国范围内推广池塘工程化（流水槽）循环流水养殖、高位池底排污养殖、通威“365”底排污养殖、池塘鱼菜共生、池塘+人工湿地净化循环微流水养殖、池塘圈养桶循环流水养殖、池塘网箱生态养殖、多营养级池塘健康养殖、生物多样性池塘健康养殖等生态养殖模式。这些养殖方式对改善养殖环境、提高水产品质量安全水平做出了有益尝试，推动了池塘养殖方式创新和生态健康养殖模式多元化发展。但这些方式都是以原有的方形、锅底状池塘为基础进行创新，没有改变池塘的原有形状结构，没有从池底结构上对集污排污功能实现突破性创新。2018年郑州市水产技术人员在实践中创制了圆形漏斗状池塘生态养殖技术模式，改变了传统的方形、三角形、不规则形等池塘的形状，将池底由锅底状改变为漏斗状，开创了一种新的池塘形状和生产管理模式。

（三）圆形漏斗状池塘

圆形漏斗状池塘开创了新的池塘形状，创新了池塘养殖模式。设计圆形漏斗状池塘满足了新时代渔业高质量发展的要求（图2.1）。

圆形漏斗状池塘是指池塘上口为标准的圆，沿池塘上口一周向下设计接近竖直的池塘边坡，池塘边坡以下设计成漏斗状池底，池底中间设置排水排污口，池塘边坡和池底全部铺设防渗膜，表面光滑，不渗漏。

图 2.1　圆形漏斗状池塘俯视图

圆的直径可以根据不同生产需要进行调整，但为了有利于池塘建设和生产应用，一般建议池塘直径不超过36米，原因是为了漏斗状池底达到最优的集污排污效果。池塘直径越大，池塘深度相应就要增加，一般设计池塘深度不超过5米。

边坡垂直深度不超过2米，边坡设计一是为了增加有效水体，二是为了拉网捕捞时操作方便。边坡垂直深度与边坡斜度一般设计为边坡每垂直下降1米，边坡底部向池中心延伸0.5米，依此类推，即边坡垂直下降2米，边坡底部向池中心延伸1米。

漏斗状池底是指在边坡以下设计成漏斗状，是漏斗型池塘区别于其他底排污池塘最明显的特征，是发挥集排污作用最重要的组成部分。

传统的池塘对土质、面积、形状等的要求均与漏斗型池塘不同。在池塘养殖学中，传统池塘的形状以东西长、南北宽的长方形池为好，这样的池形优点是：池埂遮阴小，水面日照时间长，有利于浮游植物的光合作用；夏季多东南风和西南风，水面容易起波浪，池水在动态中能自然增氧，可以减少鱼类浮头。长方形池塘的长宽比以5：3为好，有利于饲养管理和拉网操作，注水时也容易造成全池水的流转。传统的稳产高产鱼池的要求是：面积适中，一般在10亩左右；池水较深，一般在2.5米左右；池形整齐，堤埂较宽较高，大水不淹，便于操作；堤埂作为鱼池的四壁，最少宽2～3米，堤埂向池底延伸的部分称为池坡，池坡要求达到1∶（1.5～2），土质堤埂容易被雨水冲毁或垮塌，滑入水中增加淤泥的厚度，出现这种情况，需要及时修复堤埂。土质要求以壤土最好，黏土次之，沙土最劣。要求池底淤泥厚度10～15厘米，但养殖1年后，由于池底积存的大量残饵、鱼粪和生物尸体与泥沙混合，分解需要消耗大量的氧气，容易造成水质恶化，需要挖去过多的污泥，并用生石灰中和土质使其呈弱碱性。

漏斗型池塘与传统的土质池塘相比，防渗膜将养殖水体与土地完全隔绝，因此池塘建设对土质没有要求，也不用建设池埂，免去了池埂维修烦恼；池塘面积求小不求大，讲究小而精、不贪大，节省土地的占用；圆形池塘与长方形池塘相比不需要计较鱼池的朝向，因此在池塘建设选址上提供了极大便利，可以达到简单、灵活、高效。

漏斗型池塘与传统的长方形池塘相比，对水深的要求既有相同点也有不同点。相同点是都要求有较大的深度，遵循“一寸水，一寸鱼”的渔谚；另外，池水较深，水量较大，水温不宜变化，水质容易稳定，对鱼类生长有利。不同点是传统池塘要求水深不超过2.5米，原因是根据测定的结果，精养鱼池水深超过3米之下的部分，水中溶解氧量一般在1毫克/升以下，对鱼非常不利。漏斗型池塘水深要求4米左右，3米水深以上部分鱼类活动生长，3米以下部分蓄积鱼粪、残饵等污染物，利于集中移除到池塘外。

漏斗型池塘铺设的防渗膜将养殖水体与土地完全隔绝。其优点是漏斗型池塘本身没有淤泥，不存在大量淤泥造成水质恶化的客观条件；缺点是失去了土壤中含有的大量营养成分作为池塘有机物“生物加工厂”，失去了淤泥中胶质调节水体肥度的作用，池塘内水质的维护全靠水体交换和水质调节，在养殖过程中必须始终重视水质管理。在加满池水准备放养鱼种前，水体不宜施肥，随着饲料投喂，大量的鱼类排泄物中的有机成分会溶于水中自然培肥池水。为避免饵料粉末等进入水体进一步增加池水肥度，在选择饵料时建议选择膨化漂浮性专用鱼类饵料，一是提高饵料利用率，二是提高饵料转化率，尽量减少残饵可能带来的污染。鱼类排泄物在池塘积存的过多就会消耗大量水体溶解氧，可能造成水质恶化，因此必须经常清理池塘中鱼的排泄物，保持池塘清洁。随着经常性的鱼类排泄物清理，大量池水也被同时排出池外，需要及时补充新水，水的循环利用就是解决反复排水补水的最好途径，因此漏斗型池塘养殖需要配套养殖尾水净化设施设备，池塘加尾水净化循环利用构成完整的漏斗型池塘循环水养殖技术。

三、六大技术

（一）漏斗设计

1. 漏斗设计的含义与作用

漏斗设计是指圆形池塘的池底呈漏斗状。池塘全部铺设防渗膜，圆形池塘无死角，利于水体涡旋流动，漏斗状池底利于鱼粪、残饵沉降到池底中央，利用池内外水压差迅速排出。

2. 漏斗设计的原理与指标要求

漏斗设计是总结了普通池塘池底坡面过缓，易蓄积污物，且污物不易排出的缺点，将池塘面积缩减到667米^{2}左右，将池底改为漏斗状，利用垂直沉降的原理使悬浮于水体中的鱼粪、残饵等粗颗粒物沉淀到池塘底部。漏斗状池底的坡度经模拟试验和实际应用试验，以30° 左右最好。在具体建设中，漏斗部分垂直深度保持在3米左右，以便于将池塘坡度尽量加大到不易沉积鱼粪、残饵的程度。

在实际应用中，建设漏斗型池塘一般是在原地面下挖3米（图3.1），将原地面抬升2米形成新的养殖池平面，利用2米左右高差将养殖池中的鱼粪、残饵排出池外。犹如给鱼类建设了一个抽水马桶，实现池塘内水环境可调可控，清洁化生产。

图 3.1　漏斗型池塘土基实景图

3. 不同坡度的漏斗底面试验结果与功效

（1）试验材料：设计底部斜坡与水平面夹角为12°、20°和30°，上部直径0.8米、高0.4米圆桶的3个模拟底排污生态池塘系统，分别记为模型1、模型2和模型3，用2毫米厚的不锈钢铁皮制作，底部用PVC管加阀门外接排污，池内分别配备30瓦的推水泵，于2020年2月11日进行粪污收集试验，具体操作分别以鲤鱼破碎料、南美白对虾破碎料代替鱼粪便，模拟研究不同坡度池底粪污移出效果。

3个池塘模型分别加水至距上沿5厘米处，用30瓦水泵在出水口距水面下5厘米处沿池壁顺时针方向推水，模型稳定运行30分钟后开始粪便集中实验。

（2）试验方法：采取推水（关闭进排水）粪便集中试验与开启排污管道粪便排出试验2种。

1）推水（关闭进排水）粪便集中试验：

分别同时向3个模型池塘加入50克浸泡过的鲤鱼破碎料，秒表计时鲤鱼破碎料完全集中于池底集污管的时间。

分别同时向3个模型池塘加入50克浸泡过的南美白对虾破碎料，秒表计时南美白对虾破碎料完全集中于池底集污管的时间。

2）开启排污管道粪便排出试验：

分别同时向3个模型池塘加入50克鲤鱼破碎料，开启排污管道，秒表计时鲤鱼破碎料完全排出模型池塘的时间。

分别同时向3个模型池塘加入50克南美白对虾破碎料，开启排污管道，秒表计时南美白对虾破碎料完全排出模型池塘的时间。

为保证结果的准确性，上述2种粪便集中、排出试验分别重复进行3次，并准确计时。

（3）试验结果：

1）推水（关闭进排水）粪便集中试验：经过多次预试验，最终系统稳定运行且确定粪便集中标准，记录推水（关闭进排水）粪便集中时间（表3.1）。由表3.1可知，在推水（关闭进排水）系统中，两种破碎料在3个模型中都能快速沉降集中，随底部夹角增大沉降速度加快，即模型3中破碎料沉降速度最快，平均72秒即可完全沉降鲤鱼破碎料，平均52秒可将南美白对虾破碎料完全沉降；而模型1中破碎料沉降速度最慢，平均122秒才能完全沉降鲤鱼破碎料，平均84秒才能完全沉降南美白对虾破碎料。相同模型中，南美白对虾破碎料比鲤鱼破碎料沉降速度快，完全沉降时间分别加快38秒、26秒和20秒。相同破碎料在3种模型中完全沉降时间比较，鲤鱼破碎料在模型3完全沉降较模型1和模型2中速度分别加快50秒和26秒；南美白对虾破碎料在模型3完全沉降较模型1和模型2中速度分别加快32秒和20秒。

表3.1　推水（关闭进排水）粪便集中时间　　　（单位：秒）

	鲤鱼破碎料			南美白对虾破碎料		
	12°	20°	30°	12°	20°	30°
第一次集中时间	122	106	75	80	70	42
第二次集中时间	120	90	70	83	72	57
第三次集中时间	125	98	72	89	73	58
平均集中时间	122	98	72	84	72	52

2）开启排污管道粪便排出试验：经过多次预试验，最终系统稳定运行且确定粪便集中标准，记录开启排污管道粪便排出时间如表3.2所示。由表3.2可知，在开启排污管道系统中，两种破碎料在3个模型中都能快速沉降集中，随底部夹角增大沉降速度加快，即模型3中破碎料沉降速度最快，平均17秒即可完全沉降鲤鱼破碎料，平均13秒可将南美白对虾破碎料完全沉降；而模型1中破碎料沉降速度最慢，需要56秒才能完全沉降鲤鱼破碎料，平均46秒才能完全沉降南美白对虾破碎料。相同模型中，南美白对虾破碎料比鲤鱼破碎料沉降速度快，完全沉降时间分别加快10秒、2秒和4秒。相同破碎料在3种模型中完全沉降时间比较，鲤鱼破碎料在模型3完全沉降较模型1和模型2中速度分别加快39秒和13秒；南美白对虾破碎料在模型3完全沉降较模型1和模型2中速度分别加快33秒和15秒。

表3.2　开启排污管道粪便排出时间　　　　（单位：秒）

	鲤鱼破碎料			南美白对虾破碎料		
	12°	20°	30°	12°	20°	30°
第一次集中时间	60	38	17	45	28	15
第二次集中时间	50	24	16	48	26	12
第三次集中时间	59	28	18	44	29	13
平均集中时间	56	30	17	46	28	13

（4）结果分析：集约化养殖池塘中，吃食性鱼类作为消费者主要靠大量人工投喂饲料快速生长，同时会产生大量粪便排至养殖水体；滤食性鱼类作为消费者滤食水体中浮游动植物及生物絮团，浮游植物是水体生产者，吸收水体内代谢废物，净化养殖水体，养殖水体中的微生物是分解者，联结有机和无机环境。养殖水体既是养殖对象的生活场所，又是粪便、残饵等的分解场所，以及浮游生物的培育池。这种“三池合一”的养殖方式，容易造成“消费者、生产者和分解者”之间的生态失衡。及时移除水体中消费者产生的粪便，将会极大程度地维持池塘系统的生态平衡。悬浮于水体中的物质沉降与悬浮物的密度、水体流动速度等有关。养殖水体中粪便、残饵由于密度相对较小，自然沉降速度较慢，如有一定的推动力，形成涡旋流动将会加速粪便、残饵的沉降速度。本试验采用推水式（关闭进排水）漏斗型池塘模型和开启排污管道式漏斗型池塘模型研究粪便、残饵沉降速度。在两种系统中，粪便、残饵沉降速度均随漏斗型池塘底角角度增加而加快；两种不同密度粪便、残饵（南美白对虾破碎料密度＞鲤鱼破碎料密度）沉降速度随密度增加而加快；两种系统中，因推水式（关闭进排水）漏斗型池塘模型系统水体涡旋速度低于开启排污管道式漏斗型池塘模型系统形成的涡旋速度，开启排污管道式漏斗型池塘模型系统粪便、残饵沉降速度快于推水式（关闭进排

水）漏斗型池塘模型系统，因开启排污管道式漏斗型池塘系统外排水量大，可考虑配套净水系统，进行循环水养殖。

综上所述，为加快粪便、残饵的沉降速度，在节水节地养殖大环境下，可采用助力旋流推水式（关闭进排水）漏斗型池塘模型系统，加速粪便、残饵沉降，以少量排水的方式将粪便、残饵移除至养殖池塘系统外；采用坡度为30°的漏斗型池塘配套一定面积净水系统循环水养殖，也可及时移除粪便、残饵，加速养殖鱼类生长速度。

（二）尾水集排

1. 尾水集排的含义

尾水集排是指在漏斗型池塘中，通过动力机械搅动养殖水体的涡旋流动，将鱼粪、残饵等粗颗粒物带到漏斗型池底的中央排水（排污）口周围，再通过排水（排污）口将含有大量鱼粪、残饵的尾水排出养殖水体（也称鱼粪集排）。

2. 尾水集排的原理与作用

尾水集排是利用圆形漏斗状池塘并铺设光滑的防渗膜，使池塘边坡、池底不易积存鱼粪、残饵的特点，再利用机械动力推动水体涡旋流动，将悬浮于水体中的鱼粪、残饵等带到池底集中。由于池塘垂直深度在5米左右，且池底溶解氧低，根据测定，4米水深以下的溶解氧量不足1毫克/升，因为溶解氧不足，常规养殖鱼类很少到4米以下活动；4米水深以下的水体几乎不受机械推动的水流旋转干扰，池底会形成1米的鱼粪、残饵积存空间，不会因为鱼类搅动或水流旋动再散发到大范围的水体中。利用池塘内外水压差或机械动力可以迅速将鱼粪、残饵移除出养殖水体，根据实践总结，尾水集排可以将80%以上的鱼粪、残饵排出池塘，保持了养殖池塘内部环境优良，清洁化生产。

3. 尾水集排的模拟试验中不同旋流装备对粪便排出速度的影响

在设计“168”池塘工程化养殖系统时，既要考虑到养殖鱼类的生物学极限，又要考虑提高收集鱼类代谢废弃物和残饵的效率。保持养殖水体的清洁，需要在鱼类生物学极限和养殖水体环境清洁度之间取一个平衡值。要保持封闭漏斗型池塘养殖系统中的清洁度，至少要保持水流速度在10 厘米/秒，同时，部分鱼类或鱼苗阶段的最大游速远低于这个速度，因此，在养殖试验模型自洁度和最大游速之间取一个平衡值3 厘米/秒。为了达到该水流速度，在封闭漏斗型池塘养殖系统中需要增加辅助设备，才能助力养殖系统内养殖水体的涡旋速度，根据试验推水（关闭进排水）粪便集中实验和开启排污管道粪便排出实验结果，初步选定模型3做进一步研究不同助力旋流设备对粪便、残饵集中沉降的效果。

（1）材料与方法：

1） 试验基础条件：本试验分别设计直板形2片扇叶、圆形3片扇叶凹面朝上、圆形3片扇叶凹面朝下等3种旋流助力设备，叶片呈螺旋状，长径5厘米，短径4厘米，窄头焊接于转轴。通过变频调节器调节转速，设备运行稳定后进行试验。

2）直板形2片扇叶旋流助力粪便（破碎料）集排污试验：转轴一端横截面对称焊接2个平面直板形叶片。调节转速至375转/分，系统运行稳定后，向系统内加入50克鲤鱼破碎料，秒表计时破碎料完全进入集污管时间，结束后完全排出破碎料，补水至同样水位，重复上述试验，共3次；调节转速至100转/分，同样进行3次上述试验，分别计时破碎料完全进入集污管时间。

3）圆形3片扇叶凹面朝上旋流助力粪便（破碎料）集排污试验：转轴一端横截面均匀焊接3个叶片，凹面向上。具体操作步骤参照直板形2片扇叶旋流助力粪便集排污试验。

4）圆形3片扇叶凹面朝下旋流助力粪便（破碎料）集排污试验：转轴一端横截面均匀焊接3个叶片，凹面向下。具体操作步骤参照直板形2片扇叶旋流助力粪便集排污试验。

（2）试验结果：

1）直板形2片扇叶旋流助力粪便（破碎料）集排污：3次集排污时间如表3.3所示。由表3.3可知，粪污、残饵完全沉降，375转/分转速条件下平均需366秒，而100转/分转速时平均只需要212秒，100转/分较

375转/分转速加快了154秒。

表3.3　直板形2片扇叶旋流助力粪便3次集排污时间　（单位：秒）

	375转/分	100转/分
第一次集排污时间	360	220
第二次集排污时间	370	206
第三次集排污时间	368	210
平均集排污时间	366	212

2）圆形3片扇叶凹面朝上旋流助力粪便（破碎料）集排污：3次集排污时间如表3.4所示。由表3.4可知，粪污、残饵完全沉降，375转/分转速条件下平均需212秒，而100转/分转速时平均只需要127秒，100转/分较375转/分转速加快了85秒。

表3.4　圆形3片扇叶凹面朝上旋流助力粪便3次集排污时间（单位：秒）

	375转/分	100转/分
第一次集排污时间	220	120
第二次集排污时间	206	130
第三次集排污时间	210	132
平均集排污时间	212	127

3）圆形3片扇叶凹面朝下旋流助力粪便（破碎料）集排污：3次集排污时间如表3.5所示。由表3.5可知，粪污、残饵完全沉降，375转/分转速条件下平均需162秒，而100转/分转速时平均只需要125秒，100转/分较375转/分转速加快了37秒。

表3.5　圆形3片扇叶凹面朝下旋流助力粪便3次集排污时间（单位：秒）

	375转/分	100转/分
第一次集排污时间	160	125
第二次集排污时间	175	130
第三次集排污时间	150	120
平均集排污时间	162	125

综合3种不同扇叶旋流助力设备集排污结果，在相同转速条件下，直板形2片扇叶旋流助力设备集排污最慢，圆形3片扇叶凹面朝下旋流助力设备集排污最快，即375转/分转速时，直板形2片扇叶旋流助力设备将漏斗型池塘养殖系统中粪便、残饵完全集中移除需要366秒，而圆形3片扇叶凹面朝下旋流助力设备只需162秒，圆形3片扇叶凹面朝下旋流助力设备较直板形2片扇叶旋流助力设备加快了204秒；在100转/分转速时，直板形2片扇叶旋流助力设备将漏斗型池塘养殖系统中粪便、残饵完全集中移除需要212秒，而圆形3片扇叶凹面朝下旋流助力设备只需125秒，圆形3片扇叶凹面朝下旋流助力设备较直板形2片扇叶旋流助力设备加快了87秒。同一设备，转速100转/分较转速375转/分完全移除漏斗型池塘养殖系统中粪便、残饵集中速度快，直板形2片扇叶旋流、圆形3片扇叶凹面朝上旋流和圆形3片扇叶凹面朝下旋流等3种助力设备，转速100转/分较转速375转/分完全移除漏斗型池塘养殖系统中粪便、残饵集中速度分别快154秒、85秒和37秒。

（3）试验结果分析：在传统流水养鱼水槽中，鱼的粪便和残饵通常直接排放，或者添加絮凝剂加快固体悬浮物沉降速度，使颗粒直径大于0.1毫米的固体悬浮物沉积在沉淀池底部。这种处理方法的优点是固体悬浮物中颗粒较小的也能通过絮凝作用沉积下来，缺点是沉降速度慢。因此，通过旋流助力设备，加速养殖水体旋流速度，可加快粪便、残饵沉降收集。综合3种不同扇叶旋流助力设备集排污结果，不同转速条件下，圆形3片扇叶凹面朝下旋流助力设备集排污最快，直板形2片扇叶旋流助力设备集排污最慢；同一旋流助力设备在100转/分时集排污速度相对较快，而375转/分时集排污速度相对较慢。同时，从模型实验中发现扇叶深度不能太深，转速不应太高，否则会使整个池子被搅拌浑浊，粪便不集中，无法快速排污；扇叶深度在水表面则带不动水体旋转，粪便不能集中，无法快速排污。从模型试验上述数据中发现将圆形扇叶凹面朝下，转速约100转/分，扇叶距水面7厘米处，粪便、残饵集中排污效果较好，这也为生产中应用浮桶放置旋流助力器叶片与水面距离提供了重要参考。

综上所述，在生产中可应用圆形3片扇叶凹面朝下旋流助力器，将浮桶放置水面下7厘米处进行加速养殖系统内水流涡旋，加快粪便、残饵集中排污。

（三）生态循环

1. 生态循环的含义

这里所称的生态循环是指将养殖池排出的含有大量鱼粪、残饵的养殖尾水从沉淀、过滤、净化到再返回养殖池循环利用的完整过程。该过程中包括水污分离、鱼粪收集、尾水过滤、尾水净化等环节，通过物理、化学和生物处理达到生态养殖、生态循环的效果。

2. “168”模式的污染源

水体受到人类或自然因素的影响，使水的感官性质、物理化学性能、化学成分生物组成等产生了恶化，称为“水污染”。也就是说，若由于某些自然或人为的原因，大量有害物质进入水体并在水体蓄积，超过了水体的自净能力，不能及时地分解转化为无害形式，破坏水环境的正常功能，对水体和水中生物造成现实的或潜在的危害。水体富营养化也是污染的一种表现。

所有池塘养殖用水的水源水质有国家标准，水源水质如有污染就无法进行水产养殖。一般来说，池塘养殖除了水源以外还有苗种、饲料、肥料、鱼药等，水体在没有外来投入品影响的情况下水质一般不会有多大的变化，池塘水质会变坏的原因只能是受饵料、肥料、鱼药等的影响。

“168”养殖池塘的水体是不需要施肥的，不存在施肥污染。因为“168”养殖池塘是防渗膜全覆盖，在持续投饵的情况下，不用施肥，水体就会很快变肥，还要每天将养殖池积存的鱼粪、残饵及时排出，尽量减缓水体富营养化的速度。鱼药也会造成水体污染，鱼药的药效是有时限性的，大多数鱼药对水体造成的污染是暂时性的。常用鱼药一般为化学类，对水体可能造成的污染表现在毒性、重金属残留、抗生素残留等，造成的危害主要表现在养殖水产品的质量上。重金属、抗生素不但残留于水体，土壤、鱼体中都会有残留。如果出现毒性污染或者是致残、致畸形污染时，这种水体就不能再进行养殖生产。

“168”养殖池塘水体的污染主要是投喂饵料时氮、磷在水体的溶解，鱼类排泄的鱼粪在池塘蓄积形成的富营养化。适度的富营养化意味着水肥、饵料生物丰富，对水产养殖是有利的。但水体富营养化持续加重，水体藻类等浮游生物急剧增殖、死亡，水体中的有机物分解消耗大量的溶解氧，对水生生物造成危害。水体中有机物越多、耗氧量越大，有机物分解产生的氨氮、亚硝酸盐含量越多，水质就越差，水体污染越严重。“168”养殖池塘产出量是传统池塘养殖产出量的6倍以上，如果不能及时将鱼粪、残饵等污染物排出池外，水体富营养化带来的危害就更重，水体富营养化是“168”养殖池塘水污染的主要因素。要改变这一情况，就需要及时排污、及时换水，保持池塘清洁。

3.“168”模式对养殖尾水的净化处理流程

第一步是将养殖池塘含有鱼粪、残饵的养殖尾水排到池外的水污分离设备，即排入池外的竖流集污器，通过竖流集污器的垂直沉淀作用使尾水中的鱼粪、残饵等粗颗粒物沉淀到集污器最底部，收集后再集中处理。第二步是将竖流集污器中的上清液排入尾水净化池，通过水生植物吸收利用和过滤坝过滤净化后排入增氧曝气池（或者是竖流集污器中的上清液排入莲田、稻田、水生植物池净化）。第三步是将尾水循环利用或处理后达标排放。

4. “168”模式对养殖尾水的净化处理原理

采用抽水马桶原理，利用水压差将养殖池塘内的鱼粪、残饵移出池外，进入水污分离设备和生态净化系统，尾水净化经过物理沉淀、水生动植物吸收利用，降低尾水中氮、磷物质的含量，过滤材料中的硝化细菌进行硝化作用转化氮、磷为无害物质，曝气增氧加速水体有机质分解，净化水质循环利用。

5. “168”模式生态循环技术专利

漏斗型池塘配套尾水处理循环利用获得两项专利技术：漏斗型池塘生态循环养殖系统及方法、一种新型生态湿地循环水综合种养系统。

（1）漏斗型池塘生态循环养殖系统及方法：该系统通过漏斗型鱼池、鱼粪分离装置、水生植物吸收池、生态净化池形成第一循环系统，该循环系统对鱼粪分离后的清水进行多级净化并实现循环利用，漏斗型鱼池内的旋流助力装置加快了粪便、残饵在鱼池锥形侧面向底部中心排污口的集聚速度；通过鱼粪分离装置、生态沟渠、莲藕池、稻田、生态净化池对鱼粪分离后的尾水进行多级利用和净化，实现资源循环利用，通过鱼粪发酵通道对生态沟渠中沉淀池收集到的鱼粪进行发酵，形成可直接供经济作物使用的肥料。本技术实现了养殖尾水的零排放，具有节能、节地、节水、高效、质优、环保等优点，是当前值得大力推广的水产绿色健康养殖模式（图3.2~图3.6）。

1）漏斗型池塘生态循环养殖系统包括设置在土基内的漏斗型鱼池、设在漏斗型鱼池一侧的鱼粪分离装置、大棚生态沟渠、莲藕池、稻田、水生植物吸收池、生态净化池。

鱼粪分离装置和漏斗型鱼池之间设有竖井，鱼粪分离装置包括设有锥形底的筒状分离池、竖向套在筒状分离池中间的隔离套筒、套在隔离套筒内的混合喷管，筒状分离池上端口的中间设有围堰，锯齿状出水堰的外侧设有环形清水槽，隔离套筒的上端高出锯齿状出水堰，下端位于锥形底的上方，混合喷管的下端伸出隔离套筒并通过横向管和竖井连通，竖井和漏斗型鱼池的池底之间设有排污管（甲）连通，混合喷管的上端口低于漏斗型鱼池的水面且高度差设为h_1。

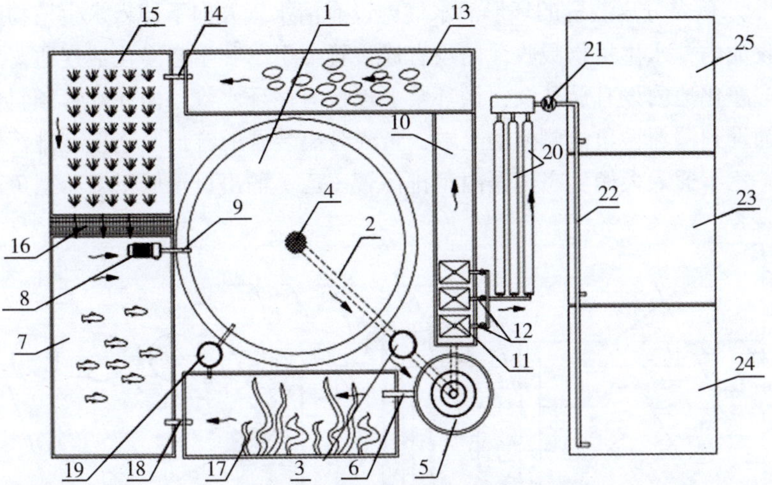

图 3.2　漏斗型池塘循环系统图

1. 漏斗型鱼池　2. 排污管（甲）　3. 竖井　4. 防逃网　5. 鱼粪分离装置　6. 清水管　7. 生态净化池　8. 循环泵　9. 循环水管　10. 大棚生态沟渠　11. 沉淀池　12. 鱼粪管　13. 莲藕池　14. 连接管（乙）　15. 稻田　16. 沙滤坝　17. 水生植物吸收池　18. 连接管（甲）　19. 深水井　20. 鱼粪发酵通道　21. 吸污泵　22. 施肥管道　23. 蔬菜田　24. 果园　25. 花卉种植园

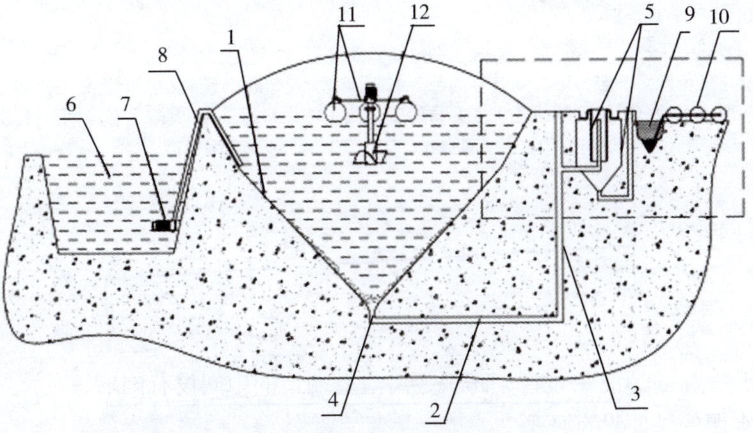

图 3.3　漏斗型鱼池、鱼粪分离装置、大棚生态沟渠、生态净化池的剖视结构示意图

1. 漏斗型鱼池　2. 排污管（甲）　3. 竖井　4. 防逃网　5. 鱼粪分离装置　6. 生态净化池　7. 循环泵　8. 循环水管　9. 大棚生态沟渠　10. 鱼粪发酵通道　11. 旋流助力装置　12. 旋流桨

鱼粪分离装置的环形清水槽内设有清水管并向下伸入水生植物吸收池内，水生植物吸收池内设有连接管（甲）和生态净化池连通，生态净化池内设有循环泵，循环泵上连接有循环水管，循环水管倾斜地铺设到漏斗型鱼池侧壁的上端；鱼粪分离装置的锥形底连接有排污管（乙）通入大棚生态沟渠内，排污管（乙）的出口端低于漏斗型鱼池

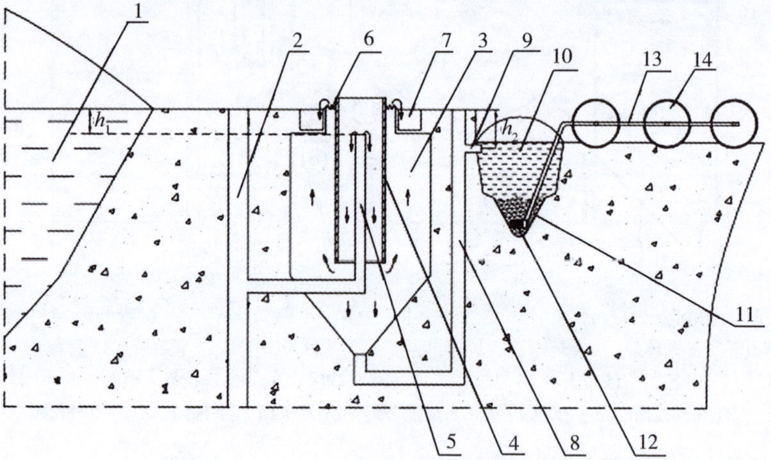

图 3.4　图 3.3 中鱼粪分离装置的局部放大图

1. 漏斗型鱼池　2. 竖井　3. 筒状分离池　4. 隔离套筒　5. 混合喷管　6. 锯齿状出水堰　7. 环形清水槽　8. 排污管（乙）　9. 排污管（乙）的出口端　10. 大棚生态沟渠　11. 沉淀池　12. 排污泵　13. 鱼粪管　14. 鱼粪发酵通道

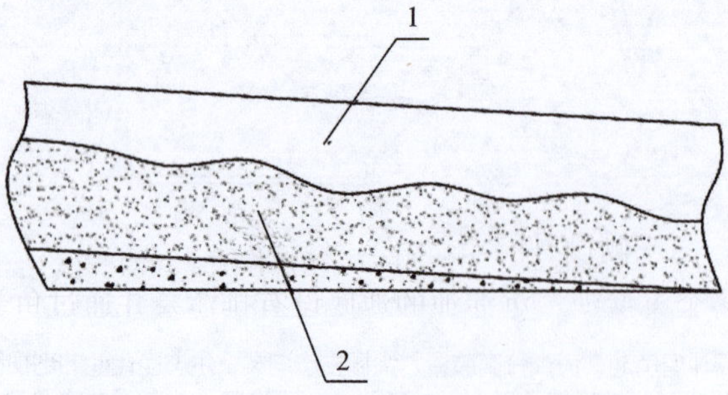

图 3.5　大棚生态沟渠的局部剖视结构示意图

1. 鱼粪发酵通道　2. 鱼粪

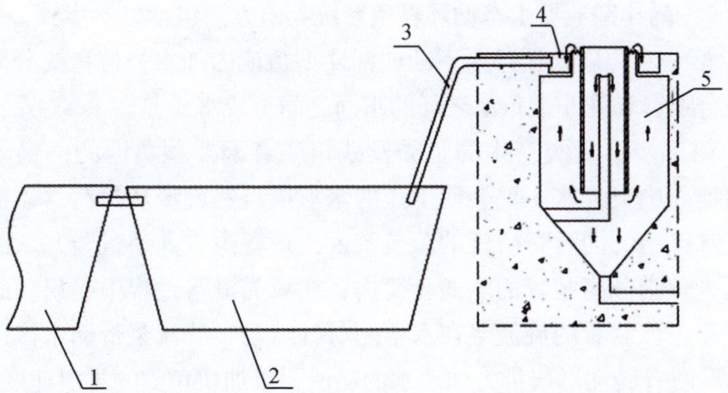

图 3.6　鱼粪分离装置、水生植物吸收池、生态净化池之间的结构示意图
1. 生态净化池　2. 水生植物吸收池　3. 清水管　4. 环形清水槽　5. 筒状分离池

的水面且高度差设为h_2，大棚生态沟渠和莲藕池连通，莲藕池和稻田通过连接管（乙）连通，稻田和生态净化池之间设有沙滤坝连通，生态净化池和漏斗型鱼池之间设有深水井。

鱼粪分离装置、水生植物吸收池、生态净化池之间通过设置高度差实现水的自然流动；大棚生态沟渠、莲藕池、稻田、生态净化池之间通过设置高度差实现水的自然流动。

漏斗型鱼池的水面中间设有旋流助力装置，该装置包括减速电机、悬浮球、旋流桨，减速电机的下部通过横向支撑杆均匀分布有3个悬浮球，旋流桨的中间设有转轴，该转轴的上端通过联轴器和减速电机的输出轴同轴固定连接，减速电机上连接有控制转速的变频开关；旋流桨上的叶片设为3片凹面朝下的曲面叶片，曲面叶片均匀分布在螺旋桨的中心轴上。

漏斗型鱼池的锥形出口处设有2层防逃网。

生态沟的一侧设有前端高后端低的鱼粪发酵通道，生态沟前端的沟底设有多个沉淀池，沉淀池的池底设有排污泵并通过鱼粪管通入鱼粪发酵通道内。

鱼粪发酵通道采用透明管道或由塑料薄膜搭建，发酵通道上方覆盖钢构大棚。鱼粪发酵通道的出口管上连接集粪槽，槽内安装吸污泵并通过施肥管道分别通入农田、蔬菜田、果园、花卉种植园内。

2）漏斗型池塘生态循环养殖系统养殖方法包括以下步骤。

第一步：启动循环泵不断向漏斗型鱼池内加水，使鱼粪分离装置的混合喷管和漏斗型鱼池之间的水面之间形成水压差。

第二步：鱼类产生的鱼粪及残饵顺着漏斗型鱼池的侧壁不断滑落到池底中央，水压差会使下流的水形成自然旋流从排污管（甲）排出，水排出的同时将滑落的鱼粪带入排污管内，并通过竖井从混合喷管流入鱼粪分离装置的隔离套筒内；在鱼粪滑落过程中，启动旋流助力装置，该装置的旋流桨在水下顺时针转动，旋流桨带动水体产生缓慢的顺时针转动形成推力加速水的旋流，以加快鱼粪的排泄速度。

第三步：由于隔离套筒高出锯齿状出水堰，水和鱼粪进入后会迅速下降并流出隔离套筒，流出隔离套筒后的水向上流动并从锯齿状出水堰流出进入环形清水槽内，隔离套筒的阻隔作用使鱼粪不会向外扩散，快速地从隔离套筒沉积到底部。

第四步：环形清水槽内的清水从清水管向下流入水生植物吸收池内，使悬浮状态的鱼粪、残饵沉淀到此处，并被水草吸收利用，被净化的水从连接管（甲）向下进入生态净化池内。

第五步：沉积在鱼粪分离装置底部的鱼粪在水压差h_2的作用下被排入大棚生态沟渠内，然后沉入前端的沉淀池内，沉淀池内的排污泵将鱼粪通过鱼粪管道送入发酵通道内，由于该通道的前端高于后端，鱼粪进入后会缓慢地自动向下流动，鱼粪在发酵菌的作用下形成优质肥料，并通过吸污泵排入农田、蔬菜田、果园、花卉种植园内。

第六步：大棚生态沟渠内含鱼粪的尾水自流到莲藕池内，莲藕池内的水通过连接管（乙）进入稻田内，稻田内的第三级净化水经沙滤坝进入生态净化池内。

第七步：生态净化池内主要放养滤食性鲢鱼、鳙鱼，以鱼净水，经过多级净化的2路清水被生态净化池内的循环泵循环回到漏斗型鱼池内，完成循环过程。

（2）一种新型生态湿地循环水综合种养系统：该系统包括漏斗型鱼池、污水井、集污槽、筛滤机、生态湿地和保温大棚（图3.7~图3.11）。

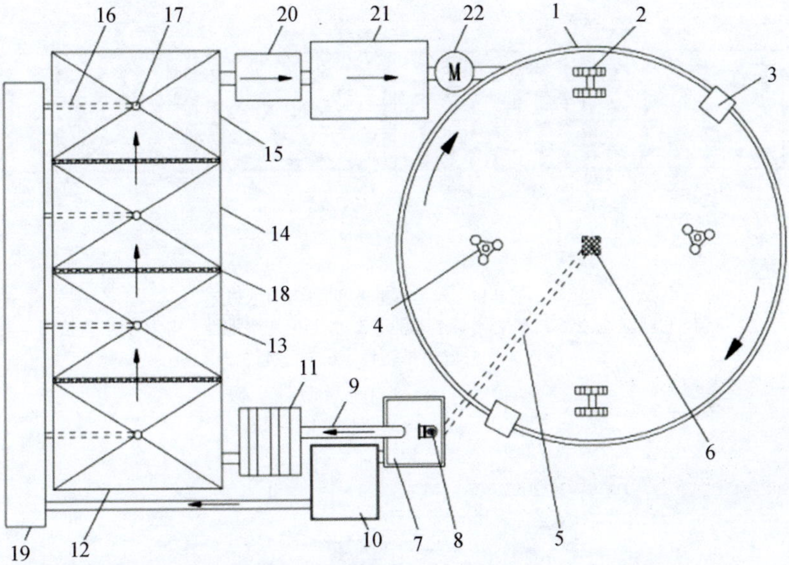

图 3.7　生态湿地循环水综合种养系统（采用人工湿地）的俯视图

1. 漏斗型鱼池　2. 水车式增氧机　3. 投饵机　4. 叶轮式增氧机　5. 排污管　6. 鱼池排污口　7. 污水井　8. 排污阀　9. 溢水管　10. 集污槽　11. 筛滤机　12. 毛刷湿地池　13. 水生蔬菜湿地池　14. 水生花卉湿地池　15. 其他水生植物湿地池　16. 地下管道　17. 湿地排污口　18. 过滤墙　19. 排污渠　20. 灭菌池　21. 增氧池　22. 循环泵

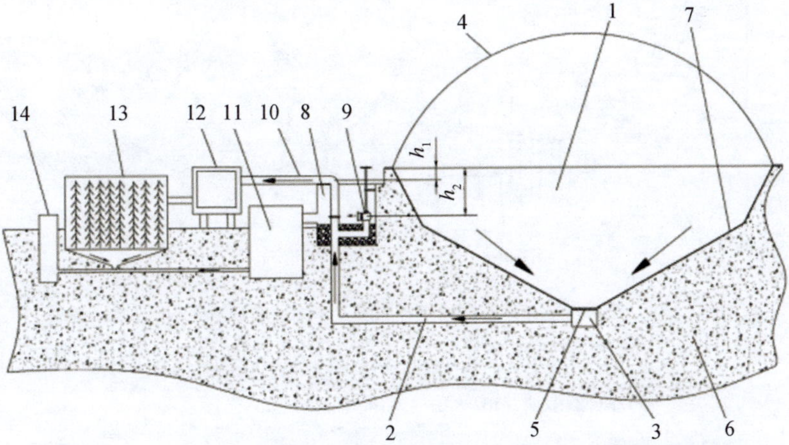

图 3.8　生态湿地循环水综合种养系统（采用人工湿地）的剖面结构示意图

1. 漏斗型鱼池　2. 排污管　3. 鱼池排污口　4. 保温大棚　5. 拦鱼栅　6. 土基　7.PE 防渗膜　8. 污水井　9. 排污阀　10. 溢水管　11. 集污槽　12. 筛滤机　13. 人工湿地　14. 排污渠

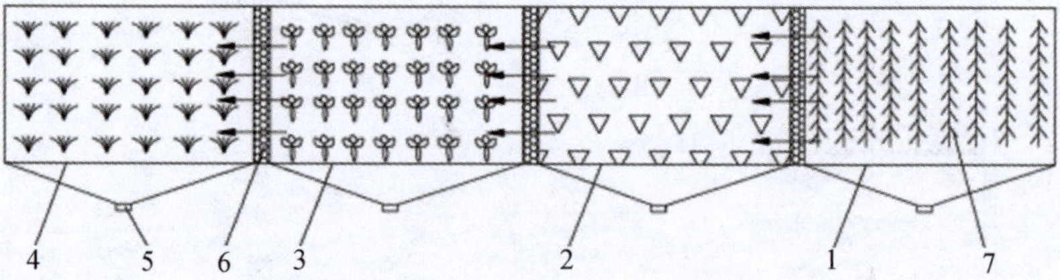

图 3.9　人工湿地的剖面结构示意图

1. 毛刷湿地池　2. 水生蔬菜湿地池　3. 水生花卉湿地池　4. 其他水生植物湿地池　5. 湿地排污口　6. 过滤墙　7. 毛刷

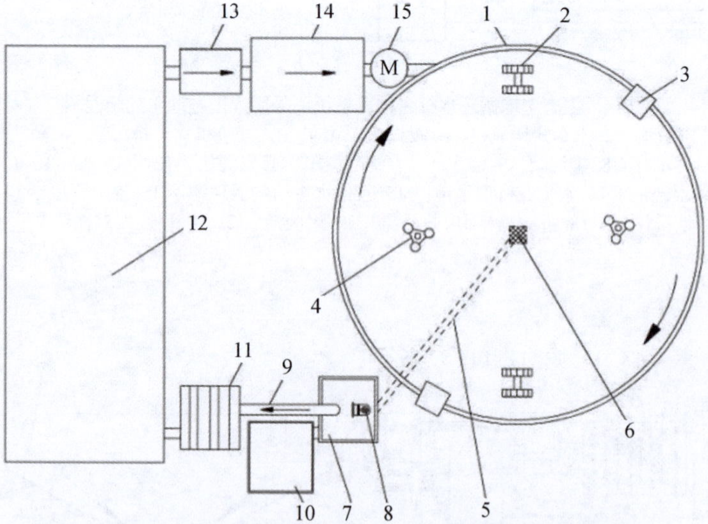

图 3.10　生态湿地循环水综合种养系统（采用自然湿地）的俯视图

1. 漏斗型鱼池　2. 水车式增氧机　3. 投饵机　4. 叶轮式增氧机　5. 排污管　6. 鱼池排污口　7. 污水井　8. 排污阀　9. 溢水管　10. 集污槽　11. 筛滤机　12. 自然湿地　13. 灭菌池　14. 增氧池　15. 循环泵

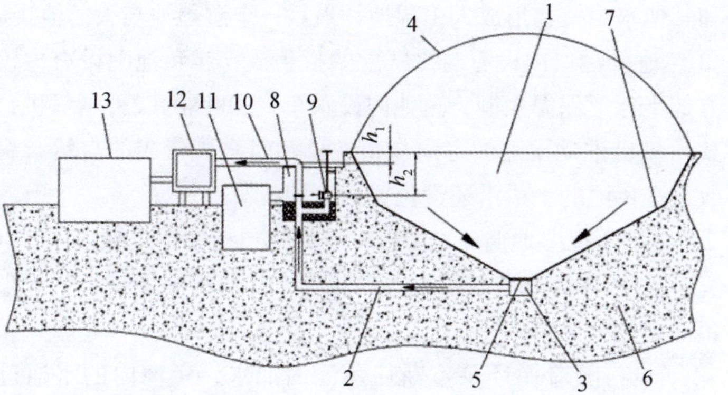

图 3.11　生态湿地循环水综合种养系统（采用自然湿地）的剖面结构示意图
1. 漏斗型鱼池　2. 排污管　3. 鱼池排污口　4. 保温大棚　5. 拦鱼栅　6. 土基
7.PE 防渗膜　8. 污水井　9. 排污阀　10. 溢水管　11. 集污槽　12. 筛滤机
13. 自然湿地

1）新型生态湿地循环水综合种养系统的技术特征有以下几个方面。

①漏斗型鱼池在土基上通过挖制形成，并在鱼池坡面的土基上铺设PE防渗膜至鱼池上边沿，靠近鱼池上边沿的PE防渗膜上铺设土工布，鱼池的锥形底设有与PE防渗膜密封连接的鱼池排污口，鱼池排污口通过地下排污管连通至污水井，排污管在污水井内的一端设有三通管接头并通过水泥浇筑预埋在污水井的底部，该三通管接头上分别接通排污阀和溢水管，该排污阀低于鱼池上边沿且竖直高度差为h_2，溢水管伸出污水井并与筛滤机接通，溢水管最高点水位低于鱼池上边沿且竖直高度差为h_1，$h_2>h_1$，污水井与集污槽连通生态湿地前端与筛滤机接通，生态湿地的另一端依次接通灭菌池和增氧池，增氧池通过循环泵再接通至鱼池。

②生态湿地包括自然湿地和人工湿地。自然湿地为稻田、莲藕池或者其他水生植物池，自然湿地与鱼池接通形成水循环。人工湿地为人工设置的且至少包括4个相邻的湿地池，每个湿地池之间通过过滤墙隔开，该过滤墙为由碎石通过钢丝网围成，在第一个毛刷湿地池内设有毛刷且该池与筛滤机接通，其余的湿地池依次种植水生蔬菜、水生

花卉和其他水生植物形成人工湿地，最后一个湿地池与灭菌池接通。

③鱼池排污口内设有与之匹配的拦鱼栅，在鱼池上设有覆盖在鱼池上方的半球形保温大棚，鱼池内设水车式和叶轮式2种增氧机，每台水车式增氧机推动水流的方向与鱼池排污时水流形成的自然漩涡的方向一致，在鱼池的上边沿还设位置固定的投饵机。

2）新型生态湿地循环水综合种养方法包括如下步骤。

第一步：将鱼池及各系统内均注满水并使整个系统运行起来，然后在鱼池内投放鱼苗。

第二步：随着循环泵不断往鱼池内加水，鱼池内的水通过鱼池排污口和溢水管逐渐溢出，然后通过筛滤机过滤掉鱼粪后进入人工湿地，首先进入毛刷湿地池处理，然后依次经过水生蔬菜、水生花卉和其他水生植物湿地池沉淀和吸收利用，再经过火菌池消毒灭菌和增氧池增氧后由循环泵泵回鱼池内，实现鱼池内水的循环处理。

第三步：根据鱼池内鱼的密度和鱼所处的不同生长时期，规定每天排污次数及每次排污时间。鱼池水面上的增氧机不断地在同一方向上搅动形成水流，推动水流的方向与鱼池排污时水流形成自然漩涡的方向一致，同时鱼池的斜坡面上铺设有PE防渗膜，使鱼排出的粪便随水流浮动并不断沉积在鱼池排污口附近，当需要排污时，打开排污阀，由于排污阀与鱼池水面形成的高度差，在排污阀处形成水压差，鱼池内的水会往下流形成自然漩涡，将鱼粪和残饵聚集在鱼池排污口上方的水流中间和排污管内，鱼池内的水会迅速从排污阀涌出并将池底的鱼粪和残饵带走，实现排污，定时后自动关闭排污阀。

第四步：排污阀排出的污水经污水井进入集污槽内，集污槽内沉积的鱼粪经有益菌发酵处理后清运撒施到果园或菜地，或者直接加工制成生物颗粒肥；定期通过湿地排污口对人工湿地进行沉淀物排污处理。

3）新型生态湿地循环水综合种养系统的技术效果：鱼池采用土基直接挖制而成，然后采用PE防渗膜铺设形成，成本低、投入小、工期短；鱼池采用漏斗型设计，打破传统鱼池设计，结合增氧机对水流的搅动，通过水位压差能够自动地、更大程度地将鱼池内的鱼粪和残饵排出，清洁生产保证了鱼池内水的质量，为鱼提供最佳的生长环境；通过人工湿地对鱼池内水进行循环净化，既节约水资源，又优化水质，便于鱼健康快速生长；排出带有鱼粪的污水能够将其沉淀制成生物颗粒肥，或者经有益菌发酵直接排入稻田、菜地、果园等，为作物提供养料，易于形成综合养殖链；采用保温大棚设计，为鱼提供最佳生长温度，延长鱼生长期，增加养殖产量。

6.“168”模式生态循环试验

（1）漏斗型池塘水质生态净化效果试验：池塘循环水养殖模式借鉴了工厂化循环水养殖理念，将传统池塘的“开放式散养”变为“集约化圈养”，使“静水”池塘实现了“流水”养鱼，即在流水养殖系统中高密度“圈养”吃食性鱼，并收集鱼的排泄物，净化池塘水质，是对传统池塘养殖的革命性改变。然而，对该模式下的水质变化情况和集污系统效果的认识仍不够清楚，试验拟开展漏斗型池塘循环水养殖系统中水质变化规律及集污系统排污效果的监测，从而对池塘循环水养殖系统水质生态净化效果进行评价。

1）材料与方法。

①基础条件：选用底部斜坡与水平夹角30° 的漏斗型池塘系统模型进行养殖水质生态净化试验，池内放鲫鱼54尾，平均规格26.67克/尾，共重1 440克。模拟池塘净水系统按照四池三坝结构设计，用PVC管和50瓦水泵连接长100厘米、宽60厘米、深80厘米的PVC桶，桶内放置生物刷、生化棉、活性炭等过滤器材，在漏斗型池外排水口加竖流集污器，减缓水流速度，直接分离收集排出的粪便、残饵。加热棒保持水温30℃，每天于8：30、11：30、15：30分别投喂直径2毫米的全价配合饲料，根据鲫鱼吃食情况，灵活掌握饲料投喂数量，记录每天投喂饲料量；经鲫鱼摄食转化后排出粪便，加之部分未摄食的残饵，每天2次收集竖流集污器内的粪便、残饵，混合在一起后烘干称重并记录；每天测定水质pH值、氨氮、亚硝酸盐。

②粪便、残饵的收集处理和称重：早上喂鱼前（8：30），将一个长约50厘米、宽10厘米、200目尼龙过滤袋在水中浸透，捞出用手抓至不滴水后称重，称重后的尼龙过滤袋套在直径60毫米的竖流集污器

管口，尼龙过滤袋口用橡皮筋固定。粪便、残饵收集时间周期为8：30至17：30一次，17：30至次日8：30一次。17：30将收集鱼粪的尼龙过滤袋取下（换上新的干净的200目尼龙过滤袋），控水至微滴水，尽可能不滴水，尼龙过滤袋一起称重，然后，将尼龙过滤袋内的鱼粪倒至烘盘并放入烘箱，110℃恒温烘干约60分钟。粪便烘干后取出，用千分之一的电子天平称重，连续收集7天，并记录称重结果。

③水质pH值、氨氮、亚硝酸盐的测定：水质pH值测定是用哈纳沃德HI98196高精度便携式多参数综合水质测定仪现场测定。水质检测指标亚硝酸盐和氨氮是用哈纳沃德HI83399多参数测定仪现场测定。先按选择键选择测量项目；然后现场养殖水体中取水，取一干净比色皿，按刻度标准加入10毫米待测水样，旋紧比色皿擦拭干净放入样品室盖好遮光盖，校零。取出比色皿加入测量范围内试剂，放入样品室，按计时键，倒计时结束自动读数。连续测定7天，并记录测定结果。

2）结果与分析。

①粪便、残饵称重：连续7天投饵量和粪便、残饵收集量记录结果如图3.12所示，由图3.12可知，每天平均投喂饲料23.19克，最多投

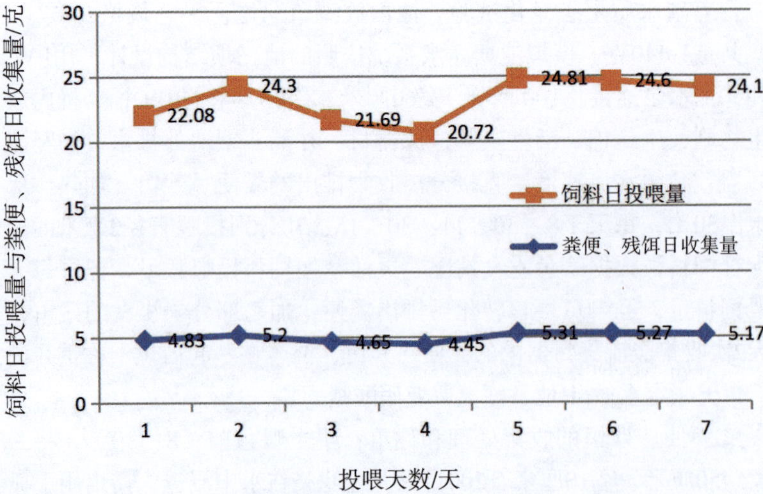

图3.12　模拟养殖系统7天内日投饵量和日粪便、残饵集污量

喂24.81克，最少投喂20.72克；日收集粪便、残饵平均干重4.98克，最多5.31克，最少4.45克，饲料平均转化效率为78.53%，最高转化效率为78.60%，最低转化效率为78.52%。

②模拟养殖系统7天内pH值变化：结果记录如图3.13所示，由图3.13可知，模拟养殖系统7天内pH值变化相对稳定，最高值8.1，最低值8.0，变化幅度仅0.1，系统相对稳定。

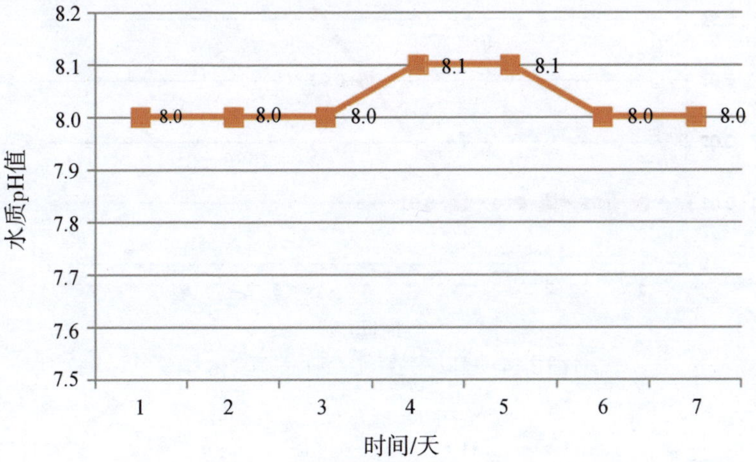

图 3.13　模拟养殖系统 7 天内 pH 值变化

③模拟养殖系统7天内氨氮变化：结果记录如图3.14所示，由图3.14可知，模拟养殖系统7天内氨氮值相对较低，最高值0.05毫克/升，最低值0.01毫克/升，变化幅度0.04，系统相对稳定。另外，根据最后2天净化系统至漏斗型模拟池进水口和漏斗型模拟池内水体氨氮测定结果，2天进水口和池内氨氮相同，分别为0.03毫克/升和0.05毫克/升，净化系统去除氨氮效率为40%，净化效率相对较高。

④模拟养殖系统7天内亚硝酸盐变化：结果记录如图3.15所示，由图3.15可知，模拟养殖系统7天内亚硝酸盐值相对较低，最高值0.008毫克/升，最低值0.002毫克/升，变化幅度0.006，系统相对稳定。另外，根据最后2天净化系统至漏斗型模拟池进水口和漏斗型模拟池内水体亚硝酸盐测定结果，第6天进水口和池内亚硝酸盐分别为0.003毫克/升和

0.005毫克/升，净化系统去除亚硝酸盐效率为40%；第7天进水口和池内亚硝酸盐分别为0.007毫克/升和0.008毫克/升，净化系统去除亚硝酸盐效率为12.5%，净化效率相对较高。

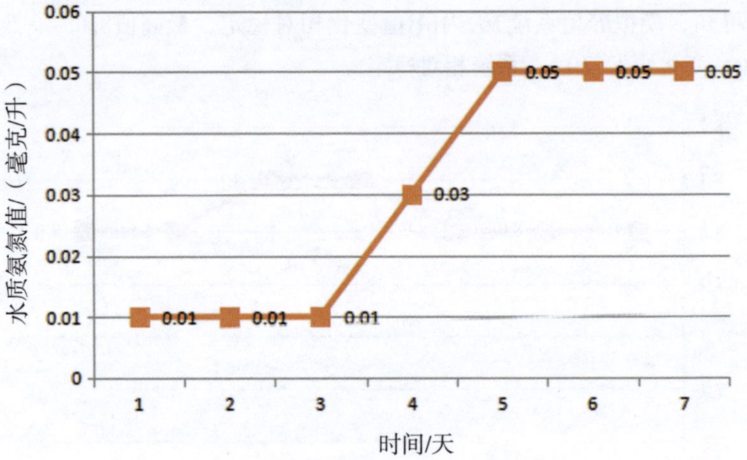

图 3.14　模拟养殖系统 7 天内氨氮变化

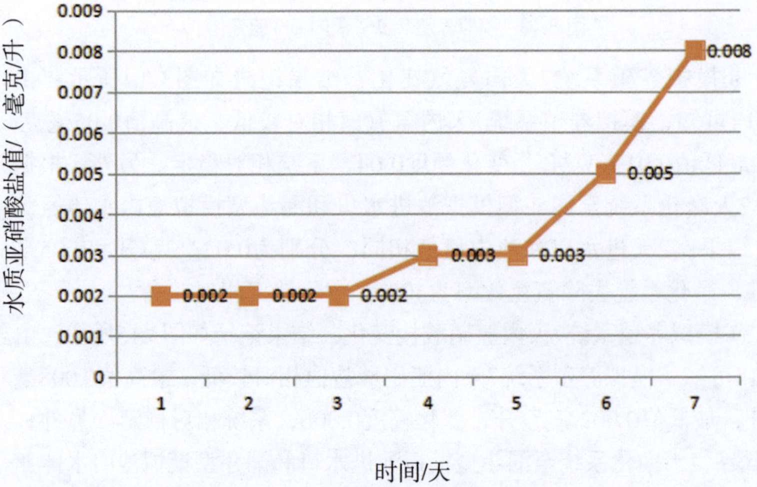

图 3.15　模拟养殖系统 7 天内亚硝酸盐变化

3）讨论：粪便、残饵等悬浮物、pH值、氨氮和亚硝酸盐是水产养殖重要的理化因子，其指标的高低直接影响水质的稳定和养殖生物的安全。根据金光等翻译的《循环水养殖系统》相关标准，投喂饲料会产生投喂量25%的残饵、粪便，平均日投饵量23.19克则可产生粪便、残饵5.8克，而通过竖流集污器收集粪便、残饵平均达4.98克，粪便、残饵收集排出量达85.86%，超过排出率达到80%的预定目标。模拟养殖系统pH值稳定在8.0～8.1，为养殖水体最适合pH指标值，氨氮稳定在0.01～0.05，亚硝酸盐稳定在0.002～0.008，都远低于养殖池塘水质上限，适宜水产养殖鱼类生长，所以饲料转化效率较高。董兴国等采用基于池塘异位修复技术的水处理系统，平均总氮去除率为40.13%，与本试验系统后2天氨氮去除率相近。因此，在养殖生产中，建议漏斗型池塘配置一定面积的生态净化系统，可稳定养殖水体pH值，并有效降低氨氮和亚硝酸盐，提高养殖鱼类饲料转化效率。

（2）不同漏斗型池塘粪污排放及水质净化试验研究。

1）池塘基本情况。

荥阳富发水产养殖有限公司漏斗型池塘基本情况为：上口直径为42米的漏斗型池塘，池深5米，水深4.5米，池底中心坡度0.08；采用尾水过滤后循环利用，配套有沉淀池、曝气池、一级净化池和二级净化池等净化系统，面积分别为：5米^2、200米^2、500米^2、3 000米^2（图3.16）。

图 3.16　荥阳富发水产养殖有限公司漏斗型池塘俯视图

郑州龙祥水产养殖科技有限公司漏斗型池塘基本情况为：上口直径为30米的漏斗型池塘，池深5米，水深4.5米，池底中心坡度0.24；养殖水采用直接底部粪污外排，表层补加地下新水，配套莲田（集污）、稻田，尾水无循环利用（图3.17）。

河南旭华生态农业发展有限公司漏斗型池塘基本情况为：上口直径为25米的漏斗型池塘，池深5米，水深4.5米，池底中心坡度0.28（图3.18）。配套有四池三坝生态净化系统（图3.19），并且采用粪污分流竖管将粪污集中后排放莲田。

图 3.17　郑州龙祥水产养殖科技有限公司漏斗型池塘俯视图

图 3.18　河南旭华生态农业发展有限公司漏斗型池塘俯视图

图 3.19　四池三坝生态净化系统

四池三坝生态净化系统：总面积4 669米^2，位于养殖池北侧，低于养殖池上表面1米。系统设置4个净化池，面积分别为：1级净化池700米^2、2级净化池1 300米^2、3级净化池2 000米^2、4级净化池669米^2，前3级净化池中间设置2条溢流坝，溢流坝前设置挡水墙，使水体从挡水墙由下向上翻过溢流坝进入下一级净化池，最后一级净化池前设置过滤坝。过滤坝由两层铁丝网中间加厚30厘米过滤棉构成，坝高2米。前2个净化池作为沉淀池，3级净化池放养鲢鱼、鳙鱼，最后一级净化池种植水芙蓉吸收水体富营养物质，养殖尾水经四级净化后回流于池塘。

莲田：一个总面积10 005米^{2}的莲花池，位于养殖池南边。莲田上表面低于养殖池1米。池中种植有观赏莲，残饵、鱼粪可从养殖池底的排污口直接排入莲田，以提供植物生长所需养分。

池塘结构参数如表3.6所示。

表3.6　池塘基本结构表　（单位：米）

池塘直径	池塘深度	上部结构		底部结构		底部坡度
		高度	水平距离	高度	水平距离	
25	5	1.8	1.5	3.2	11.5	0.28
30	5	1.8	1.5	3.2	13.5	0.24
42	5	3.5	1.5	1.5	18.5	0.08

2）测定内容及方法。

①底部粪污集中测定：底部粪污采集用采泥器从中心位置向岸边每间隔1米采一个样，分别观察底部粪污采集数量，并记录底部采不到粪污处到中心的距离。3种直径的池塘各测定3个，取平均值。

②养殖池塘水及过滤池水质测定：2020年6~11月共10次对荥阳富发水产养殖有限公司漏斗型3号池塘、郑州龙祥水产养殖科技有限公司漏斗型8号池塘、河南旭华生态农业发展有限公司漏斗型2号池塘养殖池及过滤池进行水质检测，检测项目包括溶解氧（DO）、pH值、亚硝酸盐、氨氮、化学需氧量（COD）、总氮和总磷等。分别在养殖池进水口对面距岸边2米的水面下1米处和过滤池末端出水口处用采水器采集水样，用哈纳沃德HI83399高精度便携式多参数综合水质测定仪现场测定，具体测定过程按各项指标测定指导书进行。

3）结果及分析。

①池塘底部粪污：荥阳富发水产养殖有限公司、郑州龙祥水产养殖科技有限公司、河南旭华生态农业发展有限公司等3家公司生产中应用漏斗型池塘较多，本试验主要关注不同直径池塘底部无粪污处到中心最远距离，3种直径池塘底部无粪污处到中心最远距离测定结果如表3.7所示，由表3.7可知，直径42米的漏斗型池塘底部无粪污处到中心平均最远距离为16米，直径30米的漏斗型池塘底部无粪污处到中心平均最远距离为8米，直径25米的漏斗型池塘底部无粪污处到中心平均最远距离为1.67米。随着池塘直径的增大，粪污分布的范围越大，即池塘直径越大，粪污集中的能力越差，池塘直径越小，粪污集中的能力越

强。生产中25米直径5米深漏斗型池塘，如果按进水排水不间断循环，底部完全无鱼粪。

表3.7　池塘底部无粪污处到中心最远距离　　　（单位：米）

	直径42米	直径30米	直径25米
池塘1	15	8	2
池塘2	16	8	2
池塘3	17	8	1
平均距离	16	8	1.67

②养殖池和过滤池水质：荥阳富发水产养殖有限公司漏斗型3号池塘养殖池和过滤池水质测定结果如表3.8所示，由表3.8可知，过滤池出水口中DO、亚硝酸盐、氨氮、COD、总氮和总磷含量均低于养殖池，而pH值在过滤池出水口和养殖池无规律。养殖池DO、亚硝酸盐、氨氮、COD、总氮和总磷含量10次测定结果平均值分别为5.25毫克/升、0.31毫克/升、1.21毫克/升、28.7毫克/升、7.51毫克/升和1.04毫克/升，过滤池出水口中DO、亚硝酸盐、氨氮、COD、总氮和总磷含量10次测定结果平均值分别为3.74毫克/升、0.18毫克/升、0.71毫克/升、24.7 毫克/升、3.43毫克/升和0.8毫克/升，过滤池对亚硝酸盐、氨氮、COD、总氮和总磷等有一定的降除作用，降除率分别为41.04%、40.94%、13.94%、54.27%和23.31%。

表3.8　荥阳富发水产养殖有限公司漏斗型3号池塘养殖池和过滤池水质测定结果

日期	池号	DO/（毫克/升）	pH值	亚硝酸盐/（毫克/升）	氨氮/（毫克/升）	COD/（毫克/升）	总氮/（毫克/升）	总磷/（毫克/升）
6月26日	养殖池	4.63	7.92	0.47	1	19	3.6	1.15
	过滤池	3.4	8.2	0.25	0.96	15	3.09	0.97
7月8日	养殖池	4.56	7.76	0.36	1.19	16	4.6	1.02
	过滤池	3.7	8.06	0.24	0.8	13	3.53	0.78

续表

日期	池号	DO/（毫克/升）	pH值	亚硝酸盐/（毫克/升）	氨氮/（毫克/升）	COD/（毫克/升）	总氮/（毫克/升）	总磷/（毫克/升）
7月16日	养殖池	4.56	7.85	0.3	1.23	25	4.45	1.06
	过滤池	3.57	8.15	0.15	0.96	15	2.8	0.56
8月6日	养殖池	4.77	8.07	0.37	1	5	3.6	1.15
	过滤池	2.4	8.27	0.23	1.12	15	4.5	0.97
8月12日	养殖池	4.62	8.05	0.32	1.78	25	11.5	1.15
	过滤池	3.57	8.47	0.145	0.71	15	1.8	1.09
9月11日	养殖池	4.01	7.87	0.29	0.88	26	11.3	0.99
	过滤池	3.87	8.44	0.198	0.62	27	3	1.08
9月16日	养殖池	4.85	7.73	0.35	1.57	58	11.1	1.32
	过滤池	2.38	7.98	0.192	0.45	40	3.5	1.24
10月15日	养殖池	5.56	7.88	0.25	0.14	45	7.4	0.84
	过滤池	2.55	7.83	0.236	0.79	41	4.7	0.55
10月21日	养殖池	7.37	7.95	0.028	1.47	37	9.8	0.87
	过滤池	5.63	7.92	0.087	0.336	30	4.2	0.41
11月3日	养殖池	7.52	7.61	0.381	1.84	31	7.7	0.83
	过滤池	6.35	7.92	0.111	0.4	36	3.2	0.31

郑州龙祥水产养殖科技有限公司漏斗型8号池塘养殖池水质测定结果如表3.9所示。由表3.9可知，10次测定养殖池中DO、pH值、亚硝酸盐、氨氮、COD、总氮和总磷含量平均值分别为5.18毫克/升、8.24、0.57毫克/升、0.8毫克/升、24.5毫克/升、4.39毫克/升、0.56 毫克/升。

表3.9 郑州龙祥水产养殖科技有限公司漏斗型8号池塘养殖池水质测定结果

日期	池号	DO/（毫克/升）	pH值	亚硝酸盐/（毫克/升）	氨氮/（毫克/升）	COD/（毫克/升）	总氮/（毫克/升）	总磷/（毫克/升）
6月21日	养殖池	5.35	8.32	1.2	3.24	19	6.4	0.23
7月10日	养殖池	5.8	8.42	0.15	1.21	14	3.31	0.3
7月24日	养殖池	4.95	8.04	0.1	0.9	12	3.43	0.28
8月13日	养殖池	5.71	8.29	1.02	0.55	29	3.31	0.22
8月27日	养殖池	4.86	7.96	1.08	0.29	49	9.78	1.15
9月10日	养殖池	4.3	8.2	1.2	0.1	29	12.4	1.11
9月24日	养殖池	4.9	8.48	0.005	0.6	24	0.7	0.3
10月9日	养殖池	5.59	8.19	0.29	0.26	23	0.98	0.65
10月19日	养殖池	5.2	8.21	0.25	0.6	24	0.65	0.35
11月5日	养殖池	5.14	8.3	0.45	0.2	22	2.9	0.96

河南旭华生态农业发展有限公司漏斗型2号池塘养殖池和过滤池水质测定结果如表3.10所示，由表3.10可知，养殖池DO整体高于过滤池，主要原因为养殖池不间断充氧，增加水体中的溶解氧，而过滤池只经过自然的生物及物理处理，加之外排水粪污耗氧物质较多，所以过滤池溶解氧相对较低；养殖池和过滤池水质不同月份pH值相对稳定，过滤池pH值整体上低于养殖池，主要原因是养殖池中可进行光合作用，消耗水中的二氧化碳，提高水体pH值，而过滤池中外排水粪污耗氧物质较多，不彻底分解产生酸性物质，导致pH值降低。养殖池DO、pH值、亚硝酸盐、氨氮、COD、总氮和总磷含量平均值分别为5.28毫克/升、8.37、0.14毫克/升、0.47毫克/升、20.1毫克/升、2.27毫克/升和0.36毫克/升，过滤池出水口DO、pH值、亚硝酸盐、氨氮、COD、总氮和总磷含量平均值分别为3.63毫克/升、8.13、0.01毫克/升、0.24毫克/升、14.48毫克/升、1.04毫克/升、0.2毫克/升，过滤池对亚硝酸盐、氨氮、COD、总氮和总磷降除率分别为95.27%、47.64%、

27.96%、54.18%和42.86%。

表3.10　河南旭华生态农业发展有限公司漏斗型2号池塘养殖池和过滤池水质测定结果

日期	池号	DO/（毫克/升）	pH值	亚硝酸盐/（毫克/升）	氨氮/（毫克/升）	COD/（毫克/升）	总氮/（毫克/升）	总磷/（毫克/升）
6月21日	养殖池	4.32	7.58	0.6	0.21	9	1.7	0.02
	过滤池	3.81	8.10	0.012	0.14	6	1.13	0.01
7月10日	养殖池	4.56	8.27	0.014	0.96	11	2.07	0.2
	过滤池	4.21	8.16	0.009	0.74	9	1.73	0.15
7月24日	养殖池	4.7	8.17	0.133	0.4	20	3.45	0.38
	过滤池	2.45	7.99	0.002	0.12	11	1.53	0.19
8月13日	养殖池	8.14	8.55	0.196	0.1	29	2.9	0.42
	过滤池	4.33	8.1	0	0.03	23.5	0.8	0.25
8月27日	养殖池	4.4	8.2	0.017	0.41	26	1.5	0.42
	过滤池	3.55	8.7	0.005	0.1	20	0.6	0.31
9月10日	养殖池	4. 65	8.72	0.018	0.98	13	2.13	0.25
	过滤池	4.27	8.16	0.007	0.77	10	1.37	0.13
9月24日	养殖池	4.67	8.71	0.164	0.48	22	3.54	0.46
	过滤池	2.54	7.65	0.006	0.21	13	1.35	0.21
10月9日	养殖池	8.41	8.45	0.169	0.21	26	2.89	0.48
	过滤池	4.62	8.1	0	0.05	20.3	0.94	0.27
10月19日	养殖池	4.6	8.7	0.037	0.48	23	1.2	0.5
	过滤池	3.67	8.2	0.011	0.16	17	0.54	0.21
11月5日	养殖池	4.33	8.3	0.027	0.43	22	1.3	0.44
	过滤池	2.86	8.1	0.013	0.12	15	0.4	0.31

由表3.11可知，对比3家公司养殖池7项水质指标平均值，河南旭华养殖池中DO最高，荥阳富发次之，郑州龙祥最低；而亚硝酸盐、氨氮、COD、总氮和总磷等5个有害指标河南旭华含量最低。综合分析水质各项指标，河南旭华养殖池水质更适合养殖鱼类生长，提高饲料转化效率。

表3.11　3家公司养殖池7项水质指标平均值对比表

	DO/（毫克/升）	pH值	亚硝酸盐/（毫克/升）	氨氮/（毫克/升）	COD/（毫克/升）	总氮/（毫克/升）	总磷/（毫克/升）
荥阳富发	5.25	7.86	0.31	1.21	28.7	7.51	1.04
河南旭华	5.28	8.37	0.14	0.47	20.1	2.27	0.36
郑州龙祥	5.18	8.24	0.57	0.8	24.5	4.39	0.56

由表3.12可知，河南旭华过滤池对养殖水体中亚硝酸盐、氨氮、COD、总氮和总磷降除率均高于荥阳富发，2家公司水体净化系统主要区别为：河南旭华设置有竖流集污装备，除可将80%以上的养殖池粪便、残饵移出净化系统外，过滤池中的水生植物进一步转化溶解态的氮、磷等有害物质，转化率相对较高；而荥阳富发养殖池中排出的粪便、残饵直接进入净水系统，系统只能部分吸收转化，所以转化率相对较低。

表3.12　荥阳富发与河南旭华2家公司过滤池降除5项水质指标对比表

	亚硝酸盐	氨氮	COD	总氮	总磷
荥阳富发	41.04%	40.94%	13.94%	54.27%	23.31%
河南旭华	95.27%	47.64%	27.96%	54.18%	42.86%

经过过滤池生物物理处理，水体有害物质亚硝酸盐、氨氮、COD被有效降低，有效改善了养殖水质，同时降低的总氮、总磷，减少了养殖池水质的氮磷负荷，形成有利于养殖鱼类生长的环境，提高饲料转化效率，加速鱼类生长，增加养殖效益。

4）结论：根据不同直径漏斗型池塘粪污集聚能力和生态循环养殖系统水质测定结果，直径25米漏斗型池塘粪污集聚能力最强，生态循环养殖系统采用竖流集污装备可直接移除粪便、残饵80%以上，高效降除养殖尾水中的有害物质含量和减轻水体氮磷负荷，建议生产上建设直径25米+四池三坝过滤池+竖流集污装备的生态养殖系统。

（3）生态循环水养殖系统应用研究。

1）试验方式：2020年4月，河南旭华生态农业发展有限公司新建底排污池塘3个，分别配套建设底排污管道、溢水管道，并建设四池三坝净化系统。试验总面积16 616米^2，其中3个养殖池塘净养殖面积1 942米^2，四池三坝尾水净化系统4 669米^2，莲田10 005米^2（莲田原有）。将锦鲤投入3个养殖池结合四池三坝和莲田净化开展试验。净化系统投放鲢鱼、鳙鱼、移植水芙蓉，利用滤食性鱼类和水生植物净水。

2）试验条件。

①养殖池条件：养殖池3个，养殖池面积分别为706米^2、706米^2、530米^2，池塘均为圆形漏斗状，池深5米，水深4.5米，池底中间设排污口，排污口下50厘米埋设排污管道。排污口外侧安装排水竖管，竖管高出池底100厘米，下连排水管道，使排水竖管只排放池中悬浮物而不排池底沉淀物。池塘底部及边坡全部用防渗膜覆盖，确保养殖用水不渗漏。

②净化池条件：净化池总面积4 669米^2，包括4个净化池和3道坝。

3）试验过程与管理。

①鱼种放养：3个试验池养殖锦鲤，6月购买锦鲤投入试验池，7月购买鲢鱼、鳙鱼夏花投入净化池，具体放养情况见表3.13。

表3.13　鱼苗鱼种投放表

	日期	投放量	面积	密度	平均规格
1号池	6月27日	770千克	530米^2	0.83尾/米^2	1 750克/尾
2号池	6月27日	481.5千克	706米^2	1.95尾/米^2	350克/尾
3号池	6月27日	480千克	706米^2	1.95尾/米^2	350克/尾
净化池	7月10日	6 000尾	2 000米^2	3尾/米^2	3厘米/尾

②试验管理：每个养殖池配套1.5千瓦叶轮式增氧机、0.75千瓦水车式增氧机各1台，增氧机推动水体向一个方向旋转流动，将残饵和鱼粪旋流集中到池底排污口排出。最后一级净化池配套1台出水量45米^3/时的

潜水泵抽提净化水加入3个养殖池循环利用。养殖池保持水深5米。

试验全程投喂锦鲤专用漂浮性配合饲料，每天投喂2～4次。每次投喂后2小时左右及时排污，日排污3～5次，依靠水位压差自流排入莲田为植物生长提供养分。从8月初开始，养殖池每天24小时通过池底排水管将池中悬浮污物排入四池三坝系统，养殖尾水经沉淀、净化后抽提回养殖池，实现水体不间断循环交换、循环利用。水体总交换量为45米^3/时，每个池塘水体交换量平均为15米^3/时。

每天检测水温、pH值、DO、亚硝酸盐、氨氮等水质指标，定期抽测养殖池和净化池水体中的总磷、总氮、COD等，对比养殖尾水净化效果。

4）试验结果与分析。

①试验测产：由于试验总结时水产品只有少部分捕捞销售，尚不能统计收获量，仅以11月测产估算情况予以说明。经测产，3个养殖池均达到2.5千克/米^{2}以上的产出量，详见表3.14。

表3.14　测产结果表

	1号池	2号池	3号池
日期	11月12日	11月12日	11月4日
放养量/尾	440	1 375	1 370
存池量/尾	440	1 310	1 260
规格/（千克/尾）	3.15	1.5	1.37
总产量/千克	1 386	1 795	1 890
单位产出量/（千克/米^2）	2.62	2.5	2.68
净增重/千克	616	1 316.5	1 410
投喂总量/千克	1 518	1 530	1 415
饲料系数	2.46	1.15	1.0

3个试验池单位产出量和同样方式养殖食用鱼相比（15千克/米^{2}左右）相差近6倍，这是为了保证锦鲤品质没有刻意追求单位产出量。通过试验，取得了明显的生态效益。

②水质稳定，生态安全：试验期内，养殖池pH值变化在8.1～8.3，中上层溶解氧保持在4～8毫克/升。7月养殖池未开始水体循环交换时氨氮最高为0.96毫克/升，8月开始水体交换循环以后长期稳定在0.4毫克/升以下。亚硝酸盐长期处于0.02毫克/升以内，只有一次达到0.13毫克/升。从养殖池排出的水体经净化后，氨氮从0.4毫克/升降至0.1毫克/升，亚硝酸盐从0.133毫克/升降至0.002毫克/升。

③排污效果明显：养殖池底部及边坡全部用防渗膜处理，所有水体不渗入地下。养殖水体分为旋涡流动和内外流动。增氧机械推动水体旋涡流动将池中污物带入池底中央，排污口定时排出沉淀物；排水口每天24小时不间断将池中悬浮污物排出，排污彻底。净化池不间断补充净化水进入养殖池形成循环，保障了养殖水体环境优良。在水体循环量15米^3/时的情况下，从7月到11月中旬，经过4个多月持续投喂后，采用离心泵抽取最底层水检测，池底边坡基本不存留残饵、鱼粪。

④发病率和养殖风险下降：养殖鱼类始终生长在水体循环流动状态下，好的水体环境为高效生产优质水产品提供了保障。与当年郑州地区普通池塘养殖锦鲤普遍发病相比，试验池在试验期内仅发生2次鱼病。第一次为长途运输使鱼体出现创伤，导致其放入养殖池后发病，2号池死亡65尾、3号池死亡110尾、1号池无死亡，在使用大黄精华液治疗后病鱼逐步好转。第二次为锚头鳋感染，发病鱼很少，经治疗鱼病迅速得以控制，零死亡。此外高温期给鱼内服肝胆康和维生素2次，以预防肠炎和保肝护胆。与普通池塘养殖中锦鲤病害多、发病多相比，生态养殖模式可明显提高锦鲤的抗病力，降低其发病概率，有效减少了养殖风险。

⑤生态效果显著：在投喂量较高的7月、8月、9月，通过水质监测可以看出，养殖池水和净化池水的总氮、总磷、COD均基本达到淡水养殖二级排放标准，说明该模式起到了生态养殖作用。详见表3.15。

表3.15　养殖池和净化池部分水质指标对比表

项目	养殖池	净化池	淡水养殖二级排放标准
COD（毫克/升）	26 ~ 9	20 ~ 11	25
总氮（毫克/升）	3.45 ~ 1.5	1.53 ~ 0.6	5.0
总磷（毫克/升）	0.4 ~ 0.2	0.31 ~ 0.19	1.0
亚硝酸盐（毫克/升）	0.133 ~ 0.009	0.05 ~ 0.002	
氨氮（毫克/升）	0.96 ~ 0.4	0.12 ~ 0.1	

养殖池中COD只有一次检测出达到26毫克/升，是因为当时还没有启动24小时循环净化，8月开始24小时循环后再未出现超标情况。和养殖池相比，经四级净化后的水体中总氮、总磷、COD、氨氮、亚硝酸盐均低于养殖池，达到了净化养殖尾水与循环利用的目的，与蒋阳阳等探究池塘工程化循环水养殖模式理化指标一致。

图3.20　净化池种植水芙蓉

⑥植物净水美化养殖环境：养殖尾水排入莲田和净化区，为观赏莲等水生植物提供了有机养料。水生植物吸收水体富营养物质后改善了养殖用水的水质，又形成一条天然有机的生态链，观赏莲和水芙蓉构成景观进一步美化了整体养殖环境（图3.20）。

5）结论：根据试验模型相关研究结果，新型底排污池塘生态循环水养殖系统底部斜坡与水平夹角为30°时粪污、残饵完全排出速度最快，并且粪污排出率可达85%；系统配置3片扇叶凹面朝下旋流助力器，于水面下7厘米处转速100转/分时，粪便、残饵集中速度最快。

根据3家养殖公司养殖池、过滤池水质测定结果，新型底排污池塘生态循环水养殖系统养殖池直径25米、池深5米、水深4.5米，配置四池三坝生态循环净水系统，同时配置竖流集污器，通过减缓水流，粪便、残饵沉积于集污器底部，定期排出系统外，可高效移除养殖水体中氨氮、亚硝酸盐、COD、总氮和总磷等，移除率可达95.27%、47.64%、27.96%、54.18%和42.86%。

根据河南旭华生态农业发展有限公司3个新型底排污池塘生态循环水养殖系统应用研究结果，新型底排污池塘生态循环水养殖系统明显降低饲料系数（饲料系数最低可达1.0，而传统池塘饲料系数最低为1.2），且水质稳定，生态安全，排污效果明显（池底边坡基本不存留残饵、鱼粪），降低发病率和养殖风险，同时净水美化养殖环境。

结合试验模型和生产实践相关研究结果，考虑建设的可行性，在生产中建议建设直径25米或25米以下、池深5米、水深4.5米、底部斜坡与水平夹角15°~30°的漏斗型池塘，池塘底部排污管道加配竖流集污装置，通过减缓水流，粪便、残饵沉积于集污装置底部，定期排出系统外，进行发酵处理用于农田。同时，四池三坝净水系统，池塘面积与净水系统面积比为2∶8，四级净化池面积之比为1∶2∶3∶1，净化池中间设置溢流坝，溢流坝前设置挡水墙，使水体从挡水墙由下向上翻过溢流坝进入下一级净化池，前两个净化池作为沉淀池，第三级净化池放养鲢鱼、鳙鱼，最后一级净化池种植水芙蓉吸收水体富营养物质，养殖尾水经四级净化后回流于池塘。

新型底排污池塘生态循环水养殖系统符合《农业农村部办公厅关于实施2020年水产绿色健康养殖“五大行动”的通知》中“生态健康养殖模式”和“养殖尾水治理模式”两大行动的要求，该系统具有节能、节地、节水、简单、灵活、安全、质优、高效等优点，是当前适用的水产绿色健康养殖模式之一。

（四）穹顶控温

1. 穹顶控温的含义

穹顶控温是指在漏斗型池塘上部加建圆弧形钢架大棚，通过覆盖塑料薄膜，在冬季采光保温，在夏季撤掉底部一圈的薄膜通风降温。

2. 穹顶大棚对温度的调节作用

在应用实践中，经多年连续对冬夏季节大棚下池塘水温检测表明：夏季从大棚底部向上1米沿大棚一圈撤掉薄膜通风降温，1

米以上部分的覆盖薄膜保持不动，整个夏季高温期棚内水温比露天池塘低2℃以上（图3.21）。冬季全封闭保温，冬季晴天时，在不额外加温的情况下，棚内温度可以保持在15℃左右（图3.22、视频3.1）。

图3.21　夏季拆除底部薄膜通风降温应用实例

图3.22　大雪中的大棚

视频3.1　“168”模式池塘穹顶大棚抗风雪，不惧低温

（五）智能管理

1. 智能管理的含义

“168”模式智能管理是指在池塘养殖环节采用定时自动排污，水质自动监测、增氧自动控制、远程控制等，提高管理效率，降低劳动强度。

2. 智能管理的应用实践

在应用实践中，“168”模式智能管理有自动排污控制、水质自动监测、增氧自动控制、远程控制等。排污自动控制是单成一套系统，在配电箱中加装控制模块连接潜水泵启动开关，将各个池塘分设不同的时间段每隔一定的时间开启一次水泵排放污物，每次排污2分钟即可排清池底污物。水质自动监测和增氧自动控制又是另外一套自动控制系统，可以连接网络远程查看水质指标，控制增氧机启停。目前在养殖加州鲈饲料投喂上还没有采用自动控制，原因是投喂的漂浮性膨化饵料受机械搅动甩动容易破碎，会增加水体残饵污染，降低饵料利用率，大多情况下采用了人工抛撒投喂，直观灵活掌握投喂量，提高饵料利用效率，降低饲料系数和生产成本，减少水体污染。

（六）吊水提质

“168”模式水质调控主要通过水体交换来实现，很少投放化学药品、生物制剂调节。在应用实践中，水体交换通过尾水净化后循环利用实现，这里的关键是水的循环和尾水处理过程及处理后的质量。

在漏斗型养殖池塘中，养殖方式和工厂化、设施化养殖一样，一般为单品种主养，不像传统池塘那样还可以套养鲢鱼、鳙鱼摄食浮游动植物调节水质。在缺少泥土和生物吸收、自净能力的情况下，如果再缺失水体流动和水体交换，静止的水体不但是死水一潭，并且随着水体溶解有机营养的持续增加，水体富营养化会越来越重，水体透明度差、浮游动植物变化等都会引起水质变坏。因此没有自净能力的漏斗型池塘水质调控必须依靠及时排污、水体循环补充优良水源实现水质调控。

在应用实践中，水质调控环节出现了两种完全不同的方法。一种是只排污、补井水，尾水净化后不循环使用；另一种是尾水净化后循环使用。尾水净化又分为不同情况：有的仅通过沉淀去除粗颗粒物、水生植物吸收后就循环使用；有的是在沉淀、动植物吸收利用的基础上增加了过滤、硝化和反硝化等处理，净化处理更彻底。以上都可以起到水质调控的效果，但效果又各不一样。仅排污、补井水容易引起水温巨变，引起养殖鱼类的应激反应，此外水体氨氮含量不高，但亚硝酸盐含量超标；尾水净化不经过过滤和硝化和反硝化处理就循环使用，同样会亚硝酸盐超标；以上两种虽然不影响鱼的摄食生长和高产出，但影响鱼的体质。只有尾水净化彻底后的循环利用，养殖池塘各项水质指标均达到正常，才更有利于鱼的健康快速生长。因此在水质调控环节应该做到净化彻底、循环用水。

在漏斗型池塘中，除了水的内外循环交换外，水车式增氧机和叶轮式增氧机共同推动池水向同一个方向旋转流动，形成涡旋将漂浮的鱼粪、残饵等带入池底，净化水体环境，同时池水持续不停地流动增加了水与空气的接触，池水溶解氧充足，水质良好，水体流动增加了鱼的逆水运动，增强了鱼的体质，提高了鱼的抗病力，提高了产品质量。因此水质调控的方式也可以提供吊水提质作用，特别是停食后，水体流动原池吊水提质，一举两得（视频3.2、视频3.3）。

视频 3.2　增氧机工作推动池水旋转

视频 3.3　“168”模式养成的大口黑鲈

2023年，河南师范大学对漏斗型池塘养殖的大口黑鲈肉质检测，与普通池塘养殖的相比，优势表现在以下几个方面：“168”模式养殖的大口黑鲈出肉率更高，比传统池塘的高20%；“168”模式养殖的大口黑鲈失水率只有传统池塘的40%，更容易保存；从质构上看，“168”模式养殖的大口黑鲈肉质细腻，口感十分清爽，具有韧性和弹性；“168”模式养殖的大口黑鲈肌纤维密度更大，是传统池塘的1.35倍，也就是说更有嚼劲，更好吃；“168”模式养殖的大口黑鲈肌纤维氨基酸总含量较高，味道更好；从挥发性物质看，传统池塘养殖的大口黑鲈比“168”模式养殖的大口黑鲈肌肉刺激性气味和辛味强烈。差异不大的有：常规营养成分差异不大；脂肪酸的组成各有优劣。

四、八大好处

2019年9月，习近平总书记在河南郑州主持召开黄河流域生态保护和高质量发展座谈会，提出了黄河流域高质量发展和保护母亲河的重要指示，生态优先、绿色发展成为农业发展的主题。传统渔业如何高举生态发展的大旗，渔民如何换思路、改形式、调结构，成为水产界迫切思考的问题。

郑州市农业技术推广中心水产技术人员为因地制宜实现郑州水产业的高质量发展，认真总结了国内先进的生态循环水养殖经验，针对郑州的特殊环境，结合郑州市的环境特点，进行了大胆尝试，设计了一种新型的养殖技术模式——漏斗型池塘循环水高效养殖模式，简称“168”模式。

众所周知，由于水产养殖中饲料和投入品的广泛使用，存在严重的污染风险。为了保护母亲河免受污染的可能，沿黄各省都掀起了大面积的禁渔热潮，河南东起商丘、西至洛阳也紧随其后，仅郑州市就清除了超过4万亩精养高产池塘。渔民有的弃养回家，有的远走他乡继续进行水产养殖。

随着养殖面积的逐渐减少，水产技术推广部门深深感受到了前所未有的压力，我们的技术团队深入调研、广泛研究，积极寻找新形势下的水产养殖可行方案，就此“168”模式应运而生。

“168”模式，是在郑州市农业技术推广中心的带领下，水产技术推广站自主研发的水产技术养殖模式。自2019年以来，得到河南省水产技术推广站、河南省水产科学研究院、河南师范大学、河南牧业经济学院等相关单位专家、教授的大力支持。随着漏斗型池塘养殖模式的不断提档升级、技术日渐成熟，它的养殖优势也凸显出来，该养殖模式的优越性在实践中得到广泛的应用验证。

“168”模式具有节水、节地、降本、简单、灵活、高效、安全、质优等八大好处，该技术模式是通过漏斗设计、尾水集排、生态循环、穹顶控温、智能管理、吊水提质等技术处理，分离出残饵和粪便、清洁生产、水循环利用，达到生态理念引领、养殖环境优美、集污排污科学、提质降本增效、产品质量优良、操作管理方便、节能高效智能、组装配套灵活之目的，显著解决了渔业绿色生态养殖和高质量发展的难题。科学设计改变了传统池塘养殖模式的诸多弊端，通过集污排污将粪便、残饵分离出养殖水体以外，通过生物净化、生态循环、温度控制等措施，达到创造优美养殖环境、生产优质水产品、提高养殖效益的效果。

（一）节水

技术要点：采取集中养殖和生态处理相结合，实现循环水养殖，零排放，与传统池塘相比节约用水80%。

（1）养殖池不渗漏，节水。从自然条件来看，河南的养殖条件比不上湖南、湖北，湖南、湖北的水域面积宽阔广泛，水源充足，而河南却是一个缺水、缺地的省份；为了进行水产养殖，最开始河南农民不得不在耕地上开挖鱼池。现在，国家要保护粮食生产，禁止占用耕地进行水产养殖，所以渔民都集中在沿黄两岸的荒滩荒地，利用黄河水进行水产养殖。然而，在黄河滩进行水产养殖是有巨大弊端的，因为黄河滩都是沙质土壤，与黄河形成连通器，池塘的水深很难保持。水加深了，池塘的水就会通过压力向外渗漏，所以在黄河滩养鱼，池水的深度一般为1～1.3米，水体较浅，养殖的产量上不去。更重要的是，在黄河滩里养鱼，每天都需要加水，如果不加水，池水就会明显下降，甚至干涸。池水浅超出鱼的抵抗能力，会引起缺氧，甚至造成泛塘死鱼。一般情况下，一口井可以供2个10亩的池塘轮流加水，机井水泵几乎是24小时运行，这样进行水产养殖，电费高，养殖成本增大，池水水质又很难控制。

“168”漏斗型池塘，铺设HDPE防渗膜（高密度聚乙烯防渗膜）

防渗，实行的是全封闭的养殖模式，既杜绝了外来污染，又杜绝了对地下水的影响，还能够很好地保持池塘的用水量和池塘水的深度（一般水深4～5米）。且因为是循环水重复利用，水温恒定，水质稳定，充分利用太阳光能，室外无死角循环流水有利于水质调节，保证了鱼的健康生长（图4.1、图4.2）。一般情况下，每天加注1～2小时新水即可，用水量是普通池塘单位产出量的20%，节约用水量超过80%。

图 4.1　全池铺设 HDPE 防渗膜

图 4.2　300 瓦循环泵流水养鱼

（2）能把残饵、鱼粪分离出养殖水体，减少换水量，节水。传统池塘鱼的投喂和粪便全部集中在池塘中，水体环境难以控制。滩涂以外的水产养殖池塘，虽然养殖生产过程中池塘的渗水情况会比黄河滩区好许多，但是依旧需要每10天换一次水，才能达到水质的清新。否则，池塘的水质在粪便、残饵的作用下会发臭，池塘鱼的疾病增多，生长速度减慢，严重的会引起泛塘或者暴发疾病，造成大量死鱼。

在水产养殖中，如果想要节水，在养殖过程中尽量少换水，就需要减少水质的污染，保持水质的清新，保持水体的深度。必须在以下几个方面进行改进：一是养殖模式的改进，二是饲料和投喂方式的改进，三是排污及粪便处理的改进，四是减少投入品的使用，防止水质污染。

"168"漏斗型池塘，能很好地克服传统池塘以及现有的其他工厂化养殖模式的弊端。投喂的过程当中使用膨化漂浮饲料减少饲料对水质的污染，减少排泄物的产生，能够及时根据天气情况以及相应的水质或不同的鱼类进行投食，同样也能减少换水量。当然也需要定期对水质进行检测，定期、定时排污，清理水中的污物，为鱼类创建良好的生存条件。

（3）清塘卖鱼不用排干池水。传统池塘，冬季清塘卖鱼，最后要排干水，把鱼全部捞出来，而"168"漏斗型池塘养殖水体小，铺设防渗膜，用专用网具拉网，不降水位即可一网打尽。假如需要清干，可以先把水排到旁边的净化池，随后再抽回漏斗型养殖池，这是节约用水的一个重要体现。

（二）节地

技术要点：同等净养殖水面产出量是传统池塘的6倍以上，同等占地面积产出量是传统池塘的3倍以上，能节约50%以上的土地。

单从产量来说，该模式是一个浓缩的集约化养殖体系，养殖单产量很高，直径26米的漏斗型池塘（直径29米的漏斗型池塘净面积约为1亩）养殖不同品种的单产分别为：罗非鱼34 000千克、草鱼15 000千克、黄颡鱼10 000千克、丁鱥10 000千克、大口黑鲈10 000千克、叉尾鮰20 000千克、黄河鲤鱼20 000千克，几乎所有的养殖品种，其产量都超过普通池塘的6倍以上（表4.1）。

表4.1　"168"漏斗型池塘与普通池塘亩产量对比

品种	普通池塘/千克	"168"池塘/千克	产量比
黄河鲤鱼	2 000	20 000	1：10
罗非鱼	2 500	34 000	1：13.6
黄颡鱼	1 500	10 000	1：6.7
大口黑鲈	1 250	10 000	1：8
草鱼	1 500	15 000	1：10
叉尾鮰	2 500	20 000	1：8

由表4.1可以清楚地看出，“168”漏斗型池塘的产量大幅提升，其产量是普通池塘的6.7～13.6倍。换句话说我们要获得单位水产品所需的土地，漏斗型池塘仅是普通池塘的1/13～1/6。

2022年统计中国池塘养殖面积为3 036 888公顷，折合4 555万亩，池塘养殖产量为2 537万吨。我们设想一下，如果将这些池塘改造成“168”漏斗型池塘，养殖2 537万吨水产品，所需的养殖面积仅仅是759万亩，将会节约3 805万亩土地。更为重要的是，漏斗型池塘可以适应极端地理位置，我国有一些地方，既不能种田也不能种树，如长时间荒废的荒滩荒沟，可以将其改建成“168”漏斗型池塘，为社会创造财富（视频4.1、视频4.2）。

视频 4.1　“168”池塘高产高效节约土地

视频 4.2　“168”池塘与传统池塘对比

（三）降本

技术要点：建设成本仅占工厂化设施的10%，减少用药60%以上，循环水养殖商品鱼综合成本降低0.5元/千克以上。

（1）建设成本低：利用“168”漏斗型池塘进行水产养殖，可以大幅降低成本，主要表现在以下两个方面：一个是与工厂化设施渔业进行对比，二是单位产出量的养殖成本大幅下降。

工厂化设施渔业进行水产养殖，需要建设复杂的结构、搭建保温大棚，这两项工作投资较大，养殖成本高。更重要的是，现阶段随着环保要求的不断提高，建设这种设施渔业需要繁杂的审批，且不能触碰环保和建设用地红线。而“168”漏斗型池塘的建设没有砖混结构，也不存在二次污染，可以随时恢复原貌，不改变土地的性质。在报备审批的前提下，“168”漏斗型池塘的建设是可靠的建设方案。

现阶段基建的建设费用一般为每平方米300元，1亩地的建设费用在20万～30万元，而建设一个普通“168”漏斗型池塘，建设费用仅需2万～3万元（约1亩），建设成本仅占工厂化设施的10%。如果是建设带钢架穹顶大棚的“168”漏斗型池塘，建设费用总计也不超过10万元。

（2）运行成本低：万物生长靠太阳，“168”漏斗型池塘在室外，充分利用太阳光能，溶解到水里的微细鱼粪颗粒，在光合细菌等的作用下，被浮游动植物吸收利用大量繁殖，藻类进行光合作用释放大量的氧气，晴天水中氧气充足，可减少增氧机的使用，降低电费。“168”池塘循环流水，与净化池落差小，仅靠300瓦、50吨/时的水泵即可让水循环起来，人造流水养鱼节能，水质好，鱼不容易生病，减少了用药。“168”池塘密度大水体小，相对于传统池塘养鱼，同样产量水体体积能减少用药60%以上。

（四）简单

技术要点：在土基上挖制而成，铺上防渗膜，埋上管道组建循环水养殖系统即可。老旧池塘改造、新建都容易。

一种养殖模式要想得到大家的认可，就必须简单实用有效。以前我们也参观了全国很多的设施渔业建设，很多项目都是花钱多，经济效益低，每年还要花费大量资金、人员来维护，那些劳民伤财、利用率低，经济效益低下的养殖模式，一定长远不了、一定推广不开。

“168”漏斗型池塘的建设，最突出的特点就是简单，力求务实高效。目前全国已经建设了5 000多座“168”漏斗型池塘。据了解，到目前没有一家建设使用国家资金，全部都是自筹资金进行建设，这一点充分说明了“168”漏斗型池塘的可行性和信誉度。

例如郑州龙祥水产养殖科技有限公司，第一次在新乡市延津县建设“168”漏斗型池塘，1个月就建了14个。技术成熟以后，后来在中牟狼城岗，1天建设完成1个“168”漏斗型池塘。河北石家庄的谷老板，来考察后，回去建设2个穹顶式“168”漏斗型池塘，从考察到建成只用了不到1个月的时间。浙江湖州的东裕丰饲料公司，一期建设26个“168”漏斗型池塘，二期90个漏斗型池塘正在建设当中，三期还要再建150个（图4.3）。他们的建设速度特别快，突出了“168”漏斗型池塘简单的特点。

图 4.3　浙江湖州东裕丰“168”池塘一角

（五）灵活

技术要点：山地、丘陵、坡地均可建设，直径20～30米自由掌握，可一个或多个组合。

现今，国家对农业发展大力支持，特别是对粮食生产，国家特别重视。所有与粮食生产相抵触的项目，都需要为粮食生产让道。渔业是农业的一部分，“168”漏斗型池塘的建设，利用的是不能进行粮食生产的山地、丘陵、坡地、荒地等进行渔业生产，与粮食生产没有任何冲突，而且它能和大农业有机结合，形成立体的种养殖模式。

目前创新完善了分离出鱼粪水“三格化粪池+生态沟渠+农作物种植”综合利用技术，资源化利用率达100%，养殖尾水治理大部分回用，小部分处理后灌溉稻田、莲藕池、蔬菜花卉、果园林木。提取出的鱼粪制作成生物肥料，达到零污染、零用药、零排放。通过对菌藻定向培养与控制，满足最佳养殖环境。冬季大棚保温、夏季加注井水，创造最适生长温度，实现全年养殖。

经过尝试，目前已经创新出了“168+蔬菜”“168+莲藕”“168+路亚垂钓”“168+甘蔗”“168+果树”“168+观赏鱼”“168+花卉”“168+穹顶控温”“168+粮食”“168+吊水提质”“168+美丽乡村”等多种组合形式。清水先养鱼，养鱼肥水再灌溉，水循环利用，一水两用，一田双收，立体种养，稳粮增收，绿色生态，实现综合种养经济效益的“效益叠加”（图4.4~图4.7、视频4.3）。

视频 4.3　新稻渔更高效

图 4.4　郑州龙祥水产“168+ 水稻”

图 4.5　水稻生长前期

图 4.6　水稻生长后期

图 4.7　水稻测产

近年来，笔者做了多方面的尝试试验，比如2022年，我们利用“168”池塘与萝卜相结合进行综合种养（图4.8）。10亩萝卜的原本产量2万千克，用“168”池塘排出的肥水灌溉2次后，产量达到了5万多千克，增产2倍多，“168”池塘亩产罗非鱼2.5万千克。2023年“168”漏斗型池塘与甘蔗相结合，“168”池塘亩产大口黑鲈6 000千克，甘蔗亩产3 500千克，实现双丰收。

图 4.8　“168”池塘肥水灌溉种植出 5 千克重的萝卜

又比如“168+穹顶控温”，“168”池塘面积小，易搭建保温设施，在“168”漏斗型池塘上方覆盖穹顶式钢构大棚（图4.9），实现了全年养殖，解决了北方地区冬季养殖难题。穹顶“168”漏斗型池塘冬季进行苗种标粗或名贵鱼养殖，夏季养成鱼或苗种培育，保证北方地区名优品种大规格苗种供应，做到当年养成，同时能随时向市场提供优质商品鱼，提高了效益。又可随时根据市场需求，冬季养殖，避免某种鱼减量造成市场紧缺价格大幅度上涨，保障了市场供应，也取得了较好的经济效益。

图 4.9　穹顶保温大棚

“168+吊水提质”，利用“168”漏斗型池塘生态循环流水养鱼，养成后再通过原塘停止投喂加注清水进行瘦身，去除多余脂肪，做到肉质更细嫩、爽滑、紧致。在“168”养殖池塘直接吊水，避免了拉网、运输引起鱼病，降低了成本。这不同于普通池塘的停食停料，因为普通池塘底质污染严重，而“168”漏斗型池塘无底质，大大降低了土腥味。“168+路亚垂钓”采用“007”布局，2个“0”形池养鱼，“7”形池净化，养殖鳜鱼、大口黑鲈、太阳鱼等品种，在净化池定期投放自养鱼进行路亚垂钓，开创新的增收渠道，同时为休闲渔业的高质量发展开辟新路径（图4.10）。“168+美丽乡村”，将农村废旧坑塘等改造成“168（生态循环景观设计）+鲢鳙鱼、罗非鱼、清道夫（净化水质）+高档观赏鱼（增收）”，实现生态循环流水，以鱼净水、以鱼控藻、以鱼控草，高效净化水质，放养高档观赏鱼，增加收入，可有效解决农村废旧坑塘和黑臭水体治理问题，实现“清水绿岸鱼翔浅底”，成为改善农村人居环境，推动乡村振兴战略的新举措（视频4.4）。

图 4.10 “168+ 路亚垂钓”

视频 4.4 废旧坑塘改建“168”

（六）高效

技术要点：极大提高了土地利用率、单位面积产出量和经济效益等，鱼粪收集处理作为农田肥料，实现资源化综合利用。

高效水产养殖是指通过科学的方法和技术手段，提高土地利用率、单位面积产出量和经济效益的养殖方式。现今社会，水资源的短缺，环境污染的严重等问题亟待解决。高效养殖模式的实施对于保护水资源，提高水产养殖生产效果具有非常重要的意义。“168”漏斗型池塘具有高效养殖的四大技术特点：

第一，“168”漏斗型池塘是高效循环水养殖模式。循环水养殖是一种通过对养殖水体进行处理和循环利用来提高水产养殖效益的模式。这种模式通过使用生物过滤、氧化分解和沉淀等技术，将养殖废水中的有害物质净化去除，并将经过处理的水再次用于养殖。这种模式能够节约用水，并减少养殖废水对环境的污染，同时提高养殖水体中的养分含量，促进水生动物的生长发育，单产超过传统池塘的6倍以上。

第二，“168”漏斗型池塘是高效、立体养殖模式。它与瓜果蔬菜有机结合，充分利用空间，一水两用，一田双收，立体种养，提高养殖产量，并且能够减少水体中的废物和有害物质的积累，从而实现水产高效养殖（图4.11）。

图 4.11 “168+ 莲藕”

第三，“168”漏斗型池塘是高效生态养殖模式。生态养殖模式是指通过模拟自然环境，创造适合水产生长的生态环境来实现水产高效养殖的一种模式。“168”漏斗型池塘生态养殖模式中，养殖者通常在净化区域内进行植物种植、藻类培养，形成一个完整的生态系统，为水产养殖提供水产所需要的养分和良好的生长环境，提高养殖的产量和品质，并减少对外部环境的依赖。

第四，“168”漏斗型池塘是高效智能养殖模式。智能养殖模式是指通过应用先进的信息技术和智能装备，实现自动化、智能化管理和监控，提高养殖效益。集约化养殖的高效是规模化水产养殖比较显著的特点。“168”漏斗型池塘占地面积小，非常适合智能化管理，从投饵、增氧、排水、进水到水质监测，适合打造无人智能渔场（图4.12）。

需要注意的是，有些“168”漏斗型池塘建设、养殖者，为了节省投资，没有严格按照要求保持水体 24 小时外循环，而是采用投喂后定时排污，排污后再补充新水。这种方式易造成池底、池坡污物残存，且池塘直径越大，残存量越多，污物分布范围也越广，比如荥阳富发水产养殖有限公司建设直径42米，深度5米，边坡深，底部落差小，经检测，从中心算0~18米处残存鱼粪较多。

图 4.12 荥阳富发“168”池塘一角

另外还有一些养殖户在建设过程中，池底不是漏斗状，而是锅底状（池底较平），严重影响漏斗型池塘的自动排污。有些养殖户不采用漂浮性饲料喂养，没有做到无死角均衡溶解氧等，这些都严重影响了“168”漏斗型池塘的高效性。

（七）安全

技术要点：漏斗型设计犹如给养殖池塘安装了“抽水马桶”，让鱼粪高效排出，实现清洁化生产，减少鱼病和用药，有效保证了水产品质量安全（图4.13）。

图4.13 “168”池塘鱼粪收集

水产养殖的整个过程都离不开水，水质的好坏是水产养殖的重要因素。“168”漏斗型池塘科学合理的漏斗型设计，让鱼粪高效排出，改变了传统池塘饵料、鱼类同池污染问题，为鱼类创造出一个舒适的生活环境，实现清洁化生产，减少鱼病、减少用药，有效地保证了水产品质量安全。

“168”漏斗型池塘循环系统，清洁生产，还能够有效地处理尾水、粪污，变废为宝。大家都知道，不注重污水的处理而随便排放到外界河流当中，会直接影响到河流的水质，而河流的水质污染会直接影响到水生生物的生活环境，甚至直接威胁到鱼类的生命安全，水产品的质量也会大大降低。只有治理好大环境的污染问题，才能从根本上解决水质污染的问题，只有做到环境污染的管控与解除，才能防止规模化水产养殖受到更为严重的破坏，这是一个有机的整体，全民防护，人人有责，故而加强对水质的清洁防污染是势在必行的。

在拉网、销售时安全。为什么夏季高温季节北方鱼价高，一个重要原因就是南方池塘温度高，容易产生硬骨病鱼而不敢拉网。而“168”漏斗型池塘水体小，夏季拉网可提前用井水降温，减少池塘温度高造成鱼的应激死亡，据销售商讲非常愿意拉“168”池塘的鱼，因为耐运输、成活率高。再比如，养殖锦鲤需要定期拉网挑选或随时销售，“168”漏斗型池塘通过井水降温，可随时拉网，不受外界高温限制（图4.14）。

图 4.14　拉网

（八）质优

技术要点：养殖池内水体流动，形成“运动鱼”，养殖品种达到上市规格后，停止投喂，利用优良的水环境在原池生产“瘦身鱼”，显著提升鱼的品质。

“168”漏斗型池塘养殖模式在保证水产品质量方面，有如下的优势：

第一，该模式可以原塘进行吊水，获得吊水鱼。吊水鱼就是鱼类长到成鱼后，不喂饲料、不投放药物，只喝清水、吃浮游生物，促使鱼类体内的粪便排出和通过休药期，以此保证水产品的质量。让鱼“瘦身”，其特点是低脂肪、高蛋白（图4.15、图4.16、视频4.5）。

“168”漏斗型池塘所养的鱼肉质紧致，没有泥腥味，足够香甜。普通池塘养殖的鱼肉质往往是软绵绵的，泥腥味很重，肉质相对会差些。

第二，“168”漏斗型池塘循环水养殖，大大减少了药物的使用量，确保了水产品的质量。

水产养殖用投入品，如兽药、饲料和饲料添加剂，是水产养殖中

图 4.15　吊水草鱼

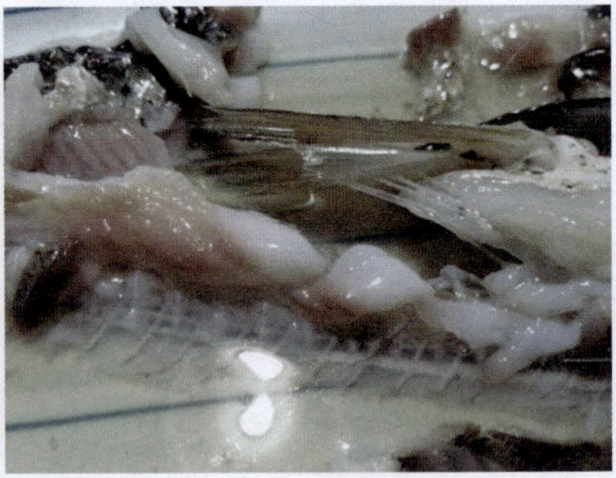

图 4.16　清蒸吊水草鱼（果冻鱼）

视频 4.5 清蒸“168”鲈鱼

重要的生产环节。这些产品的质量关系到水产养殖业的健康发展，更关系到养殖水产品质量安全及食品安全、生态安全。2021年，农业农村部发布《关于加强水产养殖用投入品监管的通知》，指导地方农业农村（畜牧兽医、渔业）部门，进一步加大对生产、进口、经营和使用假劣水产养殖用兽药、饲料和饲料添加剂等违法行为的打击力度，全面开展三年整治，着力整顿相关产品生产、经营和使用秩序，打击相关违法活动，整肃市场秩序，规范投入品使用，确保养殖水产品质量安全。

第三，“168”漏斗型池塘养殖模式集约化程度高，有利于建立“168”追溯系统，实现远程监控和水产品销售追溯。追溯系统建立，能够更好地保障农产品质量，为消费者提供一个能够进行追溯的渠道。通过“168”追溯系统，可以轻松查询到产品的相关信息，实现产品生产、销售、流通、服务的全生命周期信息管理。

五、“168”与大农业等的结合

漏斗型池塘循环水高效养殖技术从2019年推广以来，已在国内17个省（区）得到广泛应用。2019~2023年，随着“168”模式的持续完善发展，在漏斗型池塘循环水养殖结合尾水处理技术的基础上，“168”与大农业等结合（简称“168+”）进一步创新形成了“168+种植水稻（莲藕）”，“168+四池三坝生态湿地”，山地“168+农田、果（菜）园”，“168+锦鲤”等新技术体系。“168”技术更新形成的“168+”促进了渔业与大农业的融合，进一步拓宽了渔业发展空间。几年来，“168+种植水稻（莲藕）”在河南省郑州市、开封市和浙江省湖州市等地得到推广应用（图5.1）；“168+四池三坝生态湿地”在郑州市、新乡市和山东、安徽等省推广应用；山地“168+农田、果（菜）园”在荥阳市、新密市等地得到推广应用；“168+锦鲤”在新乡市、郑州市等地得到应用，“168+”应用总面积7 000多亩。除以上四种形式外，在郑州市还出现了“168+吊水提质”、“168+路亚垂钓”模式。

图5.1　浙江湖州“168+水稻”效果图

在河南省郑州市、开封市，浙江省湖州市应用“168+种植水稻（莲藕）”技术，以漏斗型池塘养殖水产品，养殖尾水排出后水污分离，将分离后富含有机营养物的养殖尾水排入水稻（莲藕）田，为水稻（莲藕）生长提供养分，相同面积养殖大口黑鲈、罗非鱼、丁鱥等，比传统池塘增产6倍以上，达到7 500～15 000千克。水稻亩产由500～550千克提高到650～700千克，亩增产150千克，莲藕亩产达到2 000～2 500千克，实现一水两用、一田双收，增产增效。

在河南旭华生态农业发展有限公司、中牟县安庄鑫鑫渔业养殖专业合作社应用“168+四池三坝生态湿地”尾水净化处理技术，以漏斗型池塘养殖水产品，将养殖尾水排入水污分离设备，粗颗粒物沉淀后集中收集处理、资源化再利用，分离出的尾水排入四池三坝净化处理系统，通过沉淀、过滤坝物理过滤和生化反应以及水生动植物净

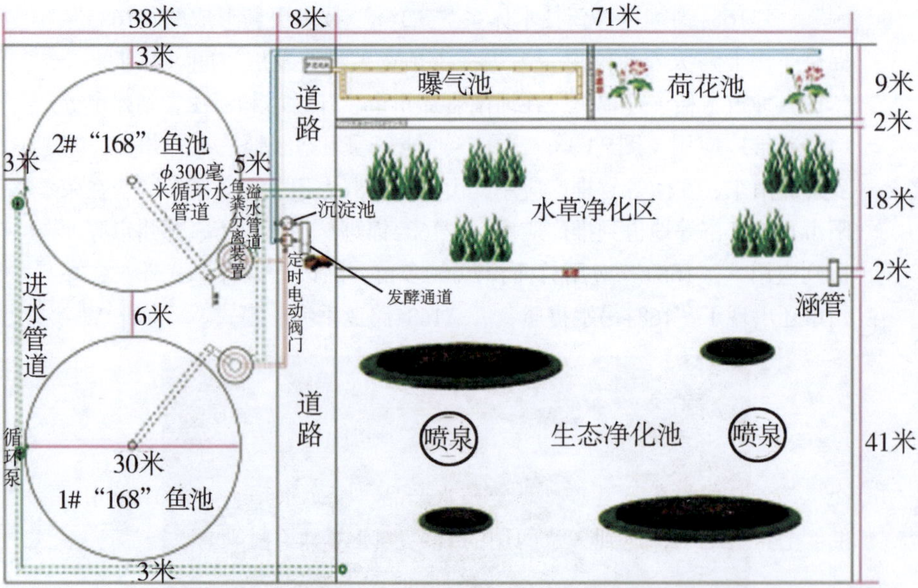

中牟县安庄鑫鑫渔业养殖专业合作社“168”生态循环系统俯视图

图5.2　“168+四池三坝”

化吸收、曝气增氧、杀菌处理后循环利用。养殖尾水资源化利用率达100%，尾水净化后达到淡水养殖二级排放标准（图5.2）。

在荥阳市邙山岭、新密、登封等山地丘陵地区，灵活利用地形地貌，利用高差设计生态养殖系统，应用山地“168+农田、果（菜）园”技术，将养殖尾水排入水污分离设备，粗颗粒物沉淀后集中收集处理、资源化再利用，分离出的尾水再排入集水池，用于灌溉农田、果（菜）园（图5.3）。郑州千山万水农业有限公司利用养殖尾水浇灌萝卜、小麦，萝卜亩产超5 000千克、小麦亩增产50千克以上，漏斗型池塘生产的水产品养成后，可放入净化池，以路亚垂钓方式销售，水产品提高售价5～6元/千克，实现鱼菜粮三丰收。

图5.3　荥阳邙山岭“168+农田、果（菜）园”

“168+锦鲤”在新乡、郑州等地应用，减少了土地占用面积，小面积池塘便于拉网操作和锦鲤挑选，降低了劳动强度，循环水养殖改善了池塘水质和生态环境，提高了锦鲤品质和养殖效益。

（一）“168＋水稻（莲藕）”

该项技术是以漏斗型池塘养殖水产品，配套水稻（莲藕）田利用和净化养殖尾水，达到一水两用的效果。因为漏斗型池塘水产品产出量高、尾水肥度高、肥力强，养殖池面积与水稻（莲藕）田的配比面积须不小于1∶10，保障配套的水稻（莲藕）田能够承担充分吸收尾水养分并净化养殖尾水的能力。养殖尾水排出后需经水污分离设备将鱼粪、残饵收集后，不含鱼粪、残饵的尾水再经过滤沉淀池初步处理才能排入水稻（莲藕）田利用，达到减少施肥提高水稻（莲藕）产量的作用。水稻（莲藕）田吸收养殖尾水中的有机营养物质将水体净化，净化后的水再抽提到养殖池塘循环使用。如果水稻（莲藕）田需水量较大，不能循环利用养殖尾水时，可以暂停水的循环，向养殖池补充新水，保障养殖池用水需求（图5.4、图5.5）。

图 5.4 “168+ 水稻（莲藕）”远景

图 5.5 水稻、莲藕近景

（二）“168 +四池三坝”

该项技术以漏斗型池塘养殖水产品，尾水净化利用环节配套1个沉淀池、2个生物净化处理池、1个曝气增氧池和3道过滤坝。生物净化处理池种植水生植物、放养净水鱼类和螺贝类生物净化养殖尾水，过滤坝过滤粗颗粒物并通过硝化与反硝化净化养殖尾水。养殖池排放的水经四池三坝系统充分净化后再抽提到养殖池，完成水的循环利用。所有养殖尾水不向外环境排放，做到零排放、无污染。以循环水养殖改善池塘水质，保持池塘水质优良，创造利于鱼类健康生长的水质环境，提高单位产出量和养殖效益，控制养殖池塘优良的水体环境，减少鱼病的发生和鱼药的使用，提高水产品质量安全水平和水产品品质。四池三坝尾水处理系统净化后的尾水可以达到淡水养殖二级排放标准，即使排放到外环境，也不对外产生污染，保护生态环境。

在实际应用中，应用单位在此基础上进行了调整，有用三池两坝的，也有用五池四坝的，只要根据尾水净化的实际需求达到净化养殖尾水的目的都是可行的。新乡市一家大型水产企业就选择了五池四坝净化养殖尾水（图5.6、图5.7）。

图 5.6　郑州龙祥水产新乡基地五池四坝尾水处理

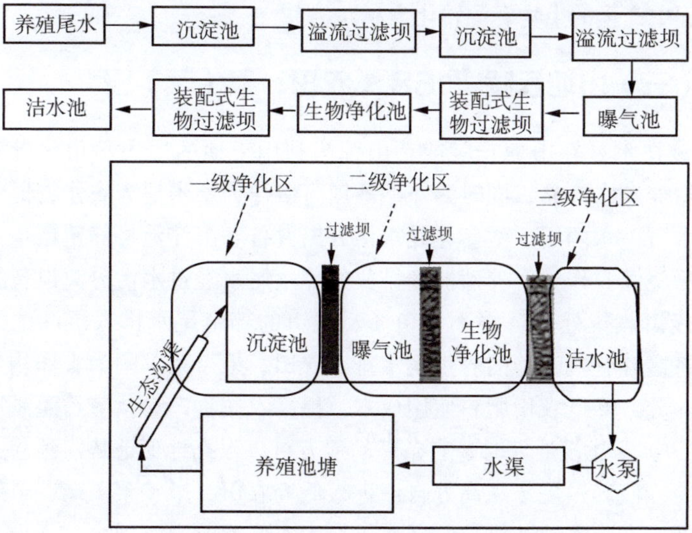

图 5.7　郑州龙祥水产新乡基地五池四坝尾水处理流程图

五池四坝除了净化养殖尾水外，在沉淀池和曝气池等初级净化池中由于水体有机质丰富，水体肥度高，常年产生大量的枝角类浮游生物（俗称红虫，图5.8），这些浮游生物帮助清洁水质，还可以作为苗种培育和小型观赏鱼的优质天然饵料。企业在培育大口黑鲈幼苗时可以将枝角类浮游生物消毒后投喂，一是极大提高了幼苗培育的成活率，二是适口饵料提升了幼苗生长速度，三是节约了幼苗培育的饵料成本。此外，鲜活或冷冻枝角类浮游生物均受观赏鱼市场欢迎，观赏鱼市场需求量大，每天可以打捞红虫出售给观赏鱼市场，将尾水净化过程中产生的生物资源转化为利润。

图 5.8　大量的红虫

（三）山地丘陵“168 +农田、果（菜）园”

该技术是在山地丘陵或荒山荒沟利用土地的边边角角建设漏斗型池塘养殖水产品，同时漏斗型池塘可以作为蓄水池为农作物提供灌溉用水，一水两用。配套建设水污分离设备和沉淀池将养殖尾水初步净化后浇灌农作物。养殖池塘排放的养殖尾水经过水污分离设备将鱼粪、残饵收集处理，将不含鱼粪、残饵的养殖尾水排入沉淀池沉淀后，将富含有机营养的养殖尾水排入农田、果（菜）园为农作物生长提供养分，降低农田肥料使用成本，提高农作物产量，节约灌溉用水（图5.9）。建设池塘时，有条件的地方可以根据地形地势、地貌、田块高差，使养殖尾水从高处自流进入低处农田、果（菜）园，节约能源降低成本。养殖池排放的尾水仅作为农作物的灌溉用水，不再考虑水的循环利用，养殖池的排水次数和排水时间根据水质变化和养殖管理要求确定，以满足池塘水质优良和保持鱼类健康生长为标准。

图 5.9　郑州千山万水农业有限公司“168”俯视图

（四）“168 + 锦鲤”

该技术是将漏斗型池塘与养殖锦鲤相结合，与普通“168”模式养殖食用鱼的不同之处是把漏斗型池塘组合成养殖高中低档锦鲤和肉食性鱼类的养殖单元，配套尾水净化系统。其中包括1个A级锦鲤池、1个B级锦鲤池、2个C级锦鲤池、1个肉食性鱼类池，以上5个池塘分别配套独立的尾水处理系统，构成一套完整的“168+锦鲤”养殖单元。设计这样的养殖单元满足了锦鲤养殖过程中需要多次挑选、分级饲养管理的问题，并用肉食性鱼类有效利用挑选后淘汰的锦鲤。通过每个养殖池配套独立的尾水处理系统，避免锦鲤发病害、交叉感染。通过循环水养殖调节池塘水质、水色，为锦鲤体色、质地培养提供良好的条件。尾水处理池配套水生植物，既净化养殖尾水，又美化养殖环境。采用“168+锦鲤”养殖单元提高生产效率，节约土地，通过尾水治理，减轻环境保护和农业面源污染压力（图5.10、视频5.1）。

图 5.10　河南旭华生态农业发展有限公司“168+ 锦鲤”

视频 5.1 荥阳“168”模式养殖锦鲤

（五）“168 +路亚垂钓”

“168+路亚垂钓”是一种方式，不是技术。该方式是将漏斗型池塘循环水养殖的优质商品鱼与路亚垂钓结合，全部选用自养水产品在养殖场内部组织路亚垂钓。该方式的特色是通过路亚垂钓销售自养商品鱼，掌握销售的主动权和提高议价能力，并获取比市场价更高的利润空间。“168”与路亚垂钓的结合发起于垂钓爱好者，起源是垂钓爱好者在偶然钓到漏斗型池塘循环水技术养殖的商品鱼后，从鱼的活力、健康力、色泽、肉质等方面判断该技术养殖的商品鱼品质好、耐存活，并通过个人在垂钓爱好者中的宣传，带动了大量路亚垂钓者专钓漏斗型池塘养殖的商品鱼，从而形成了双方认可、独具特色的结合方式。该方式的成功，一方面是商品鱼品质好，受到垂钓爱好者的追捧，另一方面是循环水养殖系统中水生植物美化了整体养殖环境，优良的水质、优美的环境更吸引了垂钓爱好者（图5.11）。

图 5.11 “168”净化池路亚垂钓

（六）“168＋吊水提质”

荥阳市某企业建设小型漏斗型池塘开展吊水提质，吊水的池塘直径8～12米，净养殖面积50～110米^2。小池塘便于拉网起捕等操作，减小劳动强度（图5.12）。企业以吊水提质销售郑州黄河鲤鱼为主产品，取得了良好的经济效益，为漏斗型池塘吊水提质提供了应用实例。

图 5.12 小“168”吊水池

该企业将普通池塘养殖的达到商品鱼规格的黄河鲤鱼捕捞后投放到漏斗型池塘吊水提质，投放后不再投喂任何食物，采用循环流水的方式，保证池塘水质清澈透明，水体持续流动，以清新水体去除鱼体的土腥味。增加水体流速形成水流使鱼逆流顶水游动增强鱼的体质，增加肌肉的强度。在良好的水环境中起到停食期和休药期的过渡作用。吊水时间在15天以上，从多方面做好提高鱼的品质，保障水产品质量安全。

吊水后的黄河鲤鱼按照不同体重用鱼用挑选设备自动筛选为900克/尾、1 400克/尾等不同规格，与餐饮企业签订供货合同，订单生产、订单销售，日销售黄河鲤鱼400～800千克。吊水后直供餐饮企业的黄河鲤鱼销售单价15元/千克，比普通池塘养殖的黄河鲤鱼销售单价高出5元/千克，去除吊水瘦身损失和规格筛选损耗、送货运输等成本，还有2元/千克左右的利润。除了保障销售该企业自产的黄河鲤鱼外，还可以外购产品吊水提质后再销售，生产与经营兼顾，多渠道提高企业效益。

六、应用案例

本章节分为两部分，第一部分介绍应用建设案例，第二部分介绍应用养殖案例。

（一）应用建设案例

“168”模式最初的设计应用是在郑州市惠济区黄河滩区，扩大应用是在郑州市中牟县和新乡市延津县。位于郑州市惠济区黄河滩区的河南千户源农业科技有限公司（简称河南千户源）是“168”模式的起源地，2018年设计了一个漏斗型池塘，结合莲田开展了循环水养殖试验。当时根据场地条件设计池塘直径36米，池深3米、水深2.5米，净水面1 017米^2，有效养殖水体约2 000米^3。严格来说，当时由于施工标准不高和设计池深和直径比例不够科学，建成后的池底并不是漏斗型，而是近似于锅底状，池底坡度较平缓，排污效果相比传统池塘虽然好很多，但平缓的坡度还是容易存留污物（图6.1）。

图 6.1　河南千户源首个“168”池塘清塘池底的存留污物

就是在这样的情况下，该池塘养殖草鱼总产量为18 162.5千克，折合亩产达到13 345千克（图6.2），达到传统池塘养殖的6倍以上，并且养殖全程基本无病害，草鱼成活率高、生长速度快。该企业于2019年迅速扩大规模，增建5个漏斗型池塘，全部用于草鱼养殖（图6.3），再一次印证了漏斗型池塘的应用效果。

图 6.2　河南千户源首个“168”池塘草鱼拉网

图 6.3　河南千户源 2019 年新建漏斗型池塘养殖草鱼种

2018年年底郑州市龙祥水产养殖有限公司（简称龙祥水产）在学习“168”模式后，以极强的洞察力和敏锐性迅速在该公司延津基地开建“168”模式（图6.4），并和郑州市农业技术推广中心水产技术人员紧密结合，将池塘直径减小，深度、坡度加大，将锅底型池底转变为漏斗型池底。2020年又在郑州基地开建“168”模式，三年共建设漏斗型池塘170多个（图6.5、图6.6）。

图 6.4　2018 年年底龙祥水产延津基地新建的漏斗型池塘

图 6.5　2019 年龙祥水产延津基地建成的保温漏斗型池塘

图 6.6　2020 年龙祥水产郑州养殖基地的漏斗型池塘

池塘建设时为了减少工程量、节省成本，一般是在原地面下挖取土，将原地面提升1.5～2米，漏斗型池塘建成后一般纵深4.5～5米，地面下3～3.5米，地面上1.5～2米，池塘直径调整为25～30米，通过减小池塘直径和增加池塘深度来改变池底坡度，以利于将池底建成漏斗形状。

池塘净水面530～706米^2、有效养殖水体约1 500米^3。2020年该公司在郑州基地漏斗型池塘上增建了蒙古包式穹顶保温大棚（图6.7），增加了漏斗型池塘定时排污自动控制器，实现了一年四季养殖和24小时内养殖池塘自动排污12次。这种建池方式也成为以后其他应用单位沿袭的方式。2年内，该公司养殖品种从罗非鱼扩展到大口黑鲈、黄颡鱼、丁鱥、锦鲤等。龙祥水产郑州基地的“168”模式成为全国各地水产同行参观学习、考察交流的必选地。龙祥水产在“168”模式的传播上起到了“样板间”作用。但龙祥水产由于基地面积大，在设计时注重提高排污效率、生产效率和尾水净化，忽视了水的循环利用。由于莲田、稻田面积较大，农田远端距离养殖池超过200米，建设水的循环利用设施成本较高，因此企业没有考虑水的循环利用。养殖模式属于排污后补充新水。

在这之后，漏斗型池塘规划设计和建设应用基本没有突破以上

图 6.7　龙祥水产中牟“168”基地俯视图

设计的基本样式，后来的设计和应用有的是增加了水污分离设备、水质自动监测和溶解氧自动控制系统等智能化装备，有些设计是根据地下水位的高低、当地土质、地质情况的不同进行了池塘建设的调整。有些是在尾水净化处理方式上有所差别，因此形成了漏斗型池塘和稻田、莲田结合；漏斗型池塘和三池两坝（或四池三坝）结合；漏斗型池塘和农田、果（菜）园结合，漏斗型池塘和尾水净化区开展路亚垂钓结合等多种方式。

以下所列举的设计案例来自国内不同地区，尽量提供较大范围的案例，并兼顾不同的特点，有的设计方案经过实际应用，附带介绍了应用的效果；有的设计是近期完成的，尚未开工建设，仅列举了设计的方案。希望可以为读者提供一些参考和借鉴。

1. 荥阳市黄河滩区设计应用案例

荥阳富发水产养殖有限公司80：20养殖净化结合的漏斗型池塘循环水高效养殖设计应用效果。其显著特点为：它是直径最大的漏斗型池塘，将原有的10亩长方形鱼塘改造为20%的面积建设漏斗型池塘养殖，80%的面积净化养殖尾水循环利用。

（1）建设内容。

1）建设地点：荥阳市王村黄河滩区。

2）建设时间：2018年12月至2019年3月施工建设。2019年4月投入生产应用。

3）建设规模：建设“168”生态养殖系统占地面积10亩。其中，建设1个直径42米的漏斗型池塘，养殖水面1 384.7米^2；养殖尾水净化处理系统占地面积约4 000米^2，包括建设鱼的排泄物收集井、曝气池、植物净化池、滤食性鱼类净化池、回水池；配套建设进排水设施等。

（2）建设目标：将推广“168”模式与改造老旧池塘相结合，引导传统池塘养殖向绿色健康高效的养殖模式转变，提高渔业生产效率和收益，提高渔业发展质量。在黄河滩区传统池塘大量集中的区域打造一个生态渔业发展的样板。

（3）建设方案。

1）总平面布局：在原有的东西长、南北宽的长方形池塘的最西段建设1个漏斗型池塘。漏斗型池塘以东的区域建成尾水净化处理池，其中包括1个污物收集井、1个曝气池、1个植物净化池、1个生态净化池、1个紫外线灭菌池（回水池）。这是初期设计中不使用尾水处理设备的情况下，单纯依靠设施建设来实施尾水净化处理的一次探索（图6.8）。

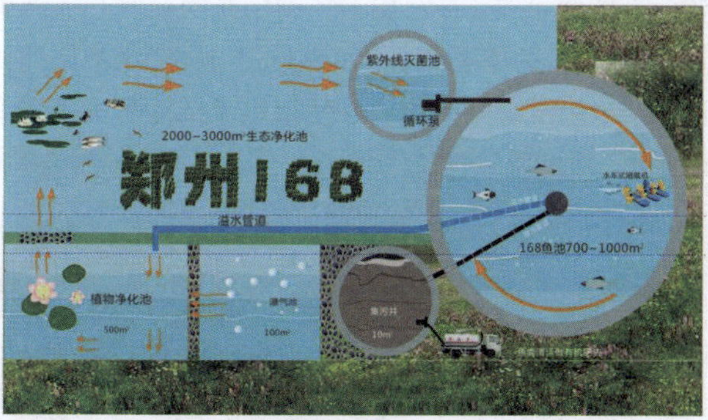

图6.8　“168”养殖系统平面布局示意图

2）池塘设计：池塘表面圆形，剖面为漏斗状。池塘上口直径42米，池深5米，设计水深4.5米。池塘底部中心点为最低处，距池塘上口垂直深5米。池塘底部中心点设置排污口，排污口内下埋排污管道和溢流管道分别连接到池塘外的污物收集井和植物净化池。池塘底部斜坡平整，便于池底污物向中心点集中排出。所有边坡和池底表面先用土工布覆盖，土工布上边再铺设防渗膜，保障养殖用水不渗漏。

因为是老旧池塘改造，并且在黄河滩区有限制地面高度不能影响排洪的要求，池塘上表面保持与原地面齐平。池塘建设用土以下挖上翻围造边坡和池埂。

3）池底排污口设计：排污口位于池底中央最低处。正方形，边长150厘米，深60厘米，砖混结构，水泥砂浆抹面，排污口上表面盖拦鱼栅。排污口底部埋一条排污管道和一条溢水管道（图6.9）。

4）尾水净化系统：池塘污物通过池底排污管道将残饵、粪便等粗颗粒物排入池外的污物收集井沉淀后收集利用，收集井中的富营养化水体排入曝气池后逐级净化。

池塘溢流管道排出的含有悬浮污物的富营养化水体，通过溢流管道越过污物收集井和曝气池直接排入植物净化池净化。

净化后的水体通过紫外线灭菌池抽提到漏斗型养殖池形成一个循环过程。

①污物收集井：圆形，直径5米，高3米，上表面低于养殖池1米。采用空心砖垒砌而成（图6.10）。利用砖四面实心、两面孔洞的特点，垒砌时底部1米的围墙跟外界不相通，顶部2米的围墙则利用砖的孔洞与下一级净化设施方向相通，使得尾水沉淀后上部清水通过砖的孔洞自流到下一级的曝气池。

图6.9　池底排污口建设实景图

图6.10　污物收集井建设实景图

②曝气池：紧邻污物收集池建设总面积100米^{2}的曝气池，池塘底部距地面垂直深3米。上表面与污物收集池平齐，保持一个水平面。池底铺设充气管道连接曝气池，从池底向水面翻动水体曝气。

③植物净化池：规划设计总面积500米^{2}左右。池内种植莲藕、轮叶黑藻等水生植物，主要作用是利用水生生物吸收富营养化水体中的有机营养，降低水的富营养化程度。

④生态净化池：规划设计总面积3 000米^{2}左右。池中投放滤食性鱼类和底层水生动物。利用底层水生动物摄食腐殖质，滤食性鱼类摄食水生动植物。种植少量水生花卉净化水体，美化环境。配套喷淋式增氧机和耕水机各一台增氧、造景。

⑤紫外线灭菌池（回水池）：经过沉淀、曝气和生物净化后的水体基本达到回用标准，再通过空心砖墙流入紫外线灭菌池。紫外线灭菌池圆形，同污物收集池一样，用空心砖垒砌而成。内设紫外线杀菌灯消毒杀菌，用循环泵抽提净化水回用于养殖池塘。整个净化系统既保证了养殖用水的水质，又形成了一条天然有机的生态链。

（4）渔业机械设备：包括池塘增氧设备、投喂设备，抽排水水泵等。其中，养殖用投饵机1台，1.5千瓦罗茨风机推水增氧机2台，1.5千瓦叶轮式增氧机2台；净化系统用1.5千瓦耕水机1台、0.5千瓦喷淋式增氧机1台、300瓦循环泵1台。

后续还可发展智能化养殖，增加自动投喂设备、水质监测自动控制设备实现智能管理，手机操作，无人工养殖。

（5）养殖品种选择：结合黄河滩区养殖实际情况，选择草鱼、大口黑鲈开展养殖示范，试验成功后带动滩区1.5万亩养殖池塘转变养殖方式，调结构，提质增效，绿色发展。

（6）养殖管理设计：水源采用提灌站供给的黄河水，养殖生产选用膨化饵料减少饵料浪费和水体污染，每天排污3～4次，循环流水养殖。水车式增氧机每天24小时开机，保持池塘水体持续涡旋流动，将鱼粪、残饵带入池底排污口附近，减少鱼粪、残饵对养殖池塘水体环境的不良影响。

（7）建成后的运行效果。

1）新型池塘与传统池塘对比：传统池塘为长方形，不能有效排污和净化养殖尾水的模式，漏斗型池塘是底部排污、循环水和养殖尾水结合的模式。在传统池塘集中区域起了一个带头转变养殖方式的作用（图6.11）。

2）建成后的各功能区使用实景。

①池塘养殖实景：养殖池塘位于邙山脚下黄河滩区。首次加水采用黄河水，之后采用净化后的尾水循环，结合补充黄河水（图6.12）。

图 6.11　生产运行中的漏斗型池塘循环水养殖单元实景图

图 6.12　引黄河水进水渠道

②养殖尾水处理工艺流程：尾水处理的路径为池塘底排污→污物收集井（沉淀后去除大固体颗粒物，再经围墙孔隙、滤坝去除细微悬浮颗粒）→曝气池（曝气挥发、氧化、分解等）→植物净化池（植物吸收利用水体富营养成分）→生态净化池（滤食性鱼类、底栖动物和微生物等立体生态分解净化吸收，将水体中氮、磷等物质转化，实现循环利用）→紫外线灭菌池（紫外线杀菌处理后抽提到漏斗型养殖池塘）（图6.13~图6.15）。

植物净化池种植莲藕吸收水中的有机营养，曝气池、植物净化池和生态净化池水边还自然生长有芦苇、蒲草等水生植物，水面还有自然生长的浮萍，此外生态净化池四周还设置有浮床，在浮床上种植空心菜等共同净化尾水。生态净化池池底、边坡均为池塘原土，在池底微生物分解和水生动植物的共同作用下净化养殖尾水。最后，通过带

图 6.13　尾水排放实景图

图 6.14　净化实景图

图 6.15　自动监测系统显示的尾水处理前后部分指标对比

有孔洞的砖砌围墙过滤、渗透到杀菌回水池循环使用。

3）池塘排污效果：由于是老旧池塘改造，应企业要求，为了充分利用养殖水面，漏斗型池塘的直径加大到42米。但池塘的深度受地下水位和施工条件限制，只能设计到5米，因此，池底坡度比较平缓，达不到漏斗状，虽然达到了集污排污功能，但在池底缓坡上会有污物积存，不利于顺利排出（图6.16）。这次的实践经验使我们认识到漏斗型池塘的直径应控制在合理范围内，为以后设计时减小池塘直径、保持池底漏斗状提供了依据。

图 6.16　平缓池底积存的少量污物实景图

2. 郑州市设计应用案例

河南旭华生态农业发展有限公司漏斗型池塘结合三池两坝循环水高效养殖设计及应用效果。其显著特点为：漏斗型池塘与三池两坝结合，养殖尾水净化后循环利用。池塘底部设计了底排管和溢流管两套排水系统，即双管路。

（1）建设内容。

1）建设地点：中牟县官渡镇西吴村。

2）建设时间：2020年3月20日至2020年4月20日施工建设。2020年6月投入生产应用。

3）建设规模与投资概算：建设“168”生态养殖系统占地面积30亩，其中，养殖池塘3个，每个706米^2，占地面积7亩；养殖尾水净化处理系统占地面积23亩，包括建设鱼的排泄物收集池、沉淀净化池、生物净化池、曝气增氧池；配套建设进排水设施，生产管理和仓储房30米^2，配电房20米^2，机井1口。

建设运行概算总投资88.29万元。其中建设工程投资27.39万元，生产运行投资60.9万元。

（2）建设目标：推进渔业绿色高质量发展。“168”生态养殖系统按照设计标准建成投产。实现生态环境优美，产品质量健康安全，生产运行节能高效。企业实现渔业发展突破，获得效益提升，为郑州生态渔业发展提供示范，引导带动周边渔业转型升级。

（3）建设方案。

1）建设方案设计原则：坚持渔业绿色高质量发展，坚持以水定产，坚持绿色生态、先进高效、实用可行，坚持节水节地、高能低耗，坚持促进渔业转型升级，坚持有利于提质增效。

2）建设方案设计理念：向绿色发展模式转型。从全国推广的稻渔共养、陆上集装箱循环流水养殖、池塘工程化循环流水养殖、工厂化循环流水养殖等7大生态养殖模式中创新设计适合郑州实际的“168生态养殖模式”（用20%的面积养殖，用80%的面积净化养殖用水，种植植物美化环境）。在整体规划的基础上，建设高标准池塘和净化系统，体现节水、节地、节能、生态高效，达到环境美丽、洁净生产、生态可控，并逐步实现智能管理。

3）设计建设范围：设计区域为河南旭华生态农业发展有限公司子非源农庄局部水产养殖区域，位于办公房以南，主干道以东的两个原有池塘改造，总面积30亩。设计范围包括池塘和生态净化系统、供排水系统、配套渔业机械设备、养殖品种选择、运行管理措施等。

4）总平面布局：办公房北边荷花塘保持不变，作为养殖池排水的植物净化处理池，养殖池鱼类排泄物排入污物收集池沉淀、收集，富营养水体流入15亩荷花池提供荷花生长的有机营养。在荷花塘北边的15亩池塘中沿东西线一分为二，南半部为养殖区域，北半部为养殖池溢流水生态净化区域。南半部沿东西线均匀布设3个圆形池塘，每个池塘直径30米，池塘间隔4米；北半部从东向西依次布设沉淀处理区、生物处理区、曝气增氧区。养殖池塘南边布设排水井和排水系统，养殖池塘北边布设进水系统。配套机井1口。养殖池塘东边布设生产管理和仓储房、简易配电房各1座。

5）池塘设计：池塘表面为圆形，剖面为漏斗状。池塘上表面高出现有地面1.5米。池塘上口直径30米，池深4.5 ~ 5米。设计水深4.5米。池塘四周边坡先以坡比1：0.5向下2米，2米以下向池塘中心点成30° /60° 斜坡缓降。池塘底部中心点为最低处，距池塘上口垂直深5米（图6.17）。池塘底部中心点设置排污口，排污口内下埋排污管道连接到池塘外的排污点。排污口外侧埋设排水管道连接到池塘外的排水井，用于排水循环。池塘底部斜坡平整，便于池底污物向中心点集中排出。所有边坡和池底表面先用土工布覆盖，土工布上面再铺设防渗膜，保障养殖用水不渗漏。

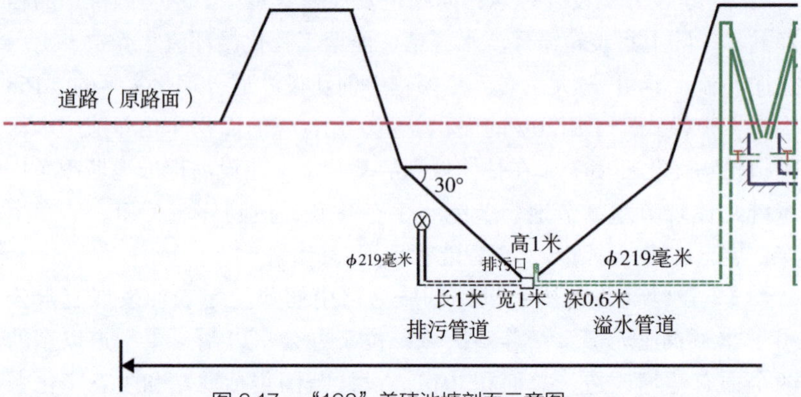

图 6.17　“168”养殖池塘剖面示意图

注：养殖池直径和深度可根据施工情况和现场状况调整。

池塘中配套1台叶轮式增氧机、2台水车式增氧机，叶轮式增氧机以曝气增氧为主，水车式增氧机除增氧作用外还起到推动池水旋转的作用，使池水转动形成涡流将池中污物向池底排水口集中后排出池外，保证池塘水体始终处于洁净状态，保证养殖环境优良，为养殖水产品提供良好的生长环境。

6）池底排污口设计：排污口位于池底中央最低处，正方形，边长148厘米，深60厘米，砖混结构，水泥砂浆抹面，排污口上表面盖边长120厘米的正方形拦鱼栅。排污口底部一侧埋排污管道。排污口外选一侧埋设溢流管道，池底垂直向上留设1米溢流管与地埋溢流管道连通，溢流管0.7米以上部分打孔，运行时，池水由开孔处进入溢流管道（图6.18）。

7）生态净化系统：包括2大部分：一是池塘排污管连通的莲花池净化系统，二是池塘溢流管道连通的三池两坝净化系统。

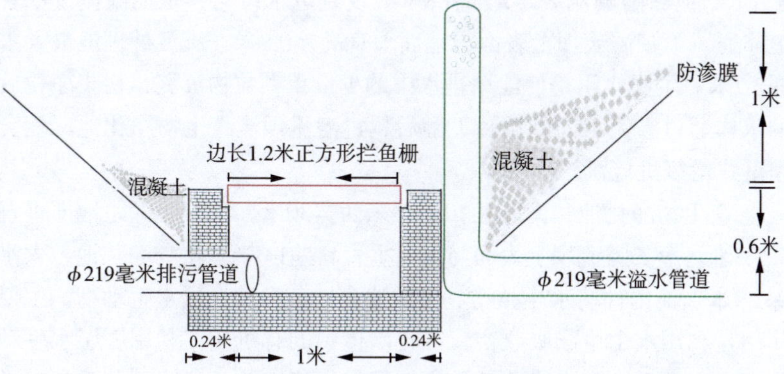

图 6.18　池底排污口设计示意图

池塘污物通过池底排污管道将残饵、粪便等粗颗粒物排入池外的污物收集池收集利用，富营养水体排入荷花池由植物吸收利用。

池塘溢流出的富营养化水体通过溢流管道排入排水井，再通过管道排入三池两坝净化系统。三池两坝净化系统包括沉淀处理池、生物净化池、曝气增氧池，三池中间由两道溢水坝连通，简称三池两坝（图6.19）。

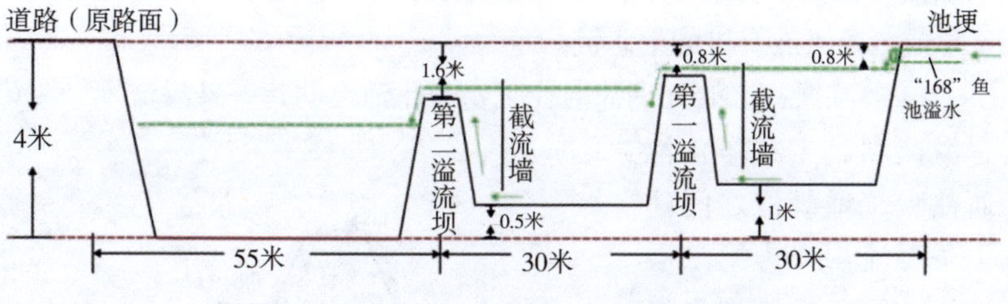

图 6.19　三池两坝三级生态处理系统设计示意图

富营养化水体经三池两坝三级生态处理系统净化以后回用于养殖池塘，不外排，不影响自然环境。

①污物收集池：污物收集池建设在东边莲花池和养殖池中间区域，共建2个交替使用，砖混结构，水泥砂浆抹面。

②沉淀处理池：南北长40米，东西宽30米，池塘底部距地面垂直

深3米。池塘南侧池坡距地面0.8米处设置进水口与养殖池溢流排水管道连通。第一溢流坝上表面与地面垂直高差0.8米。沉淀处理池最大水深2.2米。主要作用是使池塘排水中的少量粗颗粒物沉淀，初步净化后的水体通过溢流坝前的挡墙下翻后越过溢流坝流入生物净化池。配套喷淋式增氧机1台曝气、造景。

③生物净化池：南北长40米，东西宽30米，池塘底部距地面垂直深3.5米。第二溢流坝上表面与地面垂直高差1.6米。生物净化池最大水深1.9米。池内种植水生植物、投放滤食性鱼类和底层水生动物。主要作用是利用水生生物吸收富营养化水体中的有机质，利用底层水生动物摄食腐殖质。再次净化后的水体通过溢流坝前的挡墙下翻后越过溢流坝流入曝气增氧池。配套喷淋式增氧机和耕水机各1台增氧、造景。

④曝气增氧池：南北长40米，东西宽55米，池塘底部距地面垂直深4米。最大水深2.4米，生产运行设计水深1.8米。设置喷淋式增氧机和耕水机曝气增氧，投放滤食性鱼类净化水体，种植水生花卉净化水体，美化环境。在靠近养殖池一侧竖置一根透水管，内置循环泵用于抽提净化水。经过沉淀和生物净化后流入曝气增氧池的水体基本达到回用标准，再经过曝气排出水中有害气体，提高水体溶解氧量后由潜水泵抽提回用于养殖池塘。整个净化系统即保证了养殖用水的水质，又形成一条天然有机的生态链。

⑤溢流坝：沉淀处理池通往生物净化池之间建一条溢流坝，为第一溢流坝，生物净化池通往曝气增氧池之间建一条溢流坝，为第二溢流坝。第一溢流坝高出第二溢流坝0.8米。溢流坝土质结构，上表面要求平整，保障整条坝水平溢流效果。溢流坝表面铺设一层土工布和一层防渗膜（图6.20）。坝

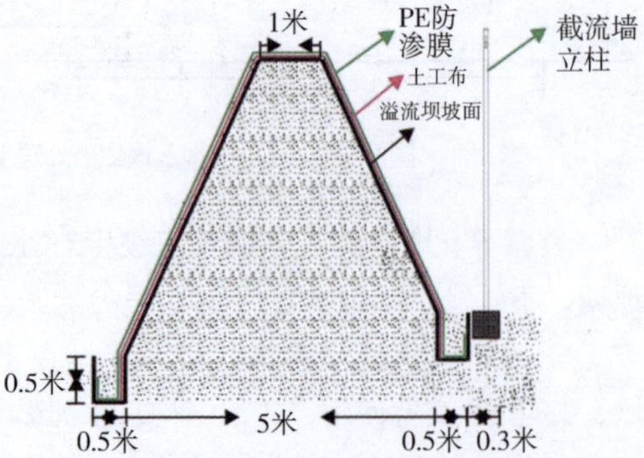

图 6.20　溢流坝设计示意图

前建挡水墙使池水从挡水墙下部上翻越过溢流坝。

⑥截流墙：第一溢流坝和第二溢流坝前各建一段截流墙，截流墙距溢流坝底部水平距离0.5米，距池底垂直距离0.5米，截流墙上端高出水面（即溢流坝上表面）0.2米。截流墙材质为PE板（或防渗膜）。在溢流坝前从南向北每隔3米竖直埋设1根直径50毫米的钢管，钢管底部埋入池底30厘米，混凝土固定，顶部高出溢流坝顶20厘米，钢管顶端和底端各用钢丝固定连接，形成截流墙骨架，在骨架表面固定PE板（或防渗膜）（图6.21）。

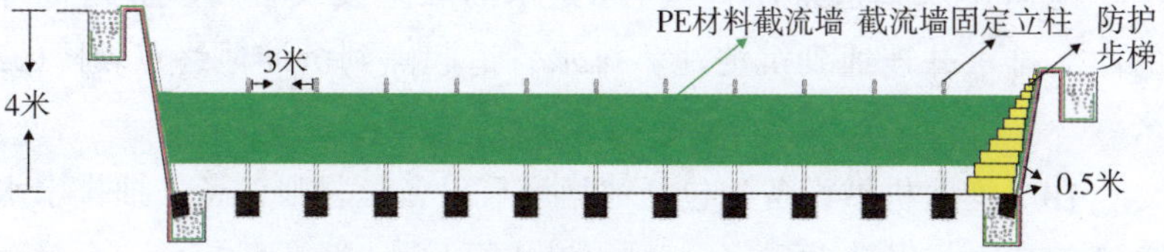

图 6.21　截流墙设计示意图

8）进水系统：进水系统为2套管道、2处水源、2个蓄水池。2个蓄水池分别设置在机井旁边和循环泵附近地面上，进水管道与蓄水池连接，可根据需要分别使用不同水源。蓄水池深1米，边长1.48米，砖混结构，水泥砂浆抹面。井用潜水泵连接进水管道的直径110毫米，循环泵连接进水管道的直径160毫米。沿3个池塘北侧东西向水平铺设，在3个池塘处分别设置出水口流入池塘。井用潜水泵、循环泵按实际需要配套连接管到蓄水池。

9）排水排污系统：包括排污管道、排水井和溢流管道。共设计建设溢流排水井2个、排污井3个，从养殖池到溢流井和排污井的溢流管道、排污管道各3套，从溢流井到三池两坝的排水管道和从排污井到污物收集池的排水管道各1套。

①排污管道：采用直径219毫米螺纹钢管，从池塘底部排污口连通到池外排污井，和溢流管道同步施工。排放的污物由地排污设计管排入污物收集池后，污物收集利用，富营养水排入莲花池为水生植物提供营养。

②排水井（包括溢流井和排污井）：为正方形，上口边长1.48米，深1米。砖混结构，水泥砂浆抹面。井的上口高出地上0.4米。

③溢流和排水管道：溢流管道、排污管道采用螺纹钢管，直径有219毫米和273毫米两种规格。其中，直径219毫米管道用于池塘底部排污管水平铺设以及和排水井竖管的水平连接，建设池塘时同步埋设到位，埋深低于池底最低点0.3米。直径273毫米螺纹钢管用于排水井中和池底管道连接的竖管。

地面排水管道采用直径400毫米的双壁波纹管，从养殖池外的溢流排水井连通到沉淀池。排水管道起点到沉淀池终点坡降0.3米。

10）渔业机械设备：包括池塘增氧设备、投喂设备、抽排水水泵等。其中井用潜水泵1台，排水潜水泵1台，循环泵2台。3个养殖池塘共需投饵机3台，1.5千瓦水车式增氧机6台，0.75千瓦叶轮式增氧机3台，1.5千瓦耕水机2台。净化系统用1.5千瓦喷淋式增氧机3台。

后续还可发展智能化养殖，增加自动投喂设备、水质监测自动控制设备，实现智能管理，手机操作，无人工养殖。

11）电力系统：“168”生态养殖系统设备运转最大功率需要31千瓦，平时运转不超过20千瓦，要有配电盘和电缆。为确保电力供应不中断，应配备50千瓦柴油发电机1台。电缆主线需按照总用电功率30千瓦配套，井用潜水泵电缆按10千瓦配套，其他可按照3千瓦功率配套。总配电盘应配备正反向闸刀，可连接到发电机。配电盘应设置漏电、断电保护，若集中设置1套总配电盘，按生产需要380伏设置18路（实用16路，需备用2路），220伏设置2～3路，或集中分设1套12路配电盘、1套8路配电盘；若设置多套配电盘可按不同需要灵活配备。

12）配套设施：生产管理和仓储房30米^2，简易配电房20米^2。

13）运行管理：运行管理主要是施工建设完成后的生产运行，创造效益。

①养殖品种选择：郑州“168”生态养殖模式适合不同品种养殖，从鲤鱼、草鱼、鲫鱼等大宗淡水品种到名优水产品大口黑鲈、鳜鱼、斑点叉尾鮰、观赏鱼中的锦鲤等。为提高养殖效益，推荐选择大口黑鲈、锦鲤等名优养殖品种。

②生产管理：制定生产方案，选择好养殖品种，选用膨化饵料降低残饵污染，坚持“四定”投喂，每天巡塘，及时掌握鱼的生长情况、水质状况，保障生产安全、水产品质量安全，创造效益。

养殖池水每天排污2～3次，保障养殖水体环境优良。按时按规定使用渔业机械，确保水体溶解氧充足，保障养殖池中水体循环和旋涡流动、内外流动，使养殖鱼类始终生长在流动水体中，确保鱼类有良好的生长环境并生产出质量安全的水产品。

③技术指导服务：技术指导服务坚持的原则是保障生态环境质量，提高水产品质量和养殖效益，建设美丽渔场，以渔业科技推进乡村振兴。

技术人员根据企业需求提前制定技术方案，跟踪服务，及时为企业提供技术指导。在节约资源、保护环境的前提下努力提高生产力，但不提供无限制追求密度产量指导服务。

（4）建成后的应用实景：在建设过程中，根据场地实际情况将设计的三池两坝调整为四池三坝（图6.22、图6.23）。

（5）建成后的应用效果：养殖锦鲤全过程中仅在放苗时因运输损伤有个位数死亡，其余过程均无病害。养成的锦鲤成品鱼体色更艳、体型健硕，鱼的活力强、体质好、耐运输、转运后成活率高。具体养殖数据及生态效果等在后文有专门介绍。

图 6.22　建成的四池三坝

图 6.23　加水后的四池三坝

（6）河南旭华生态农业发展有限公司“168”生态养殖系统各项投资概算见表6.1～表6.4，其“168”生态循环养殖平面设计见图6.24。

表6.1　河南旭华生态农业发展有限公司“168”生态养殖系统建设运行投资概算表

序号	工程和费用名称	估算价值/元					
		工程费	安装费	设备、材料费	合计	数量	单价
一	**工程建设费**				206 506		
1	土方工程	30 000			30 000		
2	进排水管道	4 000		40 706	44 706		
3	溢水井	2 000			2 000	2口	1 000
4	排水口	4 500			4 500	3个	1 500
5	进水井	2 000			2 000		
6	拦鱼栅			900	900		
7	混凝土步梯	4 000			4 000	4个	1 000
8	土工布、防渗膜	4 000		62 700	66 700		

续表

序号	工程和费用名称	估算价值/元					
		工程费	安装费	设备、材料费	合计	数量	单价
9	水井	10 000			10 000	1口	
10	PE板截流墙			31 700	31 700		
11	铺防渗膜及管道安装		10 000		10 000		
12	污物收集池				0		
二	**渔业机械设备**				35 750		
1	叶轮式增氧机				5 800	4台	1 450
2	水车式增氧机				14 400	6台	2 400
3	耕水机				3 800	2台	1 900
4	喷淋式增氧机				1 500	3台	500
5	循环泵				4 000	2台	2 000
6	潜水泵				3 400	2台	1 700
7	投饵机				2 850	3台	950
三	**电力设备**				31 630		
1	柴油发电机				19 000	1台/组	20 000
2	12路控制器配电柜				5 000	1套	5 000
3	8路控制器配电柜				3 000	1套	3 000
4	电缆线				4 630		

续表

序号	工程和费用名称	估算价值/元					
		工程费	安装费	设备、材料费	合计	数量	单价
四	**生产运行费**				609 000		
1	大口黑鲈苗				130 000	50 000尾	2.6
2	水生植物、草鱼苗等				10 000		
3	饲料费				299 000	23吨	13 000
4	电费				54 000	90 000千瓦	0.6
5	人员工资				96 000	2人/年	48 000
6	设备维修、运费等杂支				20 000		
五	**概算总投资**	882 886					

表 6.2　河南旭华生态农业发展有限公司“168”生态养殖系统施工项目明细表

序号	施工项目	数量	简单说明	施工内容
1	养殖池塘	3个	圆形，直径30米，剖面漏斗状，池深4.5～5米	土方、修整边坡、铺膜、埋管
2	沉淀处理池	1个	梯形，南北最长40米，最短20米，东西宽30米，距地面垂直深3米	土方、靠养殖池一侧池坡铺膜
3	生物净化池	1个	南北长40米，东西宽30米，距地面垂直深3.5米	土方、靠养殖池一侧池坡铺膜

续表

序号	施工项目	数量	简单说明	施工内容
4	曝气增氧池	1个	南北长40米，东西宽55米，距地面垂直深4米	土方、靠养殖池一侧池坡铺膜
5	溢流坝	2个	梯形，坝长40米，上宽1米，底宽5米	土方、修整边坡、铺膜
6	排水井	2个	正方形竖井，砖混结构	土方、垒砌、埋管
7	蓄水池（进水）	2个	正方形竖井，砖混结构	土方、垒砌、埋管
8	排污口	3个	3个养殖池底部，边长1.48米，深0.6米	土方、垒砌、埋管
9	进排水管道	350米	地埋	土方、铺管
10	铺膜	11 000米^2	3个养殖池、2条溢流坝全铺，养殖池外一侧边坡铺	土工布、防渗膜铺设、焊缝
11	水井	1个	井深根据场地实际情况	钻井、试水
12	池塘边坡步梯	4个	沉淀池、生物净化池、曝气增氧池北侧	砖混，垒砌，砂浆抹面
13	截流墙	2条	溢流坝前挡水墙，长40米	钢管骨架，挂板（膜）

表 6.3　河南旭华生态农业发展有限公司“168”生态养殖系统工程资料购置明细表

序号	材料名称	数量	单价/元	合计/元	用途说明
1	ϕ159毫米螺纹钢管	9米	80	720	地上连接ϕ273毫米螺纹钢管
2	ϕ219毫米螺纹钢管	137米	128	17 536	地埋排水
3	ϕ273毫米螺纹钢管	15米	160	2 400	溢流立管
4	ϕ400毫米双壁波纹管	110米	55	6 050	地埋总排水管
5	ϕ159毫米阀门	3个	200	600	

续表

序号	材料名称	数量	单价/元	合计/元	用途说明
6	ϕ219毫米阀门	3个	500	1 500	排污开关
7	ϕ160毫米PVC进水管（配套管件）	100米	60	6 000	地埋进水
8	ϕ110毫米PVC进水管（配套管件）	100米	30	3 000	地埋进水
9	ϕ110毫米PVC阀门	6个	150	900	进水开关
10	拦鱼栅	3个	300	900	边长1.2米，加工
11	循环泵连接管	10米	200	2 000	连接蓄水池和循环泵竖管
12	土工布400克	5 500米^3	4.7	25 850	养殖池用铺膜
13	防渗膜160克	5 500米^3	6.7	36 850	养殖池用防渗
14	PE板（防渗膜）	1 200米^3	25	30 000	截流墙体材料
15	50毫米钢管（6米）	14根	100	1 400	固定PE板主骨架
16	钢丝	150米	2	300	固定PE板副骨架
17	合计			136 006	

表 6.4　河南旭华生态农业发展有限公司“168”生态养殖系统渔业设备购置明细表

序号	设备名称	性能参数	数量	单价/元	合计/元	用途
1	叶轮式增氧机	1.5千瓦	4台	1 450	5 800	养殖池增氧
2	水车式增氧机	1.5千瓦-四组水轮	6台	2 400	14 400	养殖池推水增氧
3	喷淋式增氧机	1.1千瓦	3台	500	1 500	净化池曝气、造景

续表

序号	设备名称	性能参数	数量	单价/元	合计/元	用途
4	耕水机（涌浪机）	1.5千瓦	2台	1 900	3 800	净化池曝气、增氧
5	潜水泵	7.5千瓦	1台	1 900	1 900	抽提井水
6	潜水泵	4千瓦	1台	1 500	1 500	抽排池水
7	循环泵	5千瓦	2台	2 000	4 000	抽提净化池水
8	投饵机	220伏 80千克	3台	950	2 850	养殖池投饵
9	柴油发电机	50千瓦	1台	19 000	19 000	发电（备用）
10	配电柜	12路380伏漏电、断电保护器，正反向闸刀、电表	1套		5 000	启闭设备、用电保护
11	配电柜	8路380伏漏电、断电保护器	1套		3 000	启闭设备、用电保护
12	电缆线	380伏铜芯3毫米×4毫米^{2}护套线	3盘，100米/盘	750	2 250	电力输送
13	电缆线	380伏铝芯3毫米×4毫米^{2}护套线	13盘，100米/盘	160	2 080	电力输送
14	电缆线	220伏铝芯2毫米×2.5毫米^{2}护套线	3盘，100米/盘	100	300	电力输送
15	合计				67 380	

注：叶轮式增氧机用3台，备用1台。

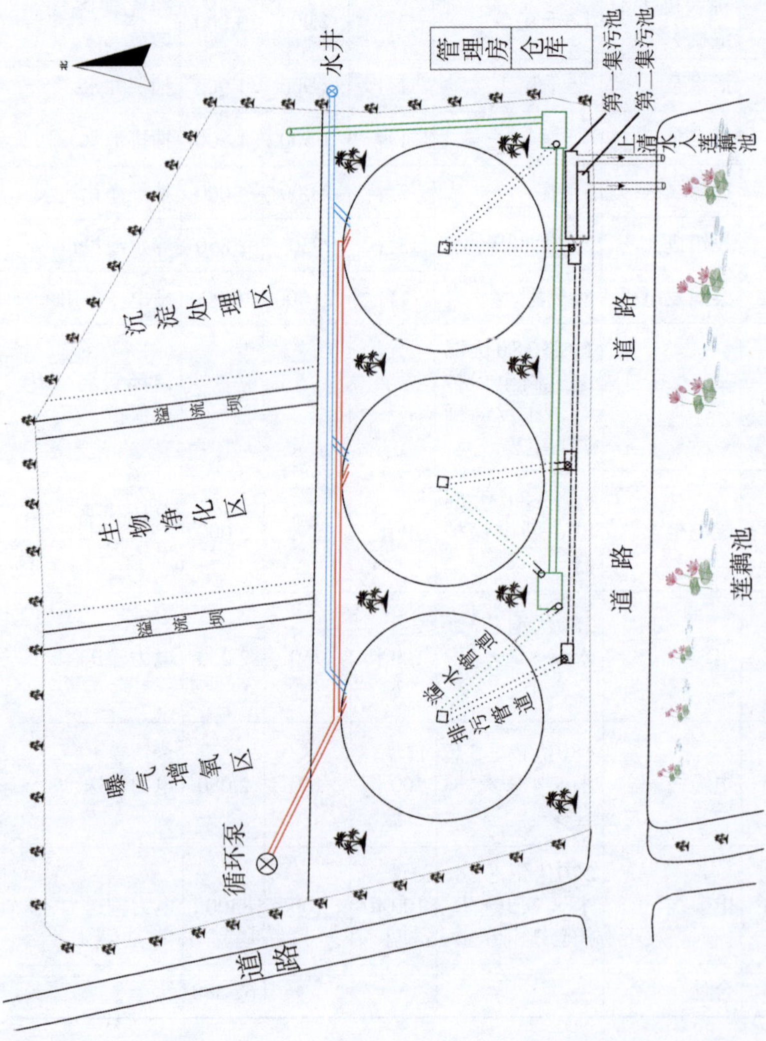

图 6.24 河南旭华生态农业发展有限公司“168”生态循环养殖平面设计图

3. 安徽省太和县“168”模式设计案例

显著特点：漏斗型池塘与三池两坝结合，不依靠尾水处理设备，养殖尾水净化后循环利用。配套建设穹顶保温大棚。

（1）建设内容。

1）建设地点：安徽省太和县马集镇马北村。

2）设计时间：2024年4月，目前未开工建设。

3）建设规模与投资概算：建设“168”生态养殖系统占地面积25亩，其中，养殖池塘8个，每个490米^2，占地面积12.4亩，净养殖水面3 920米^2（5.88亩）；养殖尾水净化处理系统占地面积12.6亩，净水面积7 100米^2（10.64亩）；配套建设鱼的排泄物沉淀收集池、生物净化池、曝气增氧池、进排水设施。在漏斗型养殖池塘上建设穹顶式钢架大棚8个，覆盖无滴塑料薄膜保温控温。总投资66.15万元。

（2）建设目标：采用漏斗型池塘和三池两坝结合模式，以漏斗型池塘高效排污，清洁化生产；减少尾水净化环节的设备使用，降低生产运行成本，以三池两坝净化养殖尾水后循环利用。

（3）建设方案设计理念。

1）向绿色发展模式转型。从全国推广的陆上集装箱循环流水养殖、池塘工程化循环流水养殖、底排污池塘生态养殖、工厂化循环流水养殖等生态养殖模式中引进设计适合太和县马集镇马北村实际的简单灵活、实用高效的“168”模式。在整体规划的基础上，依据《漏斗型池塘建设规范》规划池塘和养殖尾水净化系统，体现节水、节地、降本、生态高效，达到环境美丽、洁净生产、生态可控，并逐步实现智能管理。

2）向高质量发展转变。 把渔业发展提升到打造美丽乡村、助力乡村振兴的战略高度。注重生态效益和渔业企业收入水平提高。发展生态高效养殖模式和养殖品种，在坚持特色产品的基础上积极引进高效品种，提升环境质量和产品品质、提高产品档次，从科技创新探索节能高效生态养殖模式降低生产成本，获得较高效益，富裕渔民。

3）向以渔养水、以渔净水、以渔服务生态环境质量拓展渔业发展新空间。渔业除了生产功能还兼具调节水体、美化环境的生活功能。自然界需要水体调节，水体需要生物多样性，从鱼对水体调节净化作用入手，发挥渔业应有的作用，与养生、调节环境、美化环境结合发展观光游览功能；从服务业提升渔业经济效益、增加渔业社会效益。

（4）设计建设范围：设计区域为太和县马集乡马北村股份经济合作联合社局部水产养殖区域，位于村主干道以南，安徽得水农业资源利用有限公司以东的原有池塘改造，总面积约25亩。

设计范围包括漏斗型池塘和穹顶式钢架大棚，养殖尾水生态净化系统，供排水系统，配套渔业机械设备等。

（5）总平面布局：以东西长190米居中布置养殖池塘8个，东西布置2套三级尾水净化处理池。1、2、3、4号养殖池塘与西部尾水净化池构成一个独立完整的水循环系统，其中垂钓池也作为曝气增氧池共同使用；5、6、7、8号养殖池塘与东部的尾水净化池构成另一个独立完整的水循环系统。即8个养殖池塘与东西两个水处理系统构成2套独立的漏斗型池塘循环水养殖系统（图6.25）。养殖池鱼类排泄物排入沉淀集污池沉淀、收集后，再通过碎石过滤墙流入生物净化池，富营养化水体经动植物吸收利用再通过碎石过滤墙流入曝气增氧池处理后

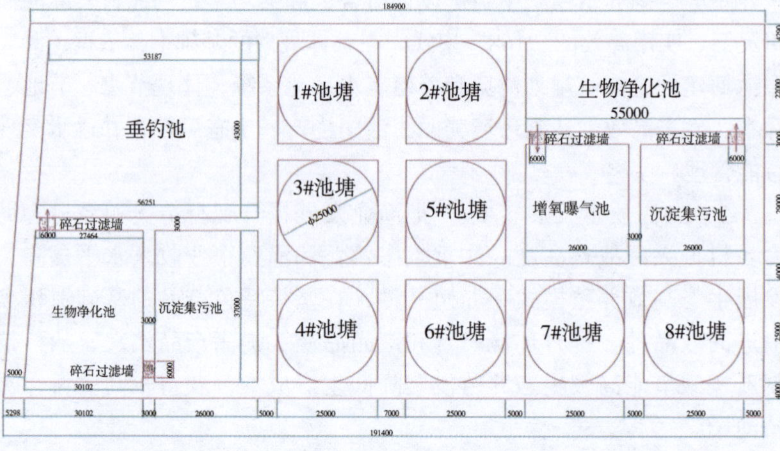

图6.25　安徽省太和县“168”模式设计总平面布局图（单位：毫米）

循环使用。

（6）漏斗型养殖池塘设计和施工：池塘表面圆形，剖面为漏斗状。池塘上表面高出现有地面2米，池塘上口直径25米，池深4米，设计水深3.8米。池塘四周边坡先以坡比1∶0.25向下1米，1米以下向池塘中心点呈斜坡缓降。池塘底部中心点为最低处，距池塘上口垂直深4米。池塘底部中心点设置排污口，排污口内下埋排污管道连接到池塘外的排污井。排污口外侧埋设排水管道连接到池塘外的排水井，用于排水循环。池塘底部斜坡平整，便于池底污物向中心点集中排出。所有边坡和池底表面先用土工布覆盖，土工布上面再铺设防渗膜，保障养殖用水不渗漏。池塘上部根据实际需要，可增建穹顶式钢架大棚（图6.26）。

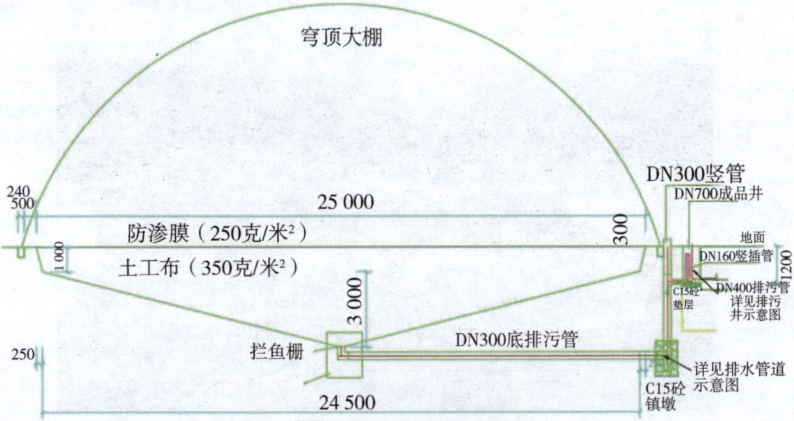

图6.26　养殖池塘设计图（单位：毫米）

池塘建设施工的顺序是：①开挖池塘。按照设计的直径和深度、坡度挖掘、修补成型。②铺设排水管道。将成型的池塘挖开槽沟，安装排水管道（管道铺设时需要夯实基础，以免沉降造成管道开裂损坏），安装完成后回填土方，修复池面、池坡。③池塘灌水密实基础。将修整好的池塘加满池水，保持48小时后排出池水，晾晒至可以作业。④将灌水密实后坍塌、沉降的破损处修复完好。⑤铺设土工布和防渗膜。⑥建池底排污口。⑦制作拦鱼栅，安放在排污口上。⑧全部完工后加水试运行。不渗漏、排水顺畅，建设完成。

铺膜：先在池面铺设一层土工布，用土工布将池面与防渗膜隔开，增加对防渗膜的保护层，然后在土工布上面铺设防渗膜（图6.27）。铺设时要注意表面平整，尽量做到没有褶皱，膜的接缝处要焊接紧实，没有漏焊和孔洞。两层膜密封于池塘底部排污口下，上部用混凝土压实密封。土工布和防渗膜铺到池塘上表面时，要沿池塘一周向外延伸50厘米，下挖50厘米深的环沟，将土工布和防渗膜埋于环沟内，将土回填压实土工布、防渗膜。

图 6.27　铺膜现场图（底层是土工布，表层是防渗膜）

池底排污口设计：排污口位于池底中央最低处（即池塘上口直径25米的中心点垂直向下的位置）。将土工布和防渗膜压在排污口的外圈。排污口圆形，直径70厘米，深30厘米，砖混结构，水泥砂浆抹面，上表面盖直径70厘米的圆形拦鱼栅。排污口底部一侧埋排污管道。 排污管采用PE材料或PVC材料，直径300毫米。池底排污口设计见图6.28。

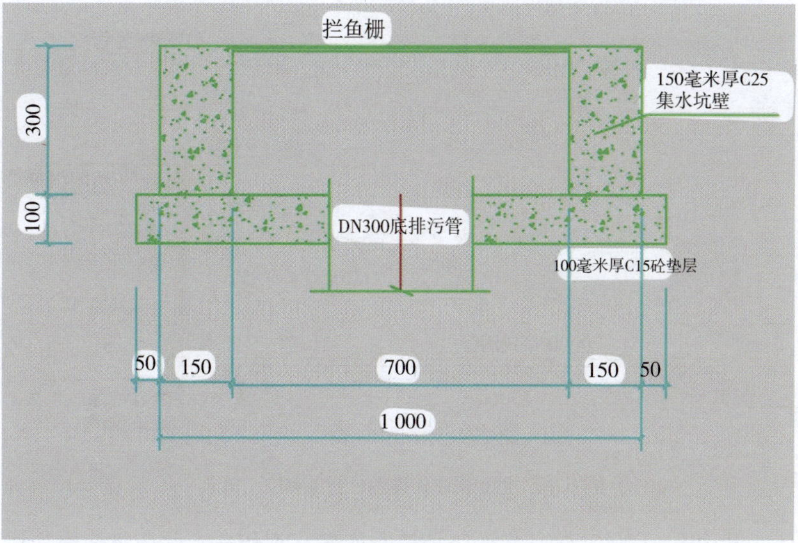

图6.28　池底排污口和拦鱼栅设计图（单位：毫米）

拦鱼栅设计：拦鱼栅直径70厘米，高15厘米，可以购买成品井盖钻眼加工，也可以用钢筋焊接制作成型，在上表面和一周侧立面用网布包裹，网眼根据放养鱼的规格大小调整，但不能影响排水。拦鱼栅底口卡在排污口内壁固定，上表面超出排污口上沿10厘米，保持污水从上表面和一周的侧立面均能排走，避免单一的表面堵塞后无法排水。

池塘排水管井设计：池底水平横置直径300毫米的排水管，长度14.5米，通过三通连接垂直向上的管道，竖直管道总高5米，超出地面30厘米，地下4.7米。三通接口处用混凝土包围固定，以免接口松动漏水。竖直管道内放置潜水泵，用直径160毫米的管道连接水泵出水口向外抽水。该潜水泵可与定时控制器连接定时排污（图6.29）。

潜水泵抽出的池水排入池外侧边的排污井内，通过排水管道排入尾水净化池。排污井直径700毫米，深1.2米，底部预埋两个直径160毫米的 PVC或PE弯头，分别连接排污井两侧的竖管和地下的排污管，底座用混凝土固定，直径700毫米的成品井管直接坐在混凝土内凝固为一

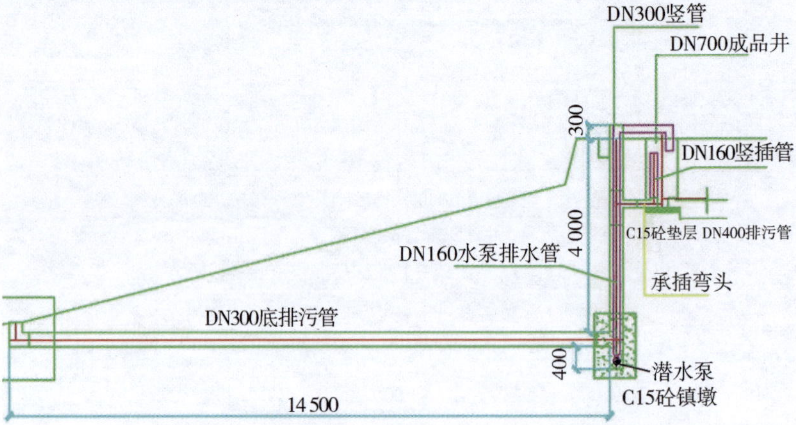

图 6.29 池塘排水管道示意图（单位：毫米）

体。井内有一直径160毫米的竖插管与底部弯头相连，并通过管道连接养殖池塘排水管，该竖插管与弯头连接处为活动插管，不要用胶水固定。此竖插管有两个用途：平时竖插管固定不动，因为插管上口设计低于地平面（池塘上口）20厘米，与池塘水面位于同一平面，当池塘水位超过该平面时，池水从此处自动溢流排走；当需要排水时，可以拔掉插管，排掉池塘上层1米的池水，当需要人工排污时，拔掉插管，使池塘内外形成1米以上的水压差，从而将池底带有污物的池水迅速排走（图6.30）。

池塘中配套1台叶轮式增氧机、2台水车式增氧机，叶轮式增氧机以曝气增氧为主，水车式增氧机除增氧作用外还起到推动池水旋转的作用，使池水转动形成涡流将池中污物向池底排污口集中后排出池外，保证池塘水体始终洁净，保证养殖环境优良，为养殖水产品提供良好生长环境。

（7）穹顶钢架大棚：养殖池塘上部加建穹顶钢架保温大棚，大棚由32架钢梁焊接构成，其中主梁4架、辅梁28架。钢架主梁外弧采用直径40毫米、内弧采用直径32毫米的镀锌圆钢材料，按设计弧度折弯，内外弧之间相距25厘米，用直径12毫米的镀锌圆钢支撑加固。辅梁钢架外弧采用直径32毫米、内弧采用直径25毫米的镀锌圆钢材料，

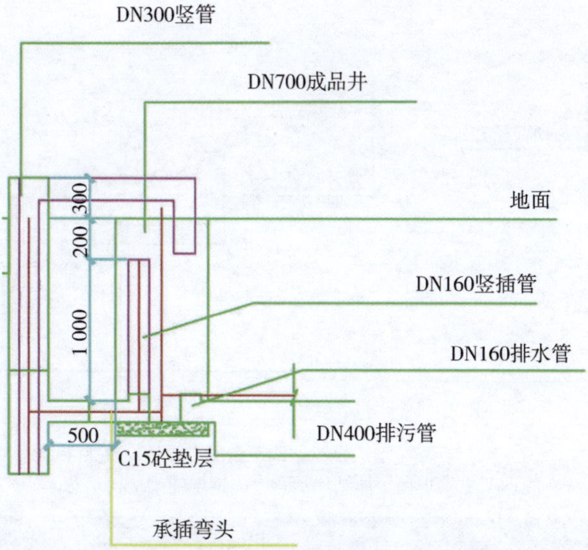

图 6.30　排污井内部管道示意图（单位：毫米）

按设计弧度折弯，内外弧之间相距25厘米，用直径12毫米的镀锌圆钢支撑加固（图6.31）。主梁、辅梁焊接成穹顶大棚后，与竖向主梁、辅梁垂直方向用直径20毫米的镀锌圆钢焊接横向连梁，从穹顶的顶部向地面、沿钢梁一周焊接4道圆钢连接每架钢梁使其成为一体，增加稳固性（图6.32）。

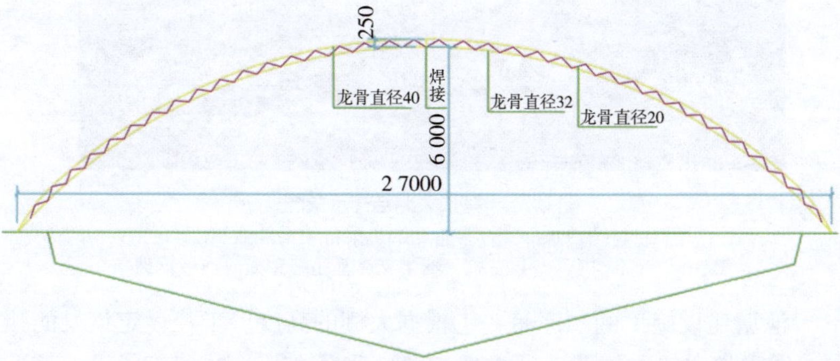

a

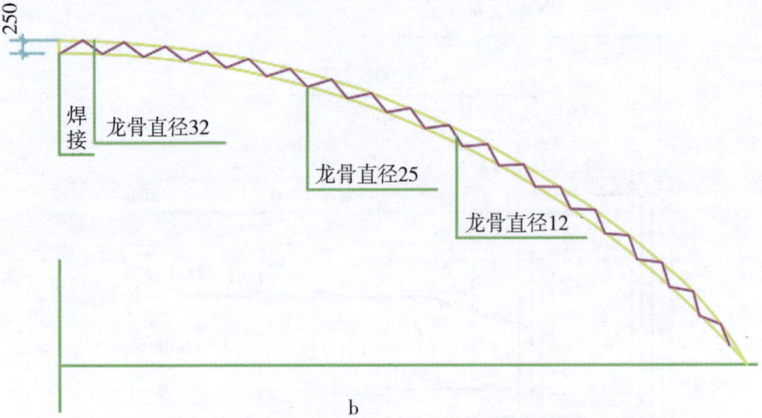

图 6.31　钢架主梁、辅梁结构示意图（单位：毫米）

a. 钢架主梁焊接一体结构示意　b. 钢架辅梁结构示意

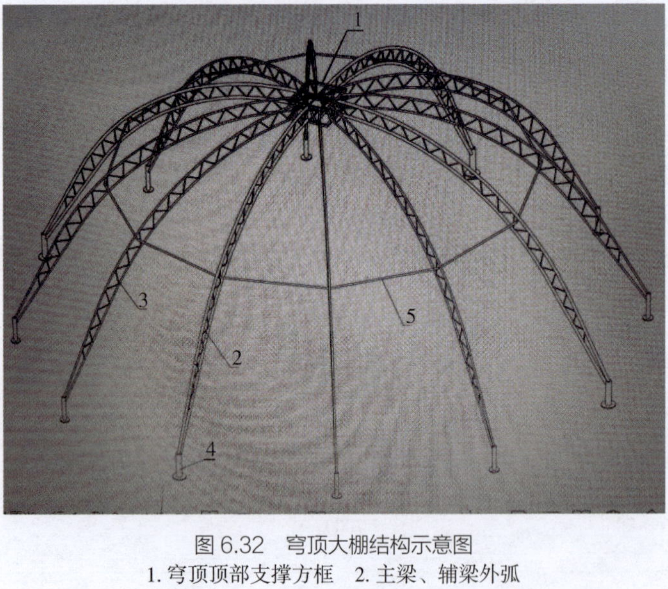

图 6.32　穹顶大棚结构示意图

1. 穹顶顶部支撑方框　2. 主梁、辅梁外弧

3. 主梁、辅梁内弧　4. 主梁、辅梁支撑基座　5. 横向连接钢架

池塘建设施工的顺序是：①根据大棚的高度、半径设定钢梁的弧度。②焊接主梁、辅梁。③布置钢梁底脚分布。将32架钢梁沿池塘一周均匀分布，设好点位。④固定基座。在分设好的点位把100厘米长、

直径32毫米的圆钢埋入地下。⑤安装主梁。搭脚手架，租用吊装机械，先将4架主梁吊起，呈十字对接于池塘上空，顶部两两对接进行焊接，底部焊接在底座上。⑥安装辅梁。将28架辅梁吊装焊接在4架主梁间隙。⑦焊接横向连接圆钢。⑧安装卡槽。⑨搭设薄膜，卡簧固定。穹顶大棚施工现场见图6.33。

图 6.33　穹顶大棚安装施工现场

每道钢架外侧安装上卡槽，钢架外覆盖无滴农用薄膜，用卡簧将薄膜固定在卡槽内，完成整个穹顶大棚的搭建。冬季全封闭保温，在晴天时，棚内温度可以保持在15℃左右。夏季从底部向上1米沿大棚一圈撤掉薄膜通风降温，整个夏季高温期棚内水温可以比露天池塘低2℃以上。

（8）养殖尾水生态净化系统：生态净化系统分为东西2个各自独立的三级净化池。每套生态净化系统包括1个沉淀集污池、1个生物净化池和1个曝气增氧池。每个净化池之间由土坝和碎石过滤墙将水体连通，形成三池两坝尾水净化过滤系统（简称三池两坝，见图6.34）。三池两坝三级生态处理系统净化以后回用于养殖池塘，不外排，不影响自然环境。

1）沉淀集污池：各个养殖池塘排放的养殖尾水通过排污管道进入沉淀集污池。沉淀是第一级净化流程，主要作用是沉淀蓄积有机污物，次要作用是动植物吸收利用水体有机营养，初步净化水质。为充

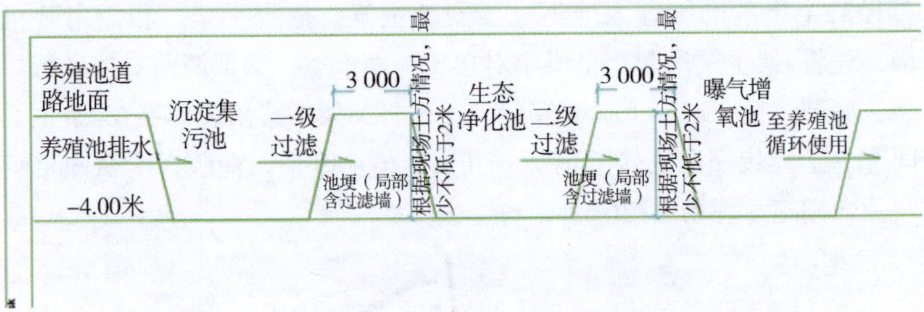

图6.34　三池两坝生态净化系统设计示意图（单位：毫米）

分发挥沉淀作用，该池密集种植（移植）轮叶黑藻等水生植物，减缓水的流动，以植物的茎叶为滤材阻挡水流，使鱼粪、残饵等粗颗粒物沉于池底。为将沉淀后大量蓄积的鱼粪、残饵消化利用，可以投放螺贝等底栖动物摄食池底的有机碎屑，既可去除鱼粪、残饵等有机污物，又增加了底栖动物产量，从而获得经济收益。中上层水通过碎石过滤墙过滤后进入生物净化池进一步净化。

2）生态净化池：生态净化池是第二级尾水净化流程，主要作用是通过水生动植物吸收利用、去除水体氮、磷等有机营养，水体充分净化。养殖尾水经第一级充分沉淀过滤后，粗颗粒物可被过滤95%以上，此时水体主要是富营养化，需要去除氮、磷，一是放养鲢鱼、鳙鱼摄食水体浮游动植物消化水体营养物质，二是通过种植（移植）水生植物，再次利用植物吸收水体中的氮、磷，再通过第二级碎石过滤墙的硝化、反硝化作用进一步去除氮、磷后进入曝气增氧池。

3）曝气增氧池：曝气增氧池是最后一级净化系统，主要作用是为上两级大量水草覆盖的含氧量不足的水体增氧，通过水体与空气的接触去除水体中的有害气体。此池可设置喷淋式增氧机和耕水机曝气增氧，投放滤食性鱼类净化水体，种植水生花卉净化水体，美化环境。在靠近养殖池一侧设置循环泵用于抽提净化水回用于养殖池塘。整个净化系统既保证了养殖用水的水质，又形成了一条天然有机的生态链。

4）过滤墙：沉淀集污池通往生物净化池和生物净化池通往曝气增氧池之间各建一段碎石过滤墙。主要作用是过滤水体中的粗颗粒物，并通过长期附着在碎石中生长的硝化细菌的硝化、反硝化作用去除氨氮、亚硝酸盐。过滤墙设置在池埂的一端，与池埂同宽，长6米，深2米（图6.35）。过滤墙以总高2米为度，可根据池埂的高低等实际情况设置在池埂的顶部或中部，宽度随池埂宽度调整，在施工中可灵活掌握。

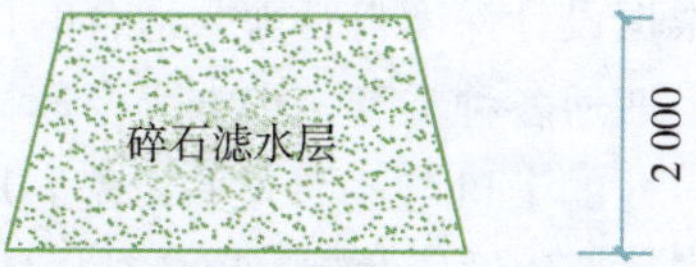

图 6.35　碎石过滤墙设计示意图（单位：毫米）

沉淀集污池连接生物净化池的碎石过滤墙的碎石粒径以20 ~ 50毫米为宜，过水能力较强，可增加其耐用时间。生物净化池到曝气增氧池的碎石过滤墙碎石粒径选择10 ~ 20毫米，比上一级过滤墙过滤得更细，增强过滤能力，保障净化后的水质。

（9）进水系统：进水系统为两处水源，首先是井水，每4个养殖池配备1个机井，机井的水一是通过管道直接加入各个养殖池（放养鱼种前第一次加水可用），二是井水先加入曝气增氧池，再通过循环泵抽提到养殖池使用。其次是净化后的循环使用水源，在养殖期间以净化循环水源为主，井水仅起补充作用，不建议井水直接加注到养殖池塘，以免高温季节温差过大，造成鱼类应激反应。

在曝气增氧池边的池埂上建1个竖井（或小型蓄水池）。竖井与循环泵的抽水管道连接，进水管道与蓄水池连接，将竖井的水输送到各个养殖池塘。

（10）排水排污系统：包括排污井和排污管道。每个池塘建1个成品的排污井（含底座、井管、井盖），养殖尾水从养殖池到排污井经排污管道排入沉淀集污池。

1）排污管道：采用直径400毫米的波纹管，与各个养殖池排污井相连接，最后排入沉淀集污池。排污管道埋入地下1.6米，与各个排污井底面水平一致。

2）排污井：圆形，直径700毫米，深1.6米。成品排污井（含底座、井管、井盖，见图6.36），井管为专用进排水井管，单根长6

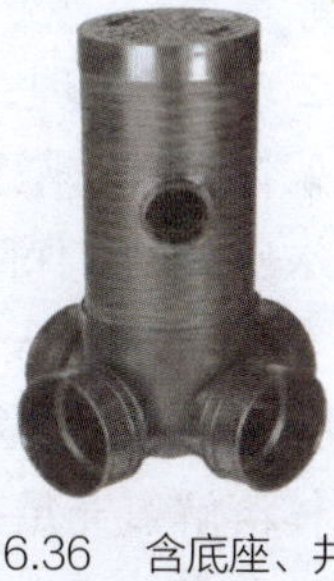

图 6.36　含底座、井管、井盖的成品排污井模型

米，根据设计深度自行剪截适合的长度后插入底座，底座分为直接、三通、四通各种类型，根据需要选择适合的底座将排水管道连接成为整体，井的上口与地面齐平，盖上井盖。注意，如果在承重道路上，井盖需要选用铁质井盖，以免被压坏造成损失。

（11）渔业机械设备：渔业机械设备包括池塘增氧设备、抽排水水泵等。其中，排水潜水泵8台，循环泵2台。净化系统用0.75千瓦喷淋式增氧机3台，1.5千瓦耕水机2台。

后续还可发展智能化养殖，增加自动投喂设备、水质监测自动控制设备实现智能管理，手机操作，无人工养殖。

（12）电力系统：8个养殖池和2套“168”生态养殖系统设备运转最大功率需要40千瓦，平时运转不超过20千瓦。要有配电盘和电缆。为避免电力供应中断造成生产损失，应配备100千瓦柴油发电机1台。电缆主线需按照总用电功率30千瓦配套，机井用潜水泵电缆按10千瓦配套，其他可按照3千瓦配套。总配电盘应配备正反向闸刀，可连接到发电机。配电盘应设置漏电、断电保护，设置配电盘可按不同需要灵活配套。

（13）配套设施：生产管理和仓储房、配电房等。

（14）运行管理：运行管理主要是施工建设完成后的生产运行，创造效益。

1）养殖品种选择：“168”生态养殖模式适合不同品种养殖，从鲤鱼、草鱼、鲫鱼等大宗淡水品种到名优水产品大口黑鲈、鳜鱼、斑点叉尾鮰、观赏鱼中的锦鲤等。为提高养殖效益，推荐选择名优高效养殖品种。

2）生产管理：制定生产方案，选择好养殖品种，选用膨化饵料降低残饵污染，坚持“四定”投喂，每天巡塘，及时掌握鱼的生长情况、水质状况，保障生产安全、水产品质量安全，创造效益。

养殖池水每天排污12次，可设置自动定时排污管理，每隔2小时自动排污1次。保障养殖水体环境优良。按时按规定使用渔业机械，确保水体溶解氧充足，保障养殖池中水体循环和旋涡流动、内外流动，使养殖鱼类始终生长在流动水体中，确保鱼类有良好的生长环境并生产出质量安全的水产品。

（15）投资概算："168"生态养殖系统建设概算总投资66.1 464万元，其中，建设工程投资64.7 164万元，设备投资1.43万元（表6.5），各分项投资概算见表6.6~表6.9。

表6.5　太和县"168"生态养殖系统建设项目投资概算表

序号	工程和费用名称	计算造价/元			
		工程费	安装费	设备、材料费	合计
一	**工程建设费**				647 164
1	土方工程机械费	129 000			129 000
2	进排水管道和尾水净化系统	7 740		49 816	57 556
3	排水井			7 400	7 400
4	进水井			1 000	1 000
5	拦鱼栅、排污口	2 400		2 400	4 800
6	土工布、防渗膜		32 000	85 440	117 440
7	碎石	4 000		24 000	28 000
8	穹顶钢架大棚		128 000	173 968	301 968
二	**渔业机械设备**				14 300
1	潜水泵			8 000	8 000
2	循环泵			1 000	1 000
3	耕水机			3 800	3 800
4	喷淋式增氧机			1 500	1 500
三	**概算总投资**				661 464

表6.6　施工项目明细表

序号	项目名称	数量
1	漏斗型池塘建设	8个
2	尾水净化池塘建设	6个
3	碎石过滤墙建设	4段
4	漏斗型排污口建设	8个
5	拦鱼栅制作	8个
6	漏斗型池塘外侧排水井	8口
7	养殖池塘排水管道铺设（PE或PVCϕ300毫米）	160米
8	养殖池塘水泵管和排污井管道安装（PE或PVCϕ160毫米）	72米
9	排水系统排水井安装	5口
10	进水井安装	2口
11	排水管道铺设（ϕ400毫米波纹管）	180米
12	进水管道铺设（ϕ160毫米PVC）	184米
13	进水管道铺设（ϕ75毫米PVC）	32米
14	ϕ75毫米PVC阀门	8个
15	穹顶钢架大棚建设（32架钢梁焊接安装）	8个
16	漏斗型池塘铺设土工布、防渗膜	8个
17	穹顶钢架大棚覆膜	8个

表6.7　工程材料购置明细表

序号	名称	规格型号	数量	备注
一	穹顶大棚			
1	ϕ40毫米热镀锌管	40×3.0	120根	
2	ϕ32毫米热镀锌管	32×2.5	728根	
3	ϕ25毫米热镀锌管	25×2.5	600根	

续表

序号	名称	规格型号	数量	备注
4	ϕ20毫米热镀锌管	20 × 2.5	320根	
5	镀锌圆钢	ϕ12毫米	1 120根	
6	卡槽	4米/根	560根	
7	卡簧		560根	
8	无滴膜	厚0.15毫米	8 000米^2	
二	养殖池塘			
1	土工布	350克/米^2	48件	200米^2/件
2	防渗膜	250克/米^2	16件	600米^2/件
3	拦鱼栅	ϕ600毫米	8个	
4	PVC（PE）管道	ϕ300毫米	160米	10千克压力
5	PVC（PE）管件	ϕ300毫米	三通8个、弯头8个、ϕ300变ϕ160毫米三通接头8个	
6	排污竖井		8口	
7	PVC（PE）管道	ϕ160毫米	72米	
8	PVC（PE）弯头	ϕ160毫米	32个	
三	进排水系统			
1	排水波纹管	ϕ400毫米	180米	（按需配置连接管件）
2	排水连接竖井		5口	
3	进水PVC管	ϕ160毫米	184米	（按需配置连接管件）
4	进水PVC管	ϕ75毫米	32米	
5	PVC阀门	ϕ75毫米	8个	
6	PVC三通	ϕ160毫米变ϕ75毫米	8个	
7	进水竖井		2口	
四	养殖尾水生态净化池系统			
1	建筑用碎石	粒径20 ~ 50毫米	120米^3	
2	建筑用碎石	粒径10 ~ 20毫米	120米^3	

表6.8　渔业设备购置明细表

序号	名称	规格型号（性能参数）	数量
1	潜水泵	排污用160吨-6米-3千瓦	8台
2	循环泵	尾水循环用55吨-5米-400瓦	2台
3	喷淋式增氧机	曝气增氧用0.75千瓦	3台
4	耕水机	水体交换用0.75千瓦	2台

说明：上表渔业机械仅包括水的循环处理环节，不包含生产运行所需渔业机械设备。

表6.9　工程投资概算明细表

序号	工程和费用名称	计算造价/元					
		工程费	安装费	材料费	合计	数量	单价/元
一	**8个养殖池塘工程建设费**				264 680		
1	养殖池塘土方工程机械费	80 000			80 000	32日	2 500
2	养殖池塘坡面、场地、道路平整	24 000			24 000	8个	3 000
3	养殖池塘土工布		16 000	37 440	53 440	48件	780
4	养殖池塘防渗膜		16 000	48 000	64 000	16件	3 000
5	排污口	2 400			2 400	8个	300
6	拦鱼栅			2 400	2 400	8个	300
7	排污井（含底座、井管、附件、井盖）		1 200	3 200	4 400	8个	400
8	ϕ300毫米PE或PVC管道（含三通、弯头等管件）		4 000	24 000	28 000	160米	150

续表

序号	工程和费用名称	计算造价/元					
		工程费	安装费	材料费	合计	数量	单价/元
9	ϕ160毫米PE或PVC管道（含三通、弯头等管件）		1 000	5 040	6 040	72米	70
二	**8个穹顶大棚工程建设费**				301 968		
10	ϕ40毫米热镀锌管			9 960	9 960	120根	83
11	ϕ32毫米热镀锌管			49 504	48 048	728根	68
12	ϕ25毫米热镀锌管			31 800	31 800	600根	53
13	ϕ20毫米热镀锌管			13 440	13 440	320根	42
14	ϕ12毫米热镀锌钢筋			26 880	26 880	1 120根	24
15	卡槽			7 280	7 280	560根	13
16	卡簧			560	560	560根	1.0
17	无滴农膜			24 000	24 000	8 000米^3	30
18	材料运费、租用吊车、焊条等辅料杂支			12 000	12 000	8个	1 500
19	安装工费		128 000		128 000	8个	16 000
三	**养殖尾水净化池塘**				53 000		
21	6个尾水净化池塘土方工程机械费	25 000			25 000	10亩	2 500

续表

序号	工程和费用名称	计算造价/元					
		工程费	安装费	材料费	合计	数量	单价/元
22	粒径20～50毫米建筑用碎石	2 000		12 000	14 000	120米³	100
23	粒径10～20毫米建筑用碎石	2 000		12 000	14 000	120米³	100
四	**进排水系统**				27 516		
24	ϕ400毫米排水波纹管				9 000	180米	50
25	排水连接竖井（含底座、附件、井盖）		500	2 500	3 000	5个	500
26	ϕ160毫米进水PVC管		2 000	9 200	11 200	184米	50
27	ϕ75毫米进水PVC管		1 000	256	1 256	32米	8
28	ϕ160毫米变ϕ75毫米三通			336	336	8个	42
29	ϕ75毫米PVC阀门			224	224	8个	28
30	进水竖井			1 000	1 000	2个	500
31	管道安装机械费	1 500			1 500		
五	**渔业机械设备**				14 300		
32	耕水机			3 800	3 800	2台	1 900
33	喷淋式增氧机			1 500	1 500	3台	500
34	循环泵			2 000	1 000	2台	500
35	潜水泵			8 000	8 000	8台	1 000
六	**总计**				661 464		

注：以上报价均不含税费。

4. 中牟县安庄鑫鑫渔业养殖专业合作社“168”模式设计及应用效果

显著特点：在漏斗型池塘和四池三坝结合基础上增加了竖流集污器和集污塔。

（1）建设内容。

1）建设地点：中牟县万滩镇安庄北（中牟县安庄鑫鑫渔业养殖专业合作社）。

2）建设时间：2021年3月20日至5月20日施工建设。2021年6月投入生产应用。

3）建设规模与投资概算：建设“168”生态养殖系统占地面积17亩。其中，养殖池塘2个，每个706米^2，占地面积3亩；养殖尾水净化处理系统占地面积14亩，包括建设鱼的排泄物收集池、沉淀塔、沉淀过滤池、生物净化池、曝气增氧池；配套建设进排水设施。

概算总投资16.28万元。其中建设工程投资15万元，设备投资1.28万元。

（2）项目建设背景：为做好地理标志农产品保护工程，夯实特色产业基础，强化特色资源保护，打造特色主导品牌，拓宽农民增收渠道，依据《农业农村部办公厅关于做好地理标志农产品保护工程实施工作的通知》（农办质〔2019〕42号），经多方分析论证，结合中牟县的实际情况，围绕优质郑州黄河鲤鱼标准化清洁养殖示范基地建设、清洁化加工储运示范点建设、产业发展和品牌建设等任务，开展“郑州黄河鲤鱼”地理标志农产品保护工程建设。

郑州黄河鲤鱼，河南省郑州市特产，2012 年 5 月 2 日，中华人民共和国农业部正式批准对“郑州黄河鲤鱼”实施农产品地理标志登记保护。2019 年 11 月 15 日，入选中国农业品牌目录。郑州黄河鲤鱼体呈梭形，侧扁而腹圆，头背间呈缓缓上升的弧形，背部稍隆起。体侧鳞片金黄色，背部稍暗，腹部色淡而白。臀鳍、尾柄下叶呈橙红色，胸鳍、腹鳍呈橘红色。整个鱼体健康，活力好，体态匀称，无畸形，无脱鳞，无出血，无异味。个体规格在1 千克以上。目前，沿黄地区的中牟、荥阳、巩义、金水、惠济 5 县（区）的水产养殖面积已达 11

万亩，以黄河鲤鱼为传统主养品种，每年产量达 9 万吨以上。

中牟县地处中原腹地，属黄淮平原，气候温暖湿润，渔业资源丰富，有大面积的黄河滩地、背河洼地和盐碱地，适合开发水产养殖，具有悠久的水产养殖历史和优越的自然、社会经济条件，20世纪 70 年代在黄河滩区开始养鱼，截至 2019年年底已开发利用水产养殖水面 4.2 万亩，其中 500 亩以上规范化渔场有15 家，100 亩以上的渔场 80 家，获得省级无公害水产品产地认定的有 3.5 万亩，无公害水产品认证 5 个，名特优水产养殖面积3.2 万亩，休闲渔业水面 1.5 万亩；水产养殖重点村 17 个，从事水产业人员 2 万余人；全县年水产品产量 6.6 万吨，位居全省第一；雁鸣湖牌大闸蟹和牟红牌郑州黄河鲤鱼获得省级名牌产品称号；渔业总产值突破 10 亿元；形成了以无公害水产养殖为主，以饲料生产、成鱼销售、休闲渔业等第二三产业异军突起的产业格局。但是在实践上，还存在标准化、机械化水平低，龙头企业少，水产品储运加工少，农产品附加值提升不足，品牌优势不明显，黄河鲤鱼综合文化缺位等诸多问题。

为践行推进沿黄生态经济带建设，推动黄河流域高质量发展，进一步促进农民专业合作社健康发展，实施“郑州黄河鲤鱼”地理标志农产品保护工程项目，使中牟县的水产养殖业达到绿色健康、可持续发展和提质增效的目标。

（3）建设目标：建设黄河鲤鱼标准化清洁养殖示范基地。以黄河鲤鱼品质提升为目标，实施新技术集成推广和标准化生产管理，增强地标产品标准化生产，促进地标产品品质特色和质量安全水平双提升。强化特色资源保护，推进水产养殖业绿色高质量发展，打造特色主导品牌“郑州黄河鲤鱼”，推动示范一二三产业融合，拓宽农民增收渠道，达到绿色健康、可持续发展和提质增效的总体要求，推进渔业绿色高质量发展。

（4）建设方案。

1）建设方案设计原则：以“168”模式生产黄河鲤鱼，提升黄河鲤鱼品质，助力打造黄河鲤鱼地理标志农产品。坚持生态环境优美，产品质量健康安全，生产运行节能高效。企业实现渔业发展突破，获得效益提升。为郑州生态渔业发展提供示范，引导带动周边渔业转型升级。

2）建设方案设计理念：向绿色发展模式转型。坚持渔业绿色高质量发展，坚持以水定产，坚持绿色生态、先进高效、实用可行，坚持节水节地，高能低耗，坚持促进渔业转型升级，坚持有利于提质增效。选择适合郑州实际的“168”生态养殖模式，在整体规划的基础上，建设高标准池塘和净化系统，达到环境美丽、洁净生产、生态可控，并逐步实现智能管理。

漏斗型池塘生态养殖系统应达到水体持续循环流动，水污分离，净化循环。设计生产工艺流程如下：

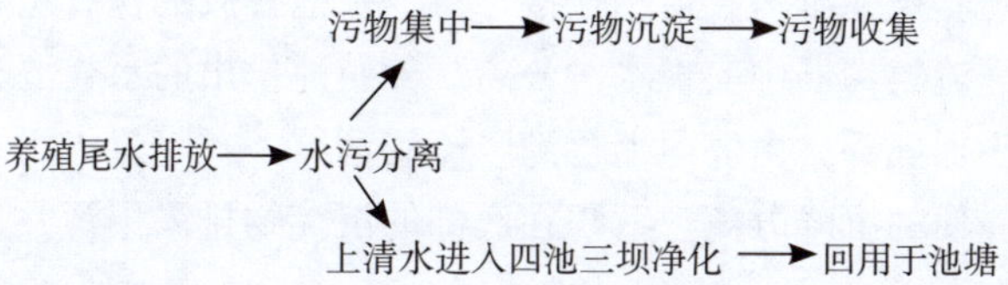

3）设计建设范围：设计区域为中牟县安庄鑫鑫渔业养殖专业合作社局部水产养殖区域，位于办公房以北，主干道以西的池塘改造，总面积17亩。

设计范围包括池塘、生态净化系统、供排水系统、配套渔业机械设备、养殖品种选择、运行管理措施等。

4）总平面布局：办公房北边1个10亩的池塘改造成四池三坝尾水净化池，作为养殖池排水的植物净化处理池，池塘南侧空地建设2个漏斗型养殖池塘，池塘外布设竖流集污器、集污井、沉淀塔等。

5）池塘设计：池塘表面圆形，剖面为漏斗状。池塘上表面高出现有地面1.5米。池塘上口直径30米，池深4.5～5米。设计水深4.5米。池塘四周边坡先以坡比1∶0.5向下2米，2米以下向池塘中心点成15°/30°斜坡缓降。池塘底部中心点为最低处，距池塘上口垂直深5米。池塘底部中心点设置排污口，排污口内下埋排污管道连接到池塘外的排污点。排污口外侧埋设排水管道连接到池塘外的排水井，用于排水循环。池塘底部斜坡平整，便于池底污物向中心点集中排出。所有边坡和池底表面先用土工布覆盖，土工布上面再铺设防渗膜，保障养殖用水不渗漏。

6）池底排污口设计：排污口位于池底中央最低处。正方形，边长148厘米，深60厘米，砖混结构，水泥砂浆抹面，排污口上表面盖拦渔网和拦鱼栅。

7）竖流集污器：竖流集污器为外购的制成品。设置在池塘外部一侧，埋设于与养殖池上平面齐平的地面下，安装时需要调整好竖流集污器上平面高度，能够保持池塘内水位与竖流集污器内牙床（即多齿状的出水围堰）水位水平。牙床底平面不能超过池塘内水位，以免牙床上不到水而使沉淀后的上清水失去从出水围堰溢流的作用。竖流集污器与养殖池排污管道相连接，将养殖池排放的含有鱼粪、残饵的尾水在竖流集污器中实现水污分离。养殖池排出的水粪混合物先流入竖流集污器底部，由底向上蓄满竖流集污器，在竖流集污器中通过静置进行粪便的沉降分离。蓄积在底部的沉淀物排入集污井，定时抽提到沉淀塔再沉淀。

8）集污井和沉淀塔。

①集污井：集污井为外购制成品。集污井设置于养殖池一侧，埋设于低于养殖池上平面1.5米的地面下，以便于竖流集污器底部污物自流进入集污井。

②沉淀塔：沉淀塔同样为外购制成品。沉淀塔上部圆柱状，下部漏斗状。漏斗最底部安装管道竖直垂向地面，并安装控制阀门以便排出沉淀物。沉淀塔因底部为漏斗状，故底部需要有支架支撑。沉淀塔3个为一组，设置在沉淀池的池边，沉淀塔通过管道与竖流集污器连接，将含有鱼粪、残饵的水浆抽入沉淀塔，3个沉淀塔上口通过管道联通，从第一个沉淀塔上口将沉淀后的上清水流入下一个沉淀塔再沉淀，通过3次沉淀大大降低尾水中鱼粪、残饵的含量。各个沉淀塔内漏斗状最底部的沉淀物以固体物形式排出，实现鱼粪、残饵的便利化收集。

9）生态净化系统：整体生态净化系统由四池三坝构成，即在原有的10亩池塘中加建两条土坝和一道过滤坝，将原有的池塘水面隔成4部分，第一级作为曝气池（区）、第二级作为沉淀处理池（区）、第三级作为水草净化池（区）、第四级作为生态净化池（区）。

池塘污物通过池底排污管道将残饵、粪便等粗颗粒物排入池外的竖流集污器实现水污分离，上清水排入四池三坝净化，竖流集污器底部沉淀物抽入沉淀塔再沉淀，沉淀塔上部富营养水体排入四池三坝净化。

四池三坝系统的面积比为1∶1∶4∶9。每一级净化池之间由土坝隔开，通过过滤坝或管道连通。第一级池塘沉淀，可在池中投放螺贝类底栖生物摄食有机碎屑。经过滤坝过滤进入第二级池塘曝气，再经过滤坝过滤进入第三级池塘，第三级池塘种植水生植物吸收水体富营养物质。通过管道进入第四级池塘增氧。第四级池塘除了增氧外，还在水面设计植物花卉和喷淋式增氧机喷水造景，美化养殖环境。

四池三坝生态处理系统净化以后回用于养殖池塘，不外排，不影响自然环境。

①曝气池和沉淀处理池（区）：南北长71米，东西宽6米，沉淀处理池最大水深2米。从南向北在28米处设置一道2米宽的碎石过滤坝，将其分为两部分，南侧长28米作为曝气池，北侧长41米作为沉淀区，种植莲花净化尾水，主要作用是使池水中的粗颗粒物沉淀，初步净化后的水体通过过滤坝流入生物净化池。

②水草净化池（区）：南北长71米，东西宽18米，池塘底部距地面垂直深2米。池内种植水生植物，投放滤食性鱼类和底层水生动物。主要作用是利用水生生物吸收富营养化水体中的有机质，利用底层水生动物摄食腐殖质。再次净化后的水体通过溢流坝前的挡墙下翻后越过溢流坝流入生态净化池。

③生态净化池（区）：南北长71米，东西宽41米，池塘底部距地面垂直深2米。配套喷淋式增氧机和叶轮式增氧机各1台增氧、造景。投放滤食性鱼类净化水体，水面设置浮床栽植水生花卉净化水体，美化环境。在靠近养殖池一侧竖置1根透水管，内置循环泵用于抽提净化水。经过沉淀和水草净化后流入生态净化池的水体基本达到回用标准，再经过增氧设备提高水体溶解氧量后由杀菌棒杀菌消毒，回用于养殖池塘。整个净化系统既保证了养殖用水的水质，又形成了一条天然有机的生态链。

④过滤坝：沉淀处理池通往生物净化池和生物净化池通往增氧杀菌池之间各建一条过滤坝，分别为第一过滤坝和第二过滤坝。过滤坝土质结构，上表面要求平整，坝表面铺设一层土工布和一层防渗膜。坝的一端采用砂石过滤材料使池水过滤后进入下一级净化池。

10）进水系统：进水系统为1套管道、2处水源。进水管道分别与水井和增氧杀菌池的循环泵连接，可根据需要分别使用不同水源。进水管道沿2个池塘北侧东西向水平铺设，在2个池塘处分别设置出水口流入池塘。

11）渔业机械设备：池塘中配套1台叶轮式增氧机、2台水车式增氧机，叶轮式增氧机以曝气增氧为主，水车式增氧机除增氧作用外还起到推动池水旋转的作用，使池水转动形成涡流将池中污物向池底排水口集中后排出池外，保证池塘水体始终处于洁净状态，养殖环境优良，为养殖水产品提供良好的生长环境。

抽排水设备包括抽排水水泵等。其中井用5.5千瓦潜水泵1台，排水3千瓦潜水泵1台，0.5千瓦循环泵1台。2个养殖池塘共需0.75千瓦水车式增氧机4台，1.5千瓦叶轮式增氧机2台，净化池需0.75千瓦喷淋式增氧机3台、1.5千瓦叶轮式增氧机1台。

后续还可发展智能化养殖，增加自动投喂设备、水质监测自动控制设备实现智能管理。

12）电力系统：“168”生态养殖系统设备运转最大功率需要22千瓦，平时运转不超过20千瓦。要有配电盘和电缆。为确保电力供应不中断，应配备50千瓦柴油发电机1台。电缆主线按照总用电功率30千瓦配套，机井用潜水泵电缆按10千瓦配套，其他可按照3千瓦配套。总配电盘应配备正反向闸刀，可连接到发电机。配电盘应设置漏电、断电保护，配电盘可按不同需要灵活配置。

13）配套设施：生产管理和仓储房30米^2，简易配电房20米^2。

（5）运行管理：运行管理主要是施工建设完成后的生产运行，创造效益。

1）养殖品种选择：根据本项目保护提升地理标志农产品的需要，选择黄河鲤鱼为养殖品种。

2）生产管理：制定生产方案，选择好养殖品种，选用膨化饵料降低残饵污染，坚持“四定”投喂，每天巡塘，及时掌握鱼的生长情况、水质状况，保障生产安全、水产品质量安全，创造效益。

养殖池水每天排污3～4次，保障养殖水体环境优良。按时按规定使用渔业机械，确保水体溶解氧充足，保障养殖池中水体循环和旋涡流动、内外流动，使养殖鱼类始终生长在流动水体中，确保鱼类良好的生长环境并生产出质量安全的水产品。

3）技术指导服务：技术指导服务坚持的原则是保护提升地理标志农产品“郑州黄河鲤鱼”品牌，保障生态环境质量，提高水产品质量和养殖效益，建设美丽渔场，以渔业科技推进乡村振兴。

（6）投资概算：本项目规划总投资 16.28万元。其中基础设施建设投资89 980元，设备投资72 800元（表6.10）。

表6.10　鑫鑫渔业养殖合作社“168”项目投资概算表

序号	工程和费用名称	数量	单价/元	合计/元
一	**工程建设费**			89 980
1	漏斗型池塘建设（含池塘工程、防渗膜、进排水管道等）	2个	30 590	61 180
2	四池三坝建设（含过滤坝）	10亩	2 880	28 800
二	**尾水净化水处理设备**			60 000
1	竖流集污器	2个	10 500	21 000
2	沉淀塔	3个	9 666.7	29 000
3	集污井	1个	10 000	10 000
三	**渔业机械设备**			12 800
1	潜水泵	3台	1 000	3 000
2	循环泵	2台	500	1 000
3	喷淋式增氧机	3台	500	1 500
4	叶轮式增氧机	2台	1 850	3 700
5	水车式增氧机	2台	1 800	3 600
四	**概算总投资**			162 780

（6）效益分析。

1）经济效益：本项目的建设为河南省提供了黄河鲤鱼清洁化养殖技术示范。辐射带动中牟县渔民提高养殖黄河鲤鱼的生产管理水平，转变渔业生产方式，提高“郑州黄河鲤鱼”在沿黄省份的竞争力，提高养殖效益，增加农民收入。漏斗型池塘循环水高效养殖黄河鲤鱼每亩水面可增加效益 1 000 ~ 2 000元。形成的品牌效应将带动全市黄河鲤鱼健康养殖，带动数千农民通过现代化渔业生产方式持续增收。

2）社会效益：项目建成后，将带动当地养殖户开展标准化清洁养殖，规范生产，使农村劳动力得到合理利用，促进渔民增产增收，打造“郑州黄河鲤鱼”品牌，社会经济效益明显。该项目的实施还可以推动中牟产业结构调整，巩固地理标志农产品“郑州黄河鲤鱼”保护工程养殖绿色水产品生产这一产业优势，促进中牟农业产业化提档升级，促进全县渔业增效、渔民增收。

3）生态效益：主要表现在以下几个方面。

①养殖排放采用生态化处理，可以基本达到养殖无污染、零排放。可大大减少养殖废水排放，降低周边水源污染。

②养殖管理采用信息化、数字化管理，养殖过程实行“精准投喂”，可有效减少饲料浪费与水质污染。

③清洁生产有利于保障水产品质量安全，有利于打造产品品牌，提升黄河鲤鱼产品附加值，带动“郑州黄河鲤鱼”养殖的积极性。

④建设清洁化加工储运有利于水产品加工废弃物的集中生态化处置，减少对环境的污染。通过加工储运拓宽水产品销售渠道，打通一产和二产融合，稳定渔产品市场价格，方便市民消费。

（7）建成后的应用效果：该设计的突出特色是在养殖池与净化池之间增加了竖流集污器和沉淀塔，将养殖尾水通过竖流集污器实现水污分离，沉淀塔实现污物沉淀和便利化收集甚至是固化后收集，减轻了四池三坝对尾水净化处理的压力，并且鱼粪、残饵固化收集后方便了存放和利用。缺点是增加了设备投入成本和生产运行用电成本。养殖池、竖流集污器、沉淀塔、四池三坝分布见图6.37 ~ 图6.39。

图 6.37　建成后的场景图
1. 养殖池　2. 竖流集污器　3. 沉淀塔　4. 四池三坝

图 6.38　养殖池增氧

图 6.39　沉淀塔污物

2021年受疫情和郑州“7・20”暴雨等多种因素影响，试验遇到困难，后来又因黄河滩区清退水产养殖，故此模式仅有1年的数据。

池塘修整消毒后，西侧1号漏斗型池塘于7月28日投放黄河鲤鱼苗种1.8万尾，苗种规格50克/尾。池塘面积706米^2，每天排污3～4次，养殖尾水经竖流集污器、沉淀塔过滤沉淀后排入三池两坝净化，再进入养殖池塘循环使用。10月10日测量鲤鱼规格达450克/尾，共产出8 100千克，相比传统池塘养殖平均1 500千克的亩产量增加了5倍以上。

7月23日，投放700克/尾的黄河鲤鱼8 000尾（图6.40），投入东侧2号漏斗型池塘养殖，投喂鲤鱼专用膨化饵料，每天排污3～4次。9月

13日全部出塘，共产出10 560千克，平均尾重1 320克。折合亩产9 962千克，达到传统池塘养殖的6倍以上。

图6.40　投放鱼种

养殖饲料选用易于消化吸收的膨化饵料以降低残饵污染，坚持“四定”投喂；每天投喂4次，每次投喂时间30分钟；投喂饲料数量为池塘鱼载量的3%～5%；根据水温和鱼类摄食情况确定投喂频率，尽量扩大投喂面积；定期撒网检测鱼体，及时掌握鱼类的健康情况及生长速度。每天定时巡塘，定期检查排污、溢水系统，保障各养殖设备运转良好。每天定时排污，每2小时1次，每次排污时间 2分钟。每天检测水温、pH值、溶解氧、亚硝酸盐、氨氮等水质指标，定期抽测养殖池和净化池水体中的总磷、总氮、COD，做好养殖记录，及时处理出现的问题。

漏斗型池塘因铺有防渗膜不与土壤接触，不利于微生物生长，故自净能力较差，须定时抛撒生态护料（土著菌群）来稳定水质和丰富水体中有益菌的生物量，降低水体中亚硝酸盐、氨氮的含量，抑制水体有害物质产生，创造最佳养殖生境。

2个漏斗型池塘养殖黄河鲤鱼生长速度快，基本没有病害，尤其是避免了高密度养殖情况下黄河鲤鱼易患的死亡率极高的流行性急性烂鳃病，养殖成活率在99%以上，养殖过程基本没有使用鱼药，因此不存在使用抗生素类药物或禁用药物，提高了黄河鲤鱼质量安全水平，流动的水体增加了鱼的运动，出塘的鲤鱼体型修长、活力强，但鳞片颜色较深、偏黑偏暗，与黄河鲤鱼金鳞赤尾的显著特征相差较远。之后，将黄河鲤鱼转入土质池塘暂养15天，使其体色恢复到金鳞赤尾。漏斗型池塘养殖黄河鲤鱼因为池水较深，池塘铺设了黑色的防渗膜，整体底色为黑色造成了黄河鲤鱼体色偏黑偏暗，但体型优美、肉质筋道、无土腥味是相比于土质池塘养殖的明显优势。漏斗型池塘养殖可考虑调整防渗膜的颜色，通过改善池塘环境改变黄河鲤鱼体色发黑发暗的不足。

2个漏斗型池塘养殖尾水经竖流集污器水污分离后，上清水排入四池三坝净化池，沉淀物排入集污池再抽提到沉淀塔过滤沉淀，沉淀塔内的上层水排入四池三坝净化池，底部污物通过定期收集后集中晾晒发酵、资源化再利用。排入四池三坝的尾水再次经沉淀、生物吸收、增氧杀菌后回用于漏斗型养殖池塘。

在试验期内，经试验小组检测，漏斗型池塘进水口（即尾水净化后抽提到养殖池的进水）平均溶解氧4.2毫克/升，排污口平均溶解氧3毫克/升，尾水净化后溶解氧提高；池塘进水口pH值8.0，排污口平均8.2；pH值得到调节；池塘进水口氨氮0.1毫克/升，排水口氨氮0.2～0.74毫克/升；池塘进水口亚硝酸盐含量0.46毫克/升，排水口平均1.22毫克/升，氨氮、亚硝酸盐下降明显。经抽吸验证池塘底部干净无污，养殖尾水经水污分离，物理、生物净化后，从以上数据对比可以看出水质改善明显。水的循环利用实现节水生态。

养殖池塘水体持续循环，通过四池三坝的生态循环，加速水体有机物和亚硝酸盐等的氧化分解，改善和稳定水质；再经生态池塘种植的莲藕、菖蒲等水生植物过滤净化，吸附氮、磷等物质，清除和降低了水中亚硝酸盐的含量，为鱼类生长提供良好环境，减少病害发生。

漏斗型池塘铺设有防渗膜，有效控制了黄河滩区沙质土壤渗漏严重的问题，池塘补水量大幅度减少；每天定时排污，每2小时排污1次，固体颗粒物进入沉淀塔沉淀后，起初用吸粪车（图6.41）运输到集污井进行无害化处理，收集的鱼粪、残饵等固体粪污（图6.42）发酵后可作为农田肥料，后期又将粪污收集改造为自动收集系统（图6.43、视频6.1）。实现废物资源化利用，大大减轻了高产养殖池塘水体的富营养化。

图 6.41　吸粪车

图 6.42　沉淀后收集的污物

图 6.43　后期改造的全自动污物收集系统

视频 6.1　鱼粪自动收集系统

（8）其他类似设计。和这个设计类似的还有驻马店市某企业，采用了竖流集污器加尾水净化塘，但去掉了集污塔和集污井，漏斗型池塘的直径为28米，净水面积615米^2。在应用中主要养殖黄颡鱼、大口黑鲈，成为驻马店市首个“168”模式应用基地。因为模式基本相同，仅提供实景图和设计图纸（图6.44、图6.45）。

图 6.44　驻马店市某企业“168”养殖实景图

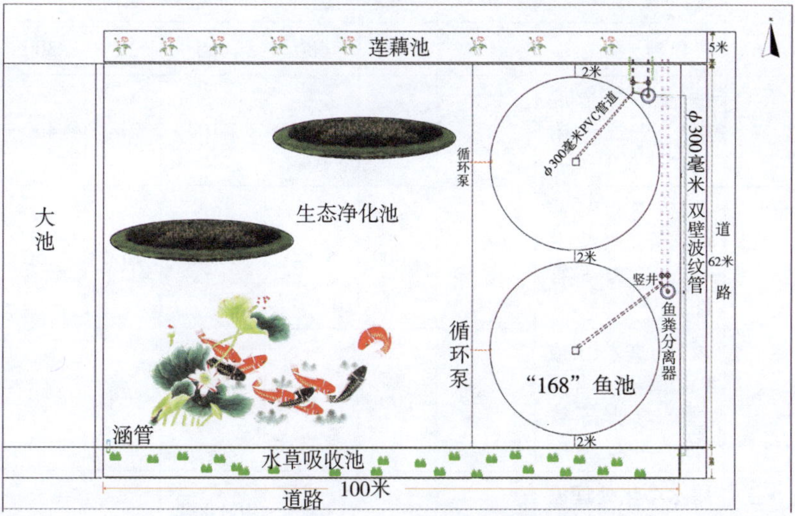

图 6.45　驻马店市某企业“168”养殖平面图

（9）鑫鑫渔业养殖合作社“168”模式各分项投资概算见表6.11、表6.12，其“168”生态循环系统总平面设计见图6.46。

表6.11　工程投资概算明细表

序号	工程和费用名称	计算造价/元					
		工程费	安装费	材料费	合计	数量	单价/元
一	**8个养殖池塘工程建设费**				61 180		
1	养殖池塘土方工程机械费	20 000			20 000	2个	10 000
2	养殖池塘坡面、场地、道路平整	6 000			6 000	2个	3 000
3	养殖池塘土工布		1 600	9 360	10 960	12件	780
4	养殖池塘防渗膜		1 600	12 000	13 600	4件	3 000
5	排污口	600			600	2个	300
6	拦鱼栅			600	600	2个	300
7	排污井（含底座、井管、附件、井盖）		300	800	1 100	2口	400
8	ϕ300毫米PE或PVC管道（含三通、弯头等管件）		1 000	6 000	7 000	40米	150
9	ϕ160毫米PE或PVC管道（含三通、弯头等管件）		200	1 120	1 320	16米	70
二	**尾水净化处理设备**				60 000		
10	竖流集污器		2 000	19 000	21 000	2个	9 500
11	集污井		1 000	9 000	10 000	1个	9 000
12	沉淀塔		2 000	27 000	29 000	3个	9 000

续表

序号	工程和费用名称	计算造价/元					
		工程费	安装费	材料费	合计	数量	单价/元
三	**养殖尾水净化池塘**				28 800		
13	尾水净化池塘土方工程机械费	20 000			20 000	10亩	2 000
14	粒径20～50毫米建筑用碎石	1 000		7 800	8 800	78米^3	100
四	**渔业机械设备**				12 800		
15	喷淋式增氧机			1 500	1 500	3台	500
16	循环泵			2 000	1 000	2台	500
17	潜水泵			3 000	3 000	3台	1 000
18	叶轮式增氧机			3 700	3 700	2台	1 850
19	水车式增氧机			3 600	3 600	2台	1 800
五	**总计**				162 780		

表6.12　材料、设备采购明细表

序号	名称	规格/参数	单位	数量
1	土工膜	长丝无纺土工膜，单位面积质量/300克，拉伸强度（纵横）（兆帕）普通型≥17，环保型≥25，建设部标准即美标 ≥27，断裂伸长率（纵横）（%）普通型≥400，环保型≥550，建设部标准即美标≥700，使用温度范围70~-70℃	米^2	700
2	防渗膜	HDPE 复合防渗膜，0.5毫米厚	米^2	1 400
3	排污管	PVC 材质，ϕ160毫米，10千克压力	米	24
4	溢水管	PVC 材质，ϕ200毫米，10千克压力	米	24

续表

序号	名称	规格/参数	单位	数量
5	溢水管	PVC 材质，ϕ300毫米，10千克压力	米	6
6	排水管	双壁波纹管，ϕ400毫米	米	18
7	竖井管	双壁波纹管，ϕ500毫米	米	3
8	配套管件	200毫米变300毫米PVC 三通、弯头、堵头、阀门、管箍等	项	1
8.1	200毫米变300毫米弯头	PVC	个	1
8.2	300毫米变200毫米三通	PVC	个	1
8.3	300毫米变160毫米三通	PVC	个	1
8.4	160 毫米插管	PVC	个	1
8.5	160 毫米弯头	PVC	个	1
8.6	160 毫米排污阀门	PVC蝶阀	个	1
8.7	160毫米堵头	PVC	个	1
8.8	管箍	不锈钢	个	10
9	水车式增氧机	额定功率 1.5千瓦，额定电压 380伏，动力效率≥1.25千克/（千瓦·时），增氧能力≥1.9千克/时，不锈钢框架	台	2
10	叶轮式增氧机	额定功率 3千瓦，额定供电压 380伏，增氧能力：≥4.8千克/时；三浮球，镀锌支架，塑料增氧盘，整机重量≥79千克，电机全铜电圈	台	2

续表

序号	名称	规格/参数	单位	数量
11	喷淋式增氧机	额定功率 0.5千瓦，额定供电压 380伏	台	3
12	循环泵	额定功率 0.4千瓦，额定供电压 220伏，扬程4米	台	2
13	潜水泵	额定功率 2.0千瓦，额定供电压 380伏，扬程6米	台	3
14	竖流集污器	HDPE，筒身直径2米，总高3米，上部圆柱状、底部漏斗状，底部接排污口ϕ75毫米	个	2
15	集污井	HDPE，筒身直径3米，总高3.6米，整体圆柱状，底面锅底形	口	1
16	集污塔	HDPE，筒身直径1.7米，总高3米，上部圆柱状，底部漏斗状，底部接排污口ϕ75毫米	个	3

5. 洛阳市嵩县漏斗型池塘循环水高效养殖设计案例

显著特点：在河滩鹅卵石地质上建成漏斗型池塘循环水高效养殖系统，利用山谷地势蓄积山水发展养殖。尾水净化后循环利用，不外排。

（1）建设内容。

1）建设地点：洛阳市嵩县旧县镇马店村（洛阳伏牛山鲜汇水产养殖有限公司）。

2）建设时间：计划分两期建设。第一期工程建成6个漏斗型池塘和尾水净化循环系统，2023年3月至2023年4月施工建设，2023年5月投入生产运行。第二期工程规划建设12个漏斗型池塘和尾水净化循环系统，视水源情况再开工。

3）建设规模与建设内容：第一期工程建设“168”生态养殖系统

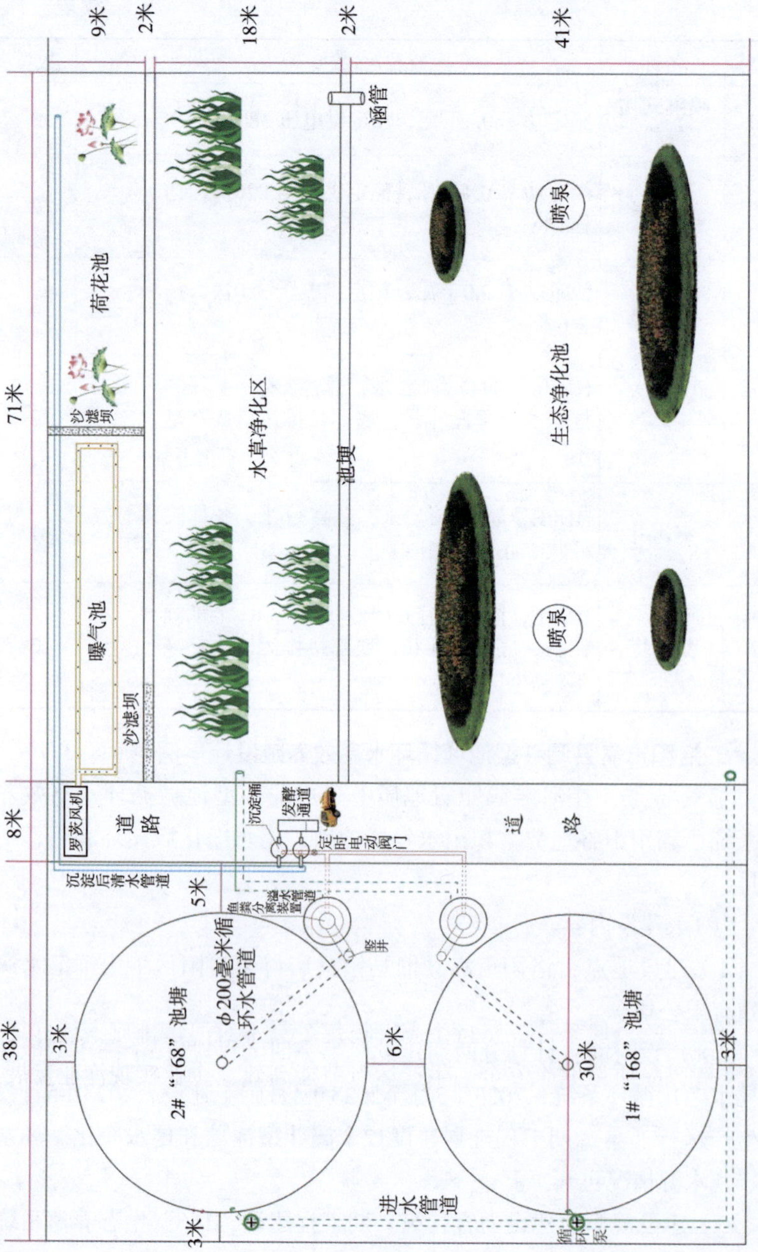

图 6.46 养殖系统平面布局图

占地面积10亩，其中，养殖池塘6个，每个530米^2，占地面积4.8亩；养殖尾水净化处理系统占地面积3亩，包括建设鱼的排泄物收集池、排水管道和生态沟渠净化系统；配套建设蓄水池和引水设施。平面布局设计见图6.46、图6.47。

（2）项目建设的背景：旧县镇位于嵩县西部，距县城29千米，东北接大章镇，西南邻栾川县，旧县镇属浅山丘陵地区，东西丘陵起伏，南北青山环抱。伊河由栾川汤营入境，一级支流有窑沟河、龙潭河、白庄河、金洞沟河、练沟门河。属大陆性季风气候，年平均气温14.2 ℃，最低气温-19.1 ℃，是嵩县自然资源、经济条件较好的乡镇。

洛阳伏牛山鲜汇水产养殖有限公司的养殖基地位于旧县镇马店村外的龙潭沟附近，紧邻河道，靠山邻水，利用山间流下的河水和井水结合发展水产养殖，建有温室大棚一座。因处于山区，缺少渔业生产，发展水产养殖具有稀有性。因靠近河道，建设场地土质为红黏土夹杂鹅卵石，保水性不强，发展传统的池塘养殖无法保水，因此，企业坚持发展设施渔业，养殖中高端水产品。2022年，企业了解到“168”技术模式后，前往郑州实地考察，计划引进“168”技术，在当地建设漏斗型池塘循环水养殖项目。

（3）建设目标：建设“168”模式。实施新技术集成和标准化生产管理，提高企业设施渔业技术水平，增强企业发展能力，以中高端水产品为主，拓宽企业增收渠道，达到绿色健康、可持续发展和提质增效的总体要求，推进企业高质量发展。

（4）建设方案。

1）建设方案设计原则：以“168”模式养殖中高端水产品。坚持适合山地丘陵地质条件，坚持生态环境优美，不对河道排放不达标尾水。坚持产品质量健康安全，生产运行节能高效。企业实现渔业发展突破，获得效益提升。

2）建设方案设计理念：坚持以水定产，坚持绿色生态、先进高效、实用可行，坚持节水节地，高能低耗，坚持促进渔业转型升级，坚持有利于提质增效。选择“168”生态养殖模式，在整体规划的基础

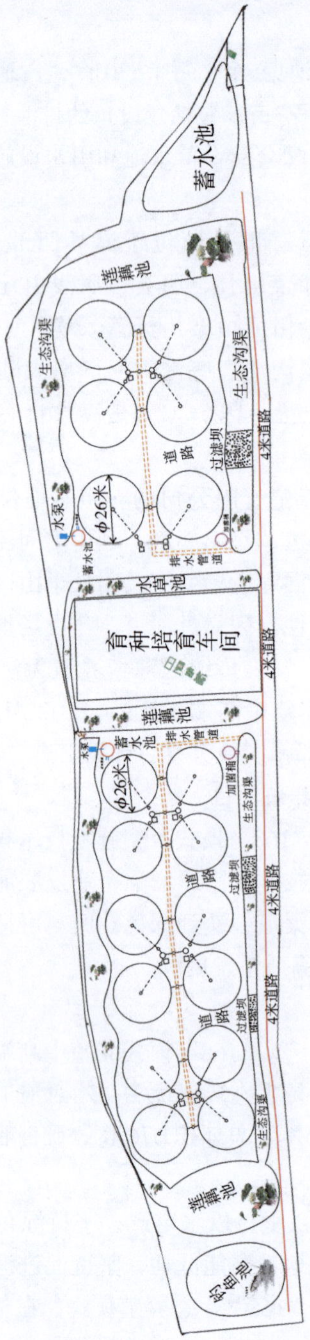

图 6.47　洛阳市嵩县漏斗型池塘循环水养殖系统平面图

上，建设高标准池塘和净化系统，达到环境美丽、洁净生产、生态可控，并逐步实现智能管理。

3）建设内容：包括漏斗型池塘、生态净化系统，蓄水池、供排水系统，规划配套渔业机械设备、养殖品种选择、运行管理措施等。

4）总平面布局：以场区现有的养殖温室为中心，将漏斗型池塘布设在养殖温室的两端，分成两个区域，分两期建设。每个区域配备1套尾水净化系统。根据场地北高南低的走势，温室往北由远及近依次建设1个蓄水池、6个漏斗型池塘，围绕6个养殖池塘外围建设生态沟渠作为尾水净化系统，温室南侧空地建设12个漏斗型养殖池塘和尾水净化系统。

5）池塘设计：池塘表面圆形，剖面为漏斗状。池塘上表面高出现有地面1.5米。池塘上口直径26米，池深5米。设计水深4.5米。池塘四周边坡先以坡比1∶0.5向下2米，2米以下向池塘中心点成15°/30°斜坡缓降。池塘底部中心点为最低处，距池塘上口垂直深5米。池塘底部中心点设置排污口，排污口内下埋排污管道连接到池塘外的竖管。竖管内架设水泵连接到池塘外的集污井。池塘底部斜坡平整，便于池底污物向中心点集中排出。所有边坡和池底表面先用土工布覆盖，土工布上面再铺设防渗膜，保障养殖用水不渗漏。

6）池底排污口设计：排污口位于池底中央最低处，正方形，边长100厘米，深60厘米，砖混结构，水泥砂浆抹面，排污口上表面盖拦渔网和拦鱼栅。

7）集污井：集污井为砖混结构，水泥砂浆抹面。每2个池塘配套建设1个集污井。因为当地土质含有大量石块，集污井及排水管道不易埋设过深，因此，集污井一部分处于地下，一部分高出地面。集污井总高3米，地下1米，地上2米。以便于集污井底部污物可以自行流入排水渠。集污井圆形，直径1.5米，总体积1.76米^3，确保容纳一个池塘一次排污1米^{3}的水容量。集污井建成后的实景见图6.48。

8）生态沟渠净化系统：整体生态净化系统沿养殖池外围三边环绕，即建设成生态沟渠的形式来处理养殖尾水，生态沟渠上口宽 10米，底部宽5米（因场地外围地形为不规则状，生态沟渠的宽度可以随

图 6.48　建成后的排污井实景图（图中的混凝土圆柱）

地形调整）。沟渠坡面与渠底铺设防渗膜，确保沟渠不渗漏。沟渠中移植水生植物吸收净化尾水，在靠近尾水进水口处设置一道过滤坝，在沟渠前端使鱼粪、残饵沉淀，尾水经过滤坝渗出后进入下一级净化，在沟渠末端安装循环泵抽取净化后的水循环利用。

9）进水系统：进水系统为1套管道、2处水源。进水管道分别与水井和增氧杀菌池的循环泵连接，可根据需要分别使用不同水源。进水管道沿2个池塘北侧东西向水平铺设，在2个池塘处分别设置出水口流入池塘。

10）渔业机械设备：池塘中配套1台叶轮式增氧机、1台水车式增氧机，叶轮式增氧机以曝气增氧为主，水车式增氧机除增氧作用外还起到推动池水旋转的作用，使池水转动形成涡流将池中污物向池底排水口集中后排出池外，保证池塘水体始终处于洁净状态，保证养殖环境优良，为养殖水产品提供良好的生长环境。

抽排水设备包括抽排水水泵、井用潜水泵、循环泵等。

11）运行管理：主要是施工建设完成后的生产运行，创造效益。

①养殖品种选择：据企业向高效益发展的要求，选择大口黑鲈为养殖品种。

②生产管理：制定生产方案，选择好养殖品种，选用膨化饵料降低残饵污染，坚持“四定”投喂，每天巡塘，及时掌握鱼的生长情

况、水质状况，保障生产安全、水产品质量安全，创造效益。

养殖池水每天排污2～3次，保障养殖水体环境优良。按时按规定使用渔业机械，确保水体溶解氧充足，保障养殖池中水体循环和旋涡流动、内外流动，使养殖鱼类始终生长在流动水体中，确保鱼类有良好的生长环境并生产出质量安全的水产品。

③技术指导服务：技术指导服务坚持的原则是保障生态环境质量，提高水产品质量和养殖效益，建设美丽渔场，以渔业科技推进乡村振兴。

（5）建成后的实际应用效果分析。

1）水源不足、水源不稳定。当地地下水缺乏，井水供应不足，长时间连续抽取会出现地下水中断。龙潭沟流下来的河水不稳定，丰水期水量充足，枯水期则不够养殖使用，虽建有蓄水池存水，但蓄水量太小，无法维持正常生产所需用水。

2）水源制约无法扩建。2023年完成一期建设的6个漏斗型池塘后，因水源无法保障，二期工程未再开工建设。一期建成的漏斗型池塘见图6.49。

图 6.49　嵩县山区建设的漏斗型池塘实景图

3）养殖效果。2023年5月建成漏斗型池塘及尾水净化循环系统。7月购买大口黑鲈苗种1.5万尾放入2个池塘，鱼种规格200克/尾。投喂大口黑鲈专用饵料，每天排污2～3次，当年10月平均规格达到400克/尾，2024年6月平均规格达到550克/尾。从生长速度看，平均每个月增重100克，与平原地区生长速度相同。不同的是，山区气温比平原地区偏低，因此每年的适宜生长时间比平原地区偏少，但足以满足大口黑鲈的生长需求。

从病害来看，2023～2024年养殖期间仅发生一次病害，原因是冬季气温低，养殖池得不到足够的井水补充来调节水温，加注蓄水池水则起不到调温作用。长期低温导致部分鱼体冻伤，发生水霉病，经治疗得到控制，没有造成危害。

4）经验总结和合理化建议。洛阳嵩县采用漏斗型池塘养殖大口黑鲈放养的密度不高，平均530米^{2}投放苗种7 500尾左右，仅达到其他应用单位放养密度的50%，密度小、水环境好可能是养殖全程少发生病害的原因。

旧县镇多年平均气温14.2℃，与平原地区的郑州全年平均气温15.6℃相比降低1.4℃；郑州和嵩县均是1月最冷，旧县镇1月平均最低气温-4℃；郑州1月平均最低气温-3.7℃。山区气温相对于当地平均气温还要低，建议山区养殖大口黑鲈应保证冬季有充足的井水调节水温，或者加建穹顶保温大棚保护鱼体不受冻伤。另外，在养殖规划时，建议尽量早放苗，放养100克/尾以上的鱼种，缩短养殖周期，当年11月以前养成商品鱼规格，并全部起捕销售，冬季清空池塘。

6. 新密市废石坑改造漏斗型池塘循环水高效养殖技术模式

显著特点：在缺水山区将废弃石坑改造为漏斗型池塘发展水产养殖。

（1）建设内容。

1）建设地点：郑州市新密市城关镇。

2）建设时间： 2023年4月20日至2023年5月20日施工建设。2023年6月至2024年6月生产运行。

3）建设规模：建设漏斗型池塘循环水高效养殖技术模式（简称“168”模式），养殖系统占地面积60亩。其中，养殖池塘3个，每个530米^2，池塘内壁覆盖黑色土工布防渗膜，净养殖面积1 590米^2；池底中间建出水口、拦鱼栅，通过管道与外界排污管相通，组成排污系统，每天定时排污，占地面积7亩，包括建设净化处理系统的竖流集污器、二次沉淀净化池；养殖用水生物净化处理系统占地面积53亩，包括建设莲藕池和生物净化池；配套建设进排水设施，生产管理和仓储房30米^2，配电房20米^2，机井1口。

4）投资概算：建设运行概算总投资82.4万元，其中建设工程投资34.3万元，生产运行投资48.1万元。

5）建设目标：推动在丘陵半丘陵地区开展立体高效绿色生态养殖。

6）漏斗型池塘循环水高效养殖系统的建设严格按照河南省地方标准（DB41/T 2223—2022）设计建成并投产，能及时收集并移除鱼粪、残饵，有效净化养殖水体，改善养殖鱼类生活环境、加快生长速度、提高品质，生态环境优美，生产运行节能高效。

（2）建设方案设计原则：坚持渔业绿色高质量发展，充分利用闲置荒滩荒沟，通过“168”模式池塘及净化区全部铺设防渗膜，解决保水性差的问题，有效缓解土地资源短缺、缺水等问题；同时改善养殖鱼类生活环境、加快生长速度、提高水产品品质；示范引导带动渔业生产提质增效，推动在丘陵半丘陵地区开展立体高效绿色生态养殖。

（3）建设方案设计理念：水资源的可持续性利用是对于水资源的最大化保护。针对郑州市中西部丘陵半丘陵地区水资源存在的特定问题，为解决丘陵低山区的水资源短缺及利用不当等问题，提出适用于丘陵区域的水资源可持续利用的解决途径。建设郑州“168”模式循环水养殖的水循环系统，将养殖废水经过物理、化学或生物处理后再次用于养殖，大大减少了新水的使用量，这不仅节约了宝贵的水资源，还降低了因大量换水带来的能耗和成本。同时，由于水体中的有害物质被有效去除，养殖生物的生长环境得到改善，提高了养殖产量和品质。

郑州“168”模式建设地点选择比较灵活，山地、丘陵、坡地均可以建设。郑州市的地形较为复杂，中部主要是丘陵，有很多荒滩荒沟没有充分开发利用。在荒滩荒沟上建设“168”模式，池塘直径20～34米可以自由掌握，也可一个或多个组合，都能达到一套完整的尾水集排处理循环技术模式的效果。

（4）设计建设范围：设计区域为郑州市新密市中康（河南）红色康养中心有限公司水产养殖基地，位于郑州市新密市城关镇，总面积60亩，在丘陵半丘陵地区的荒滩上。

设计范围包括池塘、生态净化系统、供排水系统、配套渔业机械设备、养殖品种选择、运行管理措施等。

（5）总平面布局：中康公司水产养殖基地地势为北高南低，基地北半部从北向南依次均匀布设3个“168”漏斗型池塘，建设标准和水平面统一，每个池塘直径26米，池塘间隔3米；在池塘西边平行相邻从北向南依次布设9个二次沉淀池，随北高南低的地势建设（即第1个二次沉淀池地势较高，第9个二次沉淀池地势最低），每个二次沉淀池直径7米，与养殖池塘相隔5米；养殖池塘配套建设一套竖流集污器；养殖池塘与二次沉淀池之间布设排水井和排水系统，养殖池塘北边布设进水系统（图6.50），配套机井1口。

基地中东部布设生产管理和仓储房、简易配电房各1座。旁边从东向西下沉1.5米建设进场道路，路宽4米。下铺排水管道把养殖尾水排入莲藕池。

基地南半边地势较低，东侧布设莲藕池，作为养殖池排水的植物净化处理池，养殖池鱼类排泄物排入污物收集池沉淀、收集，富营养水体流入3亩莲藕池为荷花生长提供有机营养。莲藕池中的微生物是降解水体中污染物的主力军，好氧微生物通过呼吸作用，将废水中的大部分有机物质分解成为二氧化碳和水，厌氧细菌将有机物质分解成二氧化碳和甲烷，硝化细菌将铵盐硝化，反硝化细菌将硝态氮还原成氮气等。通过这一系列的作用，养殖尾水中的主要有机污染物都能得到降解同化，成为微生物细胞的一部分，其余的变成对环境无害的无机物质回归到自然界中。莲藕池上部清水溢流入莲藕池西边的50亩生态净化池（水深1.5～2米），通过浮游生物和水草完成净化，净化水抽入养殖池塘循环利用。北半部为养殖区域，南半部为养殖池溢流水生态净化区域。

（6）池塘设计：中康公司水产养殖基地的郑州“168”模式池

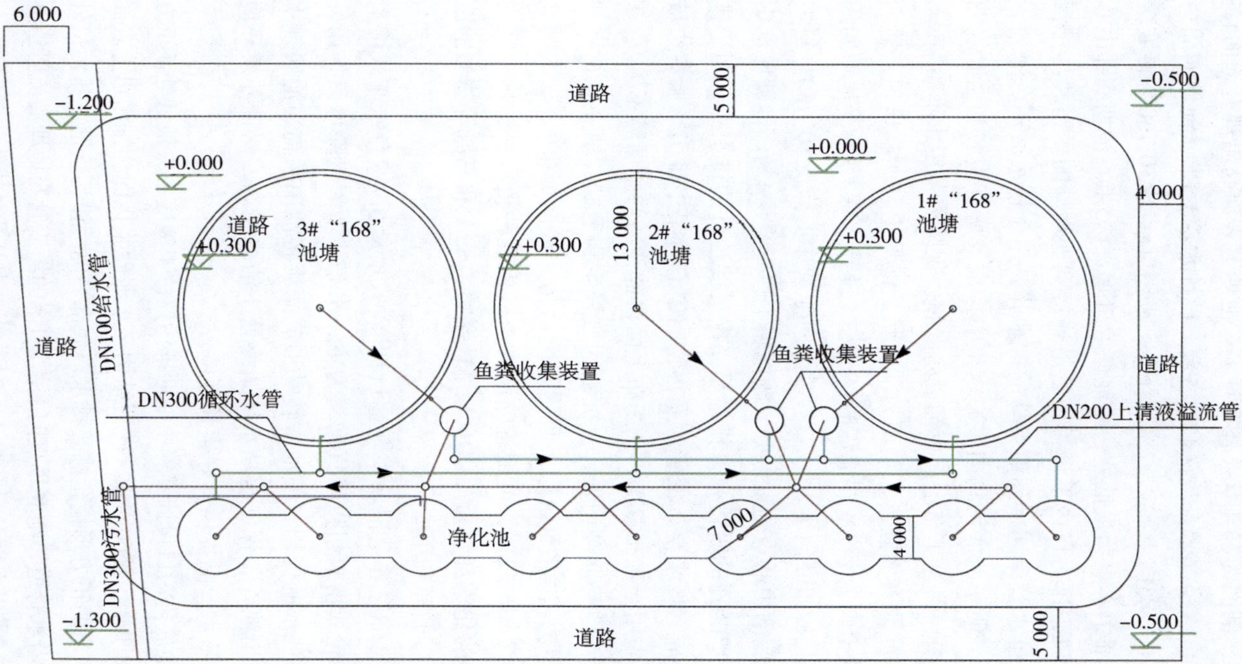

图 6.50　中康公司“168”池塘项目总平面设计图（单位：毫米）

塘表面圆形，剖面为漏斗状（图6.51）。池塘上表面高出现有地面1.5米。池塘上口直径26米，池深4.5～5米，设计水深4.5米。池塘四周边坡先以坡比1：0.5向下2米，2米以下向池塘中心点成30°/60° 斜坡缓降。池塘底部中心点为最低处，距池塘上口垂直深5米。池塘底部中心点设置排污口，排污口内下埋排污管道连接到池塘外的排污井。排污口外侧埋设排水管道连接到池塘外的排水井，用于排水循环。池塘底部斜坡平整，便于池底污物向中心点集中排出。所有边坡和池底表面先用土工布覆盖，土工布上面再铺设防渗膜，保障养殖用水不渗漏。

二次沉淀池表面圆形，剖面为漏斗状。池塘上表面高出现有地面1.5米。池塘上口直径7米，池深4.5～4米，设计水深3.5米。池塘四周边坡先以坡比1：0.5向下2米，2米以下向池塘中心点成30° /60° 斜坡缓降。池塘底部中心点为最低处，距池塘上口垂直深4米。池塘底部中心点设置1台300瓦的吸污泵，排污至二次沉淀池外的排水井，用于排水循环。底部斜坡平整，便于池底污物向中心点集中排出。所有边坡和池底表面先用土工布覆盖，土工布上面再铺设防渗膜保障不渗漏。9个二次沉淀池地势北高南低，沉淀池间放置生物毛刷、填充滤材，并种植水生植物，由北至南层层吸附降解污物。最南部第9个二次沉淀池为曝气池（图6.52），可配置喷淋式增氧机或种植水生植物，吸附降低尾水中的化学耗氧量（COD）、悬浮物（SS）和氨氮等物质的浓度，然后进行循环利用。

每个“168”养殖池塘中配套1台叶轮式增氧机、2台水车式增氧机，其中叶轮式增氧机以曝气增氧为主，水车式增氧机除增氧作用外还起到推动池水的作用，使池水转动形成涡流将池中污物向池底排水口集中后排出池外，保证池塘水体始终处于洁净状态，保证养殖环境优良，为养殖水产品提供良好生长环境。

（7）池底排污口设计：养殖池塘排污口位于池底中央最低处。正方形，边长148厘米，深60厘米，砖混结构，水泥砂浆抹面，排污口上表面盖边长120厘米的正方形拦鱼栅。排水口底部一侧埋排污管道。排污口外选一侧埋设溢水管道，池底垂直向上留设1米的溢流管与地埋溢流管道连通，溢流管0.7米以上部分打孔，运行时，池水由开孔处进入溢流管道。

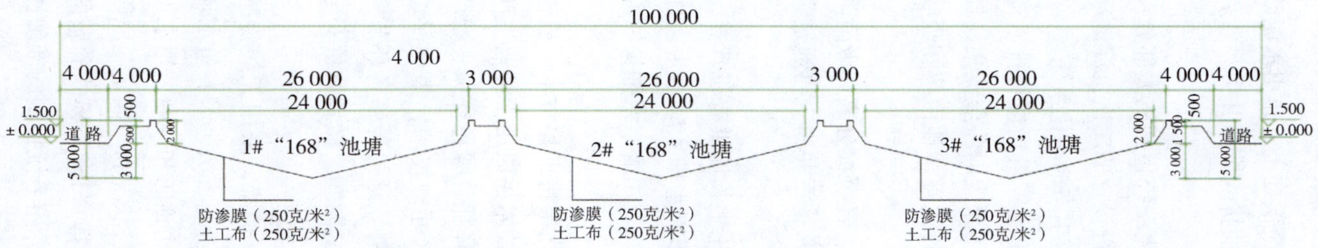

图 6.51　中康公司养殖池塘设计剖面图（单位：毫米）

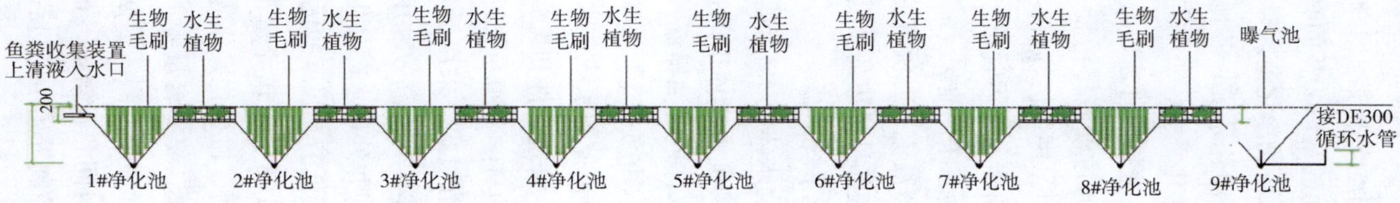

图 6.52　二次沉淀池塘设计剖面图（单位：毫米）

注：养殖池直径和深度可根据施工情况和现场状况调整。

二次沉淀池全池覆盖土工布，底部中央最低处土工布用水泥砂浆压实抹平，上面放1台300瓦的吸污泵，污物抽排入排污井中，然后通过排污管道流入生物净化池。

（8）生态净化系统：基地整体生态净化系统包括三大部分：一是竖流集污器净化系统，二是与养殖池塘平行设置的二次沉淀池净化系统，三是与池塘排污管连通的莲藕池和溢流生态池净化系统。

养殖池塘通过池底排污管道将残饵、粪便等粗颗粒物排入池外的竖流集污器中，进行污物沉淀分离，用排污泵定时将竖流集污器底部沉淀的污物抽排入排污管道，富营养水体排入莲藕池由植物吸收利用，再溢流入生态净化池。

竖流集污器溢流入二次沉淀池中的尾水，经沉淀分离和吸附降解后，定时将由底部抽排出的富营养化水体排入排污井中，再通过管道排入生态池净化系统。

养殖池污物水体流入3亩莲藕池，为荷花生长提供有机营养，莲藕池中的微生物降解水体中的污染物，上部清水排入50亩生态净化池，净化后的水体通过抽提流入曝气增氧池，再用潜水泵抽提回养殖池塘循环利用（图6.53）。

（9）自动化控制系统：水产养殖自动化指将工程技术、机械设备、监控仪表、管理软件和无线传感等现代技术手段用于渔业生产，实现水产养殖的科学养殖与管理，实现节能降耗、绿色环保、增产增收的标准化养殖模式。采用循环用水和污水处理技术，集环保、节水、高产于一体，具有高效利用水资源的优势。通过养殖各环节实时监控，及时发现并处理水产品生产和质量安全问题，做到质量安全易追溯，更具有降低劳动强度的优势。

在郑州“168”模式养殖池塘中安装传感器，采用无线传感技术、网络化管理、机械化操作等先进自动化管理方法，对养殖水环境（温度、溶解氧、氨氮含量等）、投饵、疾病预防和诊断、尾水处理等进行全方位管理、监测。根据养殖对象生长状况和“四定”原则，适时调整投饵时间和投饵量，最大限度地发挥“168”模式养殖的效能，达到精准控制养殖生产过程，能够确保养殖系统控制的准确性、

图 6.53　养殖尾水生态净化运行图

安全性和适应性，为养殖生产提供可靠的水质和生态条件。结合采用池塘底排污循环水养殖技术，净化处理养殖尾水，严控水体污染，养出绿色健康水产品。

（10）进水系统：进水系统为1套管道、1处水源、2个蓄水池。2个蓄水池分别设置在养殖池塘附近地面上，进水管道与蓄水池连接，在3个池塘处分别设置出水口流入池塘。潜水泵、循环泵按实际需要配套连接管到蓄水池。

（11）排水排污系统：包括排水系统和排污系统。排水系统将经竖流集污器沉淀处理后的清水，排到二次沉淀池净化后再抽回“168”池塘循环使用，由排水管道、3个排水井组成；排污系统是由竖流集污器底部的排污泵、“168”池塘管道井中的排污泵和二次沉淀池底部的排污泵定时排污到排污井，富营养水排入莲藕池，由排污管道、3个排污井组成。排水管道、排污管道采用直径300毫米PVC管道，坡降按施工规定。排水井、排污井圆形，上口直径 0.6米，深1米，砖混结构，水泥砂浆抹面。井口铁盖封压，保证生产安全。

（12）渔业机械设备：包括池塘增氧设备、投喂设备、抽排水水泵等。其中井用潜水泵1台、排水潜水泵1台、循环泵2台。3个养殖池塘共需投饵机3台，1.5千瓦水车式增氧机6台。净化系统用300瓦吸污泵12台，1.5千瓦叶轮式增氧机1台。

后续还可发展智能化养殖，增加自动投喂设备、水质监测自动控制设备，实现智能管理，手机操作，无人工养殖。

（13）电力系统：郑州“168”模式系统设备运转最大功率需要31千瓦。平时运转不超过20千瓦，配备使用专用的配电盘和电缆。为避免因电力供应中断造成生产损失，应配备50千瓦柴油发电机1台。电缆主线需按照总用电功率31千瓦配备，机井用潜水泵电缆按10千瓦配备，其他可按照3千瓦功率配备。总配电盘应配备正反向闸刀，可连接到发电机。配电盘应设置漏电、断电保护装置，若集中设置1套总配电盘，按生产需要380伏设置18路（实用16路，需备用2路），220伏设置2～3路，或集中分设1套12路配电盘、1套8路配电盘；若设置多套配电盘可按不同需要灵活配备。

（14）配套设施：基地配套建设生产管理和仓储房45米^2，简易配电房10米^2。建设安全防护设施，安全标识明显。

（15）运行管理：运行管理主要是施工建设完成后的生产运行，制定严谨的管理制度来确保生产的正常进行。在水产养殖过程中，按要求进行日常管理、营养调配、病害防治等方面的工作。严格实行科学的管理制度，确保生产的正常进行，创造良好的经济效益、社会效益和生态效益。

1）养殖品种选择：郑州“168”模式适合不同品种养殖，从鲤鱼、草鱼、鲫鱼等大宗淡水品种到名优水产品大口黑鲈、鳜鱼、斑点叉尾鮰、观赏鱼中的锦鲤等。为提高养殖效益，推荐选择大口黑鲈、锦鲤等名优高效养殖品种。

2）净化系统中清污鱼类投放：在养殖过程中为了帮助清理鱼粪、残饵，在净化池等净化系统中投放了适量的清道夫，能够吸食藻类等污物，其清理净化竖流集污器和二次沉淀池池壁的沉积物效果十分显著；同时在帮助清理鱼粪、残饵的基础上，清道夫作为观赏鱼的一种，可以上市销售增加养殖收入，提高经济效益。

3）生产管理：制定生产管理制度，选择好养殖品种，确定合理的养殖密度，确保养殖水体的营养供给和水质环境稳定；选用膨化饵料降低残饵污染，对于不同生长阶段的养殖对象，适时调整饲料配比；坚持“四定”投喂，合理控制饲料投喂量，防止过度喂食导致水质恶化和病害传播；根据不同阶段的生长需求，进行不同的营养配比，保证营养均衡，以促进鱼类健康成长。

加强安全生产宣传教育，提高员工的安全生产意识和能力；建立健全安全生产责任制度，明确安全生产责任；建立健全应急预案管理制度，明确各类突发事件的处理程序和责任，确保在突发事件发生时能快速有效应对；加强对生产过程的监控和管理，确保生产过程的规范和合理，保障生产安全。

每天巡塘，及时掌握鱼的生长情况；定期对养殖水体进行水质检测，确保水质符合水产养殖需要；建立健全疾病防控制度，实施常规的病害防治，定期进行病害检测，确保病害得到及时控制和治理；建立健全产品质量监控制度，确保养殖产品符合卫生安全标准，确保水产品质量安全，保障人民群众舌尖上的安全，创造良好的社会、经济效益。

通过自动化控制系统，用吸污泵将竖流集污器底部尾水每天排污8次，二次沉淀池底部尾水每天排污1～2次，保障养殖水体环境优良；根据养殖过程的具体情况，及时依次抽干各个二次沉淀池，并且用高压水枪清除池壁和底部的沉积物，污物抽排入生态净化池，保证养殖过程的良好生长环境。

在养殖过程中养殖池塘的池壁和底部会存在不能及时排出的沉积物，这时需要定期使用铁锁链沿着池壁清除沉积的附着物，使用整根铁锁链效果更好。

按时按规定使用渔业机械，确保水体溶解氧充足，保障养殖池中水体循环和旋涡流动、内外流动，使养殖鱼类始终生长在流动水体中，确保鱼类生长环境良好并生产出质量安全的水产品。

4）技术指导服务：技术指导服务坚持的原则为保障生态环境质量，提高水产品质量和养殖效益，建设美丽渔场，以渔业科技推进乡村振兴。

技术人员根据企业需求提前制定技术方案，合理规划生产计划，跟踪服务，及时为企业提供技术指导，内容包括品种选择、饲料选购和使用、购买设备选型和配置等养殖技术；根据养殖企业具体的需求，进行实地现场技术指导，提供详细的解决方案。

水产养殖过程中，病害会给养殖者带来巨大的经济损失，技术服务人员能够通过现场观察和病理检测，及时提供科学、有效的解决方案，做好疾病预防和控制。技术人员根据相关要求，对养殖生产流程进行优化，通过先进的技术手段和科学的管理方式，优化养殖环境，提高生产效率，减少资源浪费，帮助养殖者提高养殖效益和生产质量。

（16）建成后的应用：建成后投放了大口黑鲈，建成后的实景和尾水净化效果见图6.54、图6.55。

图6.54　建成后的养殖池实景图

图6.55　二次沉淀池实景图

7. 浙江浅层地下水条件下设计案例

显著特点：在浅层地下水条件下需要克服地下水上涌、影响施工的难题，浙江的建设案例为浅层地下水地区建设“168”模式提供了经验借鉴。尤其是在2024年的池塘建设和尾水处理方面创新了思路，进行了积极尝试。

（1）建设内容。

1）建设地点：浙江省湖州市南浔区。

2）建设时间：2022年建成2个、2023年建成26个漏斗型池塘投入使用，2025年计划新建成100个漏斗型池塘。

（2）2023年建设情况和应用效果。

1）场地条件：选择一块废弃坑塘和荒地交杂的地块，将其平整后改造利用，建设漏斗型池塘循环水高效养殖模式。规划设计的场地平面布局见图6.56。

2）养殖系统设计：设计池塘深度5米，直径24~25米，池塘外配套安装竖流集污器，竖流集污器连接排水管道，将上清水排入水草净化池，竖流集污器沉淀的污物排入集污池。

3）施工技术要求。

①漏斗型池塘施工要求：池塘开挖前先清理表面，清除厚度为200毫米；池塘四周回填并压实，回填土表面不允许带有瓦砾、石子、混凝土颗粒、钢筋头、金属等足以刺穿防渗膜的杂物；池塘坡面坡度均匀、一致，分层压实，每层厚度不超过30厘米；基面经过干燥、夯实、平整，无开裂，无明显尖凸、凹陷，垂直深度25毫米内无树根、瓦砾、石子、钢筋头、玻璃碴等尖锐杂物；填土需分层碾压，每层摊铺厚度不大于300毫米。碾压密度达到《生活垃圾卫生填埋场防渗系统工程技术规范》（CJJ 113—2007）的要求；任何与防渗膜（HDPE膜）接触的部位禁止出现尖锐杂物，如若发现，需及时换填沙土或粉质碎土。

②防渗膜（HDPE膜）铺设要求：铺设防渗膜是整个防渗系统中一道关键的工序，铺设前要开包检查防渗膜，记录并修补已发现的机械损伤、生产创伤、孔洞和折损等缺陷，禁止使用出现以上缺陷的防

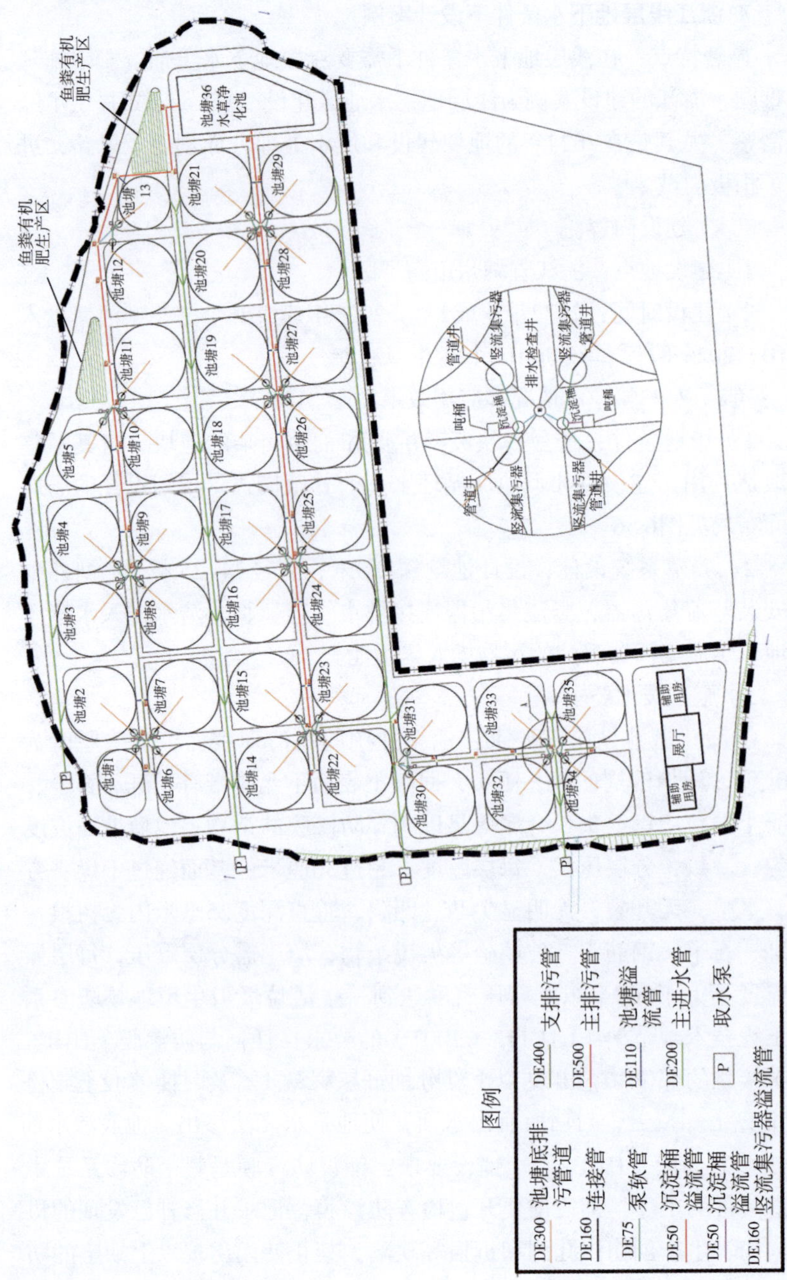

图 6.56 场地平面布局图（单位：毫米）

渗膜；防渗膜铺设前，先铺土工布作为底膜，防渗膜与防渗膜之间接缝的搭接宽度不小于120毫米，使接缝排列方向平行于最大坡脚线，即沿坡度方向排列；防渗膜整体焊接采用双轨焊机，局部修补采用挤压热熔焊机。接缝宽度范围内有两道焊缝（双保险），每道焊缝宽度不小于10毫米，焊缝处防渗膜熔接为一个整体，不得出现虚焊、漏焊或过焊，避免边坡膜面起鼓或悬空。焊接过程中：防渗膜双轨焊缝必须经气压检测，测试压力为0.25兆帕，3～5分钟压力不变化为合格；单轨挤压修补区域，必须经真空检测，压力为负压25～35千帕，3～5分钟压力不变化为合格。

③其他工程：为保证排水井及设备安全运行，所有检查井及设备周边需用三七灰土回填并夯实。为了场区雨水排放，在每个检查井附近留雨水口一个，并通过管道与检查井连接，雨水篦子材质为铸铁，用于雨水排放，道路设置一定坡度用于坡向雨水口。

4）建设过程中遇到的难题与经验总结：在池塘下挖过程中，挖到地面下2米后，开始有地下水缓慢渗出。渗水不太影响挖掘工程，可以边抽水边施工，按设计深度和坡度将施工完成，在郑州市中牟县黄河滩区的施工中也遇到过同样的情况。地下水渗出会影响的施工项目有池底管道铺装、混凝土凝固、池底排水口的建设等，影响最大的是土工布和防渗膜的铺装。如果不解决地下渗水问题，防渗膜铺设后会因地下水渗出而将防渗膜顶起，使其漂浮在水中、无法与地面贴合，影响养殖生产。

实践中解决问题的办法是：铺装池底管道、混凝土，建设池底排水口时需要边抽水边施工，不让池底存水，保障施工条件。管道的焊接、胶粘需要在干燥场地完成后再放入池底沟槽，选用速干水泥加工混凝土，尽量缩短混凝土凝固时间。在池底管道铺装、池底排污口建设完成后，需要沿出水面以下部分铺一层混凝土，将地下水位线以下的部分全部覆盖，封堵所有出水面，使地下水无法渗出。池底渗水面封堵以后，就可以放心铺设土工布和防渗膜，完成漏斗型池塘施工的最后一步。

这种情况是无奈之举，是在事前不了解地下水位的情况下才采取的补救措施，会增加施工难度，延长施工时间。这种方式适用于池底排水口垂直上升1米以内的池底边坡渗水的情况，施工成本相对不高；如果地下水位过高，比如下挖1米就有地下水渗出，会大大增加施工成本，就应果断放弃。如果事前了解地下水位较浅，就要在规划设计时避免此情况，根据当地实际，调整池塘深度总体，或设计下挖深度在地下水位以上。

5）建成后的应用效果：在实际施工中，共建成漏斗型池塘26个，根据场地条件，建成的池塘直径有25米和20米两种规格（图6.57）。场地最东边建有5亩水草净化池，将养殖尾水净化后达标排放。

图6.57　浙江湖州2023年建成“168”池塘应用实景图

2023年浙江东裕生物科技有限公司长超基地养殖数据简要总结如下：

基地于2023年3月开工建设，2023年6月完工，开始放养大口黑鲈鱼苗养殖，第一批鱼苗于2023年6月10日放养，最晚一批鱼苗于2023年7月5日放养。

①直径20米池塘放养和收获情况：2023年6月10日放养10克/尾的大口黑鲈鱼种1.5万尾。养殖到11月17日，开始挑选400克/尾以上规格的成鱼销售，塘口单价24元/千克，共销售2 096千克。继续养殖到2024年5月10日，拉网后不再挑选，不分规格全部销售，俗称统货销售，塘

口单价27.6元/千克，共销售5 205千克。两次销售总量7 301千克，总销售额约194 000元。养殖全过程共用饲料8.4吨，饲料系数1.15。养殖成本包括：饲料100 000元，鱼苗10 000元，电费7 000元，鱼药2 000元，地租2 000元，人工10 000元。净利润约63 000元。

②直径25米池塘放养和收获情况：2023年6月10日放养10克/尾的大口黑鲈鱼种1.5万尾。养殖到10月20日开始挑选400克/尾以上规格的上市销售，塘口单价25元/千克，共计销售2 560千克。继续养殖到2024年5月1日，平均规格达到575克/尾，拉网后统货销售，塘口单价26元/千克，共销售5 240千克。两次销售总量7 800千克，总销售额约200 000元。养殖全过程共用饲料8.6吨，饲料系数1.1。养殖成本包括：饲料103 000元，鱼苗10 000元，电费7 000元，鱼药2 000元，地租2 000元，人工10 000元。净利润约66 000元。

2023年6月12日放养10.4克/尾的大口黑鲈鱼种2万尾。于11月25日开始起捕400克/尾以上规格的上市销售，塘口单价24元/千克，共销售3 085千克。继续养殖到2024年5月30日，平均规格550克/尾，统货销售6 289千克，销售价格27元/千克。两次销售总量9 374千克，总销售额约244 000元。养殖全过程共用饲料10.8吨，饲料系数1.15。养殖成本包括：饲料130 000元，鱼苗13 000元，电费8 000元，鱼药3 000元，地租2 000元，人工10 000元。净利润约78 000元。

2023年7月5日放养16.7克/尾的大口黑鲈鱼种2万尾。养殖到11月25日开始挑选400克/尾以上规格的上市销售，塘口单价24元/千克，共销售2 360千克。继续养殖到2024年6月10日，平均规格达到500克/尾以上，统货销售6 620千克，塘口单价26元/千克。两次销售总量8 980千克，总销售额约228 000元。养殖全过程共用饲料10.3吨，饲料系数1.15。养殖成本包括：饲料123 000元，鱼苗13 000元，电费8 000元，鱼药2 000元，地租2 000元，人工10 000元。净利润约70 000元。

③池塘水质和尾水处理情况：养殖过程中每天定时排污6次，可及时将池中鱼粪、残饵排出，解决了危害池塘环境最大的影响因素，增氧设备保障了水体充足的溶解氧量，比较容易控制池塘水质维持在

适合鱼类生长的状态。

养殖尾水先进入竖流集污器，在竖流集污器中实现水污分离，将竖流集污器中的上清水通过排水管道排入水草净化池，处理后达标排放，因为当地河水充足，尾水净化不再循环利用。竖流集污器底部沉淀下来的污物排入集污池处理。

（3）2024年建设情况和建设经验总结。

1）规划设计：经过连续两年的生产实践检验，企业充分认可了漏斗型池塘循环水高效养殖技术的优越性、先进性和高效、生态作用。2024年，企业进一步扩大规模，新选126亩土地规划建设“168”模式。到2025年6月，计划建成漏斗型池塘100个。规划与周边的1 000亩稻田结合，把养殖尾水通过场区内水污分离设施和微滤机过滤处理后排入稻田，为稻田提供有机营养，既养鱼又养稻，充分节约资源、利用资源，实现一水两用。规划设计效果见图6.58。

图 6.58　2024 年新建“168”基地效果图

2）池塘建设：考虑到当地地下水位较浅，总结2023年建塘时的经验，2024年池塘建设时选择了新方法。即降低地面下施工深度，在原地面下挖2米左右，将原地面抬高1.5米左右，土建完成后，池塘总深度保持3.5米左右。在此基础上，沿池塘上口一周安装1.2米高的镀锌板，从而使池塘达到4.5 ~ 5米的垂直深度。也就是全部建成后，地面上是围板，地面下是漏斗型池塘（图6.59 ~ 图6.61）。按照设计由焊接防渗膜的专业人员焊接，保证池底少皱褶（图6.62、图6.63），同时安装好排污口拦鱼栅，防止漏水。

3）养殖尾水处理创新尝试：养殖尾水处理方式的创新尝试表现在把每个池塘配套1个竖流集污器改变为集中建设大型的竖流集污池。竖流集污池集中建设在场区的一端或一角，设置竖流集污池的位置以利于浇灌附近稻田为宜。所有池塘排放的养殖尾水通过排

图6.59　建设中的漏斗型池塘

图6.60　安装镀锌板的漏斗型池塘

图6.61　加水养殖的漏斗型池塘

图 6.62　铺设防渗膜焊接

图 6.63　铺设完毕的实景图

水管网排入竖流集污池集中处理后排入稻田利用（图6.64）。

①竖流集污池和微滤机结合：竖流集污池是仿照竖流集污器的原理，将竖流集污器扩大成一个直径26米的漏斗型池塘。该池塘池底分成两层建设，池塘1米以下设置1个平台，平台上安装PP板出水堰，平

图 6.64　右下角为集中布置的大型竖流集污池

台再向下建成漏斗状池底（图6.65、图6.66）。

图 6.65 竖流集污池中安装出水堰的平台

图 6.66 建成使用的竖流集污池

养殖尾水从平台以下进入漏斗状池底，随着水位逐步提升，鱼粪、残饵等粗颗粒物在静止沉淀作用下沉入池底，上层水通过出水堰拦阻溢流出竖流集污池。沉入池底的污物通过吸污泵抽提到离心式微滤机过滤，清水排入稻田，污水经再次分离发酵处理做肥料。

②稻田利用：漏斗型池塘养殖与场地周边种植水稻相结合，把经过沉淀过滤、去除鱼粪、残饵后的富营养化清水排入稻田，为稻田提供养分。利用养殖尾水浇灌水稻，实现水稻增产，正是因为有2022年与水稻结合的经验，才有了2024年扩大水稻利用面积的设想，并具备落到实处的可行性。

（4）“168”模式在湖州市持续扩大的意义：湖州是全国三大淡水鱼养殖基地之一，淡水渔业历史悠久，是全国著名的淡水鱼重点产区。近年来，湖州成功育成5个国家新品种，构建了育繁推一体化现代种业体系，罗氏沼虾、大口黑鲈、鲌鱼等优势品种和4家企业机构入选国家水产种业阵型企业名单，形成了淡水水产种业集聚区。工厂化循环水、“跑道鱼”等智能化设施养殖形成增收新模式。

漏斗型池塘循环水高效养殖技术在众多的渔业先进技术竞争中能够在湖州市落地生根证明了其先进性。作为河南省以外最大的漏斗型池塘循环水高效养殖技术应用地区，湖州的应用必将进一步提高漏斗型池塘循环水高效养殖技术的影响力和持续扩大发展的潜力。

湖州市2016年开始全面推广投喂全价配合颗粒饲料养殖大口黑鲈，此后养殖规模迅速扩大，已成为当今水产养殖的主导产业。漏斗型池塘循环水高效养殖大口黑鲈从2022年建成2个池塘试养到2024年累计建成126个池塘扩大养殖规模，并在应用中结合当地实际进行创新尝试，为漏斗型池塘循环水高效养殖技术扩大了适用面，提高了生产能力和发展潜力。这一成熟模式已经引起当地传统池塘养殖从业者的关注。推进机械化、智能化设施设备在渔业领域中的应用，今后会成为改造当地传统池塘养殖的新的技术模式。

8. 漏斗型池塘组合循环水高效养殖锦鲤设计

显著特点：多个漏斗型池塘组合一个养殖单元，每个养殖池塘配套独立的尾水净化系统，养殖尾水净化后循环利用。

（1）背景与动因：河南省是观赏鱼养殖大省，经过多年的发展，全省观赏鱼养殖规模达到万亩以上，已经成为全国重要的观赏鱼养殖、销售集散地，观赏鱼养殖供应量、交易量占到全国的50%。以锦鲤养殖为主的观赏鱼产业已经发展成为我省渔业新的经济增长点、产业突破点和亮点（图6.67）。2019年成功举办的中国郑州首届锦鲤若鲤大赛暨观赏鱼博览会（图6.68），在河南省内引起巨大轰动效应，在全国引起较高的关注。

河南省的锦鲤养殖大多还处于传统的池塘养殖方式，池塘拉网挑

图 6.67　游动的水彩画

图 6.68　2019 年中国郑州锦鲤大赛

选难、水质不佳、病害多发等影响商品锦鲤的品质，导致优质率低、综合效益不高、尾水排放不达标等问题。近年来，虽然锦鲤养殖的品质有所提升，养殖和管理方式也在向绿色健康养殖逐步转型，但转变速度较慢，缺少先进技术模式支撑，在新的发展形势下，如何引导锦鲤向循环水养殖发展、符合生态环保和高质量发展的要求，是决定锦鲤养殖能否持续健康发展的关键因素。

2019年，习近平总书记在郑州主持召开了黄河流域生态保护和高质量发展座谈会。根据农业农村部《关于加快推进水产养殖业绿色发展的若干意见》（农渔发〔2019〕1号）、农业农村部《关于乡村振兴战略下加强水产技术推广工作的指导意见》（农渔发〔2019〕7号）等文件精神，为加快水产先进实用技术推广应用，促进全省锦鲤养殖健康发展，助推乡村产业振兴，郑州市农业技术推广中心水产技术推广站开始利用“168”模式，将多个漏斗型池塘组合、实践循环水高效养殖锦鲤技术（图6.69）。

这种模式是将漏斗型池塘组合成养殖单元，每个养殖池塘配套独立养殖尾水净化处理系统实现循环水养殖。在每个养殖单元中将锦鲤分级养殖在不同的池塘，便于生产操作和分类管理，提高养殖效率和管理水平。在养殖单元中加入掠食性鱼类单独养殖，可以充分利用挑

图6.69　锦鲤养殖单元

选后淘汰的锦鲤苗种，降低生产成本，实现效益最大化。该技术符合锦鲤养殖生产的实际需求，技术路线合理清晰，在实际生产应用中发挥了积极作用。该技术符合习近平总书记提出的黄河流域生态保护和高质量发展要求，符合河南省观赏鱼养殖实际生产需求，发展前景广阔。

（2）前期所做的工作：从2015年起，郑州市水产技术推广人员对于郑州周边地市锦鲤养殖不注重品质、不注重挑选分级和池塘混养的状况展开了调查研究，并推出了锦鲤养殖“三挑八淘”核心技术，引导锦鲤养殖从业者采用放苗后必须经过3次以上挑选，淘汰80%的残次品和低价值苗种来提升锦鲤养殖效益，向提高品质转型发展。该技术获得2016～2018年河南省农业技术推广丰收奖成果奖二等奖。在实现挑选后分级饲养的基础上，2018年郑州市水产技术推广站又进一步研究如何将挑选分级和循环水养殖结合的问题，并拟定计划开展试验论证。

2019年进行了利用HDPE防渗膜铺设鱼池，有全铺设和池埂铺设，对多种池形如锅底状、长条形、方形圆角状等池塘进行养殖生产，对虾、草鱼、罗非鱼、锦鲤、太阳鱼、地图鱼等都进行了多年的养殖应用，不断对各种方式对比试验，在施工、基建费用、运行成本、效益、鱼病发生、产品质量方面都有技术支撑。2019～2022年先后在多家企业，利用多种地形进行漏斗型池塘养殖，逐步形成了以漏斗型池塘组合构成锦鲤养殖单元的循环水养殖技术模式。

2019年在郑州玉地农民养殖专业合作社、荥阳富发水产养殖有限公司等开展试验，将传统池塘池底改为漏斗型，配套养殖尾水处理系统，开展锦鲤循环水养殖试验。传统池塘由于面积大、拉网不方便，每次挑选付出的人力成本、经济成本较高，生产操作烦琐影响到挑选的积极性，虽然提高了锦鲤品质、符合生态发展，但管理效率、生产效率较低，在此基础上，进一步研究从生产方式上给予改进。

2020年在河南省旭华生态农业发展有限公司、郑州龙祥水产养殖科技有限公司开展试验。规划设计用漏斗型池塘组合构成养殖单元循环水养殖商品锦鲤，验证了该模式的生态作用和养殖尾水净化后的循环利用效果，得出了在530米^{2}养殖水体15米^3/时持续循环条件下排污彻底、水质稳定、病害减少、尾水净化后达到淡水养殖二级排放标准的结论。锦鲤在漏斗型池塘养殖便于挑选和拉网等操作管理，生长速度快，病害少，体色、体型优，体质好，形成成熟的技术模式（图6.70）。

图 6.70　漏斗型池塘养殖锦鲤

2021年在郑州龙祥水产养殖科技有限公司中牟基地扩大规模，开展锦鲤苗种培育和商品鱼循环水养殖试验。共建设40个漏斗型池塘，配套莲田作为净化尾水系统养殖锦鲤。漏斗型池塘循环水养殖锦鲤单位产出量达到3.62千克/米^2，对照传统池塘单位产出量的1.69千克/米^2，产量提高1倍多，并且病害减少60%，锦鲤体色、体型、体质均优于传统池塘养殖方式。

（3）设计理念：以创造优美养殖水域环境，提高生产效率和管理水平，提升锦鲤品质和效益为目标，以试验示范为依据，借鉴、吸纳现有的成熟技术，确保在生产实践中的可行性和适用性。

设计目的是改善和调整河南省水产养殖结构，提高水产养殖品种附加值，规范锦鲤养殖技术和生产管理行为，提高锦鲤养殖品质，提升锦鲤档次和养殖效益，促进观赏鱼养殖的规模化，向生态养殖发展。

（4）设计原理介绍：根据养殖锦鲤需要反复挑选、利于操作和培育精品的特点，将池塘直径缩小为15~25米，以小而精为主；池塘建设时每个漏斗型池塘配套独立的生态净化池处理养殖尾水循环利用，以免多个池塘共用一个生态净化池造成锦鲤病害交叉感染（图6.71）。

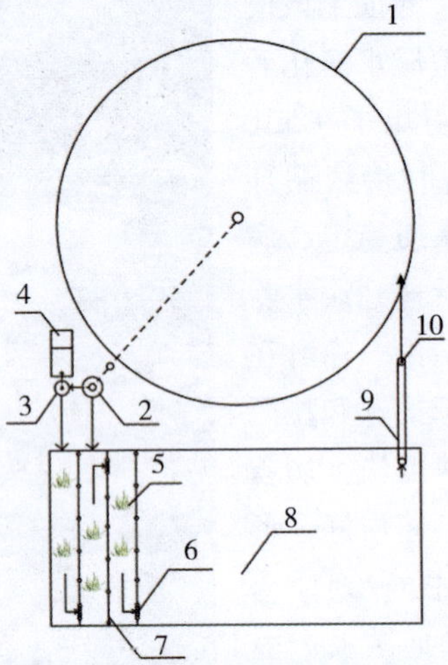

图 6.71　漏斗型池塘和生态净化池示意图

1. 漏斗型池塘　2. 鱼粪收集装置　3. 沉淀桶　4. 鱼粪收集池　5. 水草净化区
6. 隔离网　7.PE 膜隔断　8. 滤食性鱼类净化区　9. 回水管道　10. 循环泵

养殖系统布局根据养殖锦鲤分级需要设定4个养殖池和1个掠食性鱼类养殖池为1组（图6.72）。

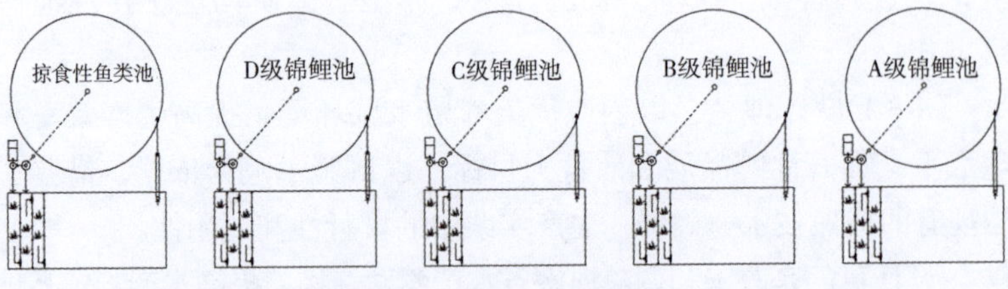

图 6.72　池塘布局示意图

（5）主要建设内容。

1）建设5个漏斗型池塘构成一个养殖单元。每个池塘直径25米，池深5米，设计水深4.5米。池塘上口为规整的圆形，池塘底部斜坡平整，便于池底污物向中心点集中排出。所有边坡和池底表面先用土工布覆盖，土工布上面再铺设防渗膜，保障养殖用水不渗漏。

5个池塘的布局可以是一字排开，也可以根据场地地形条件灵活调整为错落有致的5个环绕或5个交叉等各种形式，但需要5个池塘相邻较近，便于管理和生产运输。

2）养殖尾水净化和循环系统：5个漏斗型池塘对应建设5个生态净化池。每个生态净化池的面积与漏斗型池塘的面积比不小于1∶1。生态净化池中采用钢管立柱固定PE防渗膜组成隔断，将其隔离成水草净化区和滤食性鱼类净化区。

水草净化区面积不小于尾水净化池面积的1/3。在水草净化区种满水草，可选品种有伊乐藻、轮叶黑藻、苦草、鸢尾、美人蕉、菖蒲等（图6.73）。这些水生植物与常温鱼类的生长旺季相适应，适宜高温期生长繁殖，在水中具有强大的氮、磷吸收能力，解决了养殖水体中的富营养化问题。

图 6.73　水草净化

3）配套设施设备：每个漏斗型池塘配套0.75千瓦水车式增氧机和0.75千瓦叶轮式增氧机各1台。漏斗型池塘和生态净化池之间配套1个鱼粪收集、沉淀装置和鱼粪收集池。1个养殖单元配套1台20千瓦的柴油发电机。

4）养殖管理方案。

①鱼种选择。

锦鲤鱼种：在锦鲤行业内公认的高档锦鲤需要有血统认同，因为锦鲤虽然有品系之分，但每个品系的优良品种繁殖出的鱼苗不是100%性状稳定，需要淘汰90%以上的鱼苗，剩余的10%才能达到品系优良特性。因此锦鲤苗种应该选择具有祖代档案的优质苗种。鱼种的质量参考食用鱼质量选择要求，即体格健壮、无病、无伤、无畸形。在锦鲤行业内，鱼苗经过1个月培育体长达到3厘米以上，经过第一次挑选、驯化后能集中摄食配合饲料。锦鲤苗种根据等级分别投入A级、B级、C级、D级锦鲤养殖池。

掠食性鱼类鱼种：如鳜鱼、乌鳢、巨骨舌鱼、红尾护头鲿、银龙等，投放规格要大于锦鲤苗种，能够摄食淘汰的锦鲤。掠食性鱼类养殖池鱼种规格以不小于50克/尾为宜，掠食性鱼类放养数量根据淘汰锦鲤的总量灵活掌握，以满足掠食性鱼类摄食生长需求为准，锦鲤挑选后的总量需保障掠食性鱼类有充足的饵料，因此，掠食性鱼类放养密度不宜过大，按照3千克饵料鱼增长1千克掠食性鱼类计算，掠食性鱼类设定产量2 000千克/亩，放养密度为3～5尾/米^2。

净化养殖尾水的鲢鱼、鳙鱼种：在生态净化池的滤食性鱼类净化区投放鲢鱼、鳙鱼种。选择放养规格50～200克/尾的鲢鱼、鳙鱼种为宜，鲢鱼40～80尾/亩、鳙鱼20～40尾/亩。鲢鱼、鳙鱼通过滤食水体天然饵料净化水体。

②饲料投喂：根据生产实践中漏斗型池塘高效排污的特点，为了避免沉性配合饲料未被摄食而随水流排出造成浪费，应全程投喂锦鲤专用漂浮性配合饲料（膨化漂浮性配合饲料）。随季节、天气、水温变化合理设置日投喂次数，水温20～32℃时，一般日投喂2～3次。水温低于10℃时，锦鲤停止摄食，应停止投喂。坚持定时、定量、定点、定质投喂管理，随锦鲤生长及时调整投喂量（图6.74），平时以八成饱为度，避免过量投喂带来危害。

粒径也要随规格适时更换，以满足其适口性。分级后的锦鲤对应投喂不同的专用饲料，A级、B级锦鲤直接投喂添加适量螺旋藻配合饲料，便于增强体色。C级、D级锦鲤中前期投喂专用锦鲤饲料，后期投喂色扬饲料。

图6.74　锦鲤集中摄食

5）日常管理。

①水体循环：保持水体循环方向与水车式增氧机和叶轮式增氧机推动水体流动的方向一致，使池水缓慢旋转，有助于鱼粪快速集聚到中心排污口排出。循环水把鱼粪、残饵集聚到底部管道，进入鱼粪收集装置，收集装置通过减缓流速，利用缓沉原理，清水由出水堰进入溢水口，流入净化池处理。缓沉下来的鱼粪通过集排装置底部排粪管道，由管道泵定时抽至沉淀桶沉淀。管道泵由定时开关控制，定时启动抽取鱼粪，在沉淀桶内利用静置沉淀原理，将鱼粪和水分开，定时控制电动阀门将沉淀桶内的上清液排入净化池处理，将鱼粪及时排入发酵通道发酵。进入净化池的尾水经水生植物吸收利用等，由沟渠末端过滤后进入滤食性鱼类净化区。经增氧曝气和杀菌消毒后，由循环泵抽到漏斗型养殖池塘，形成完整的生态循环过程。根据养殖结果观察，循环量达到15～20吨/时即可有效地排污集污，直径25米，水深5米，水体1 200吨，72小时能循环一遍。

②增氧：充足的溶解氧是漏斗型池塘养殖的关键，根据不同面积

配置对应的增氧机。池塘直径15～25米，面积为180～490米^2，需配套0.75千瓦水车式增氧机和叶轮式增氧机各1台，其中水车式增氧机常开，一是增氧，二是推动池水转动，叶轮式增氧机与溶解氧控制器连接，控制器额定6毫克/升，随溶解氧变化自动开关。水车式增氧机安装在距离池边1米的位置，叶轮式增氧机安装在中央位置，保证充足的溶解氧。尾水净化池增氧机按0.5千瓦/亩设置，遵守增氧机“三开两不开”原则：晴天中午开，促进水体中浮游植物的光合作用，从而增加水中的溶解氧量；阴天清晨开，此时水体中的溶解氧量较低，需要通过增氧机来提高溶解氧水平；阴雨连绵半夜开，长时间的阴雨天气，由于光照不足，水体中的溶解氧量会降低，晚上早开增氧机可以避免鱼类浮头；傍晚不开机，此时开启增氧机不仅效果不佳，还可能破坏水体的溶解氧平衡；阴雨天中午不开机，因为无光照，开机起不到增加溶解氧、调节水质的作用。特殊情况以保证溶解氧为准，必要时全天开增氧机。

③补水：夏季高温期用井水补水时，应尽量避免直接补充到养殖池塘，以免温差过大造成养殖品种的应激反应，温差大于5℃，可先将井水加注到生物净化池，再随循环水补充到养殖池。加注池塘水或河水，可直接补充到养殖池。

④鱼粪收集：与食用鱼养殖方式有所差别，养殖池塘内的鱼粪、残饵等污物在水车式增氧机和循环流水的推动下，随水流由池底中心排水口进入鱼粪集排装置，每4小时启动1次连接鱼粪集排装置底部排污管道的管道泵，每次2分钟左右，排入沉淀桶后静水沉淀（实际生产中经观察1小时能上下分层），每4小时自动打开沉淀桶的电动阀门，将鱼粪排入鱼粪收集池，然后打开上清液电动阀门开关，将上清液排入生物净化池再净化。

⑤巡塘：加强管理的一个关键是定期巡塘，每天坚持早、中、晚巡塘，观察鱼的吃食、活动情况和水质变化，发现异常问题要及时处理。在巡塘中注意设备检查，必须保证增氧、循环等设施设备正常运转，避免造成重大损失，如检查增氧机、各种水泵、集排水设备、沉淀设备、自动控制模块、电线电缆、闸刀、控制柜等，出现故障及时

维修或更换。过滤材料遇到堵塞要随时清理，保持水流畅通。

⑥病害防治：坚持“以防为主、防重于治”的原则。平时定期检测水体溶解氧、氨氮、亚硝酸盐、pH值等水质指标，定期检查摄食情况，及时发现鱼病，对症治疗，科学用药。

根据季节及常见疾病的流行规律，定期打样进行必要的目检、镜检、剖检，做到疾病早发现早控制。治疗细菌性疾病可通过药敏试验选择敏感抗生素，如水产用氟苯尼考、恩诺沙星、盐酸多西环素等拌料内服，同时可选择聚维酮碘、戊二醛苯扎溴铵溶液、二氧化氯等对养殖水体进行全池泼洒消毒。寄生虫疾病可根据寄生虫的种类及养殖品种，选择甲苯咪唑溶液、渔用辛硫磷等外泼驱杀，也可拌料内服国标鱼药百部贯众散、驱虫散和中草药添加剂青蒿末、苦参末等驱虫。必要时请专业鱼病医生进行鱼病检查与治疗。

6）挑选：锦鲤挑选遵照行业内共同遵循的惯例和品种特征挑选。鱼种放养后一般每月挑选一次，挑选时分为品种挑选和A级、B级、C级、D级分级挑选。按照锦鲤的不同品种分类挑选（图6.75），不合格的坚决淘汰，挑选后，将不同等级的锦鲤分别放入A级、B级、

图6.75　锦鲤挑选

C级、D级池继续养殖，淘汰的锦鲤放入掠食性鱼类池。

根据生产实践经验，夏季水温高、拉网和挑选时鱼类容易应激或缺氧死亡，因此需要在操作前先停食、降温，降低操作风险以免造成损失。在夏季锦鲤生长季节，挑选前最少停食1天以上，停喂后关闭循环泵停止水体循环，降低水位便于拉网，同时加注井水降温至24℃以下，降低操作时鱼的活动强度，减少鱼的受伤概率。

7）色扬：在养殖实践中，A级、B级锦鲤属于确定的极少数的高档锦鲤，基本不再会淘汰，随时可以出售，因此可以全程投喂有色扬作用的饲料，为保持颜色的质感、色彩鲜艳，保持等级提供支撑保障。C级、D级锦鲤由于中后期还要挑选，存在淘汰的可能，过早投喂色扬饲料会造成浪费。因此经3次挑选以后，养殖到中后期的C级、D级锦鲤，于上市前1个月开始投喂添加适量螺旋藻等增色物质的配合饲料。

8）捕捞销售：漏斗型池塘水深4.5米以上，池坡陡滑，不适合直接拉网操作，捕捞前应先排水1米以上，降低水位方便操作。水产养殖实践证明，捕捞前停食排空了鱼的肠道，可减少拉网捕捞后高密度集中的养殖品种的应激反应，提高鱼的耐受力。因此最少需要提前1天停食，因为锦鲤的观赏价值和高附加值，确定捕捞时间的前3天开始停食。夏季高温期捕捞需先缓慢加注井水降低水温，减少鱼的活动，降低鱼在拉网时剧烈活动受伤的风险，拉网时细心操作，防止鱼体受伤。

9. 其他设计案例

在国内的不同地区还有其他设计，有的设计已经建成投入使用，有的设计还在谋划开工建设。这里不再详细介绍，仅以图示供读者参考。

（1）河北石家庄应用实景：2024年建成已投入生产应用（图6.76、图6.77）。

（2）山东东明应用实景：2021年建成投入生产应用（图6.78、图6.79）。

（3）郑州众鑫渔业“168”模式实景：2021年建成22个漏斗型池

图 6.76　石家庄的 2 个蒙古包“168”大棚

图 6.77　石家庄的露天“168”池塘

图 6.78　山东东明带穹顶大棚的“168”池塘

图 6.79　山东东明的穹顶大棚内部实景图

图 6.80　众鑫渔业建成的 12 个露天“168”池塘

图 6.81　众鑫渔业建成的 10 个带穹顶大棚的“168”池塘

塘投入生产应用（图6.80、图6.81）。

（4）昆明市渔乐谷“168”循环水养殖设计：2024年建成投入生

图 6.82　昆明市渔乐谷建设的漏斗型池塘铺膜场景

视频 6.2　到云南建“168”

产应用（图6.82、视频6.2）。

10. 关于调整改进设计的一些想法与建议

（1）漏斗型池塘深度调整的建议与分析：从现有设计与应用来说，已经建成应用的漏斗型池塘直径最大为42米，最小为15米（养殖锦鲤等观赏鱼的10米以下的小型池塘除外）。其中直径大于30米和小于15米的是极少数，经实践证明应用中接受度最高的是直径26米左右、池深4.5 ~ 5米的池塘。原因是直径15 ~ 20米的池塘面积较小，而直径大于30米的池塘排污效果有所降低，并且搭建穹顶大棚的跨度大，难度增加。直径26 ~ 30米的池塘在建设成本上基本接近，在放养密度、产出量、排污效果等方面无特别明显差别，但同样占地面积，建设直径26米的会比建设直径30米的池塘数量多一些，搭建穹顶保温大棚的难度相对降低，坚固度相对提高，因此，直径26米左右的池塘建设应用的最多。池塘直径与对应面积见表6.13。

表6.13　常用漏斗型池塘直径与对应面积表

直径/米	面积/米^2
15	176.6
18	254.3
20	314
25	490.6
26	530.6

续表

直径/米	面积/米^2
28	615.4
30	706.5
36	1 017.3
38	1 133.5
42	1 384.7

从长期溶解氧监测的情况看，如果仅用水车式增氧机和叶轮式增氧机，水深3.5米以下的溶解氧量不超过1毫克/升，漏斗型池塘不同水深的溶解氧量见表6.14。从理论上说，水体溶解氧量低于2毫克/升，鱼类就容易缺氧浮头，因此水深3米以下，已不适合鱼类活动。对于养殖来说是一个无效水体，这部分水体对鱼产量是无用的。原来设计池深4.5～5米，就是为了在池底设置静止沉淀区，应用实践也证明了有效。相对静止的水体环境更有利于鱼粪、残饵的静止沉淀和蓄积在池底排水口附近，这部分污物很容易随水流迅速排出池外。而距离排污口1.5米以外的池底反而因为水体静止，污物不易被水流带走。在实践应用中，近两年有应用企业反映，在加大放养密度、提高养殖产量的情况下，因为鱼类增多、活动量和活动范围增大，搅动池底排污口远端污物的能力更强，反而更有利于提高排污效果。

表6.14　漏斗型池塘不同水深的溶解氧含量对比表

水深/米	溶解氧量 /（毫克/升）
0～1	5～8
1.1～2	3.6～5
2.1～3	1.8～3.5
3.1～4.5	0.02～1
4.5～5	0.02～0.05

注：表中的数据是根据长期监测的、对不同深度溶解氧量的归纳总结，不代表不同时间、不同增氧方式的直接数据。

根据以上情况，对池塘深度调整的分析如下：在池塘直径不变的情况下，将池塘深度由4.5～5米调整为3.5～4米。降低池塘深度，保证池底漏斗型，仍可保留0.5～1米的水体用于污物静止沉淀，同时，养殖鱼类可以更接近池底活动、搅动距离排水口较远的污物顺水流排出，进一步减少池底存污范围。降低池塘深度，有利于降低施工难度，减少施工量和建设成本。特别是一些地下水位较浅的地区，下挖2米就会有水渗出，给漏斗型池塘建设带来严重不利影响，甚至是无法施工建设。降低深度后，在原地面下挖1.5米、抬高1.5米，即可建成漏斗型池塘，可以规避地下水位浅的地区因渗水无法施工的难题。另外，3.5米以下既然是无效养殖水体，池深降低1米也不会影响放养密度和养殖产量。

（2）养殖品种搭配的调整建议与分析：目前，全国范围内应用“168”模式养殖的品种有大口黑鲈、罗非鱼、丁鱥、黄颡鱼、草鱼、鲤鱼、斑点叉尾鮰、河鲈（主要是新疆养殖）、锦鲤等。养殖量最大的是大口黑鲈，占80%以上。不管是哪个养殖品种，养殖方式均是单养。以大口黑鲈为例，其属于中上层鱼类，且要求溶解氧量相对较高，因此，很少会到水深3米以下的低溶解氧水体活动。这就造成3米以下的水体利于鱼粪、残饵静止沉淀，但不利于排水口1.5米以外的池底存留污物顺水流带出池外。所以，大口黑鲈养殖池距离排污口1.5米以外的池底会有少量的存污带分布。对此，建议在养殖大口黑鲈、草鱼等中上层鱼类时，搭配一些底层的、耐低氧的鱼类，如鲫鱼、泥鳅、清道夫等，利用底层鱼类活动搅动池底距离排水口较远区域存污带的污物，使其随排水水流排出池外。此外，还可选择投放少量福寿螺、河蚌等，利用螺蚌摄食腐殖质的特性，摄食池底腐殖质，减少池底鱼粪、残饵等污物残存。少量套养底层生物目前还没有应用单位实践，需要尝试并总结其效果。

（3）增氧设备和增氧方式调整的建议与分析：目前，漏斗型池塘循环水高效养殖技术模式标准的增氧设施配套为漏斗型池塘中间位置设置1台1.5千瓦或0.75千瓦叶轮式增氧机，池边设置1～2台0.75千瓦水车式增氧机。根据实践经验，养殖产量设定在10 000千克以内的，一般配套1.5千瓦叶轮式增氧机和0.75千瓦水车式增氧机各1台；养殖产量设定在10 000~20 000千克的，需要加配1台0.75千瓦叶轮式增氧机，在此基础上，可再加配1台0.75千瓦水车式增氧机。

叶轮式增氧机主要作用是搅动中下层水体并增氧，水车式增氧机主要作用是推动水体流动并辅助增氧。设置水车式增氧机主要目的是让其推动池水旋转流动，形成涡旋将鱼粪、残饵带入池底排水口沉淀集中，其推水集污作用大于增氧作用。单纯从增氧作用来说，同等功率的叶轮式增氧机大于水车式增氧机，漏斗型池塘养殖产量是普通池塘的6倍以上，因此要注意，配置增氧机必须将水车式增氧机和叶轮式增氧机相结合，二者不可互替。

在日常管理中，水车式增氧机保持每天24小时常开不停，推动水体持续不间断地做涡旋流动。叶轮式增氧机根据池塘溶解氧量高低适时启停，一般是晚上开机，白天关机，但在阴雨天或池塘负载力较大的情况下白天也需开机增氧。尤其是养殖后期，需要叶轮式增氧机和水车式增氧机同时保持每天24小时连续开机增氧。

除了叶轮式增氧机和水车式增氧机以外，有的企业为了提高池塘溶解氧，构建更有利于养殖品种的生长环境，提升养殖产量和效益，又在池塘底部铺设增氧管或增氧盘，利用罗茨风机对池底增氧。还有个别企业使用液氧对池塘增氧来提高产能，但使用后的具体效果还没有得出数据，增加底增氧对生产力的提高和对池底污物沉淀集中的影响还需要持续跟踪。比如，增加增氧设备后提高的成本和增长的效益的比较，水面增氧机械和罗茨风机加增氧管（盘）底增氧结合与水面增氧机械和液氧底增氧的优劣比较，底部增氧后对池底集污效果会有什么不利影响等。有的业内同行反映，底增氧会搅乱水流，不利于池底污物静止沉淀，会导致水体中悬浮污物长时间滞留，大量有机物溶解于水体，加大了养殖水体富营养化程度，破坏养殖水环境。故上述增氧方式还需在实践中检验、分析、总结、提升。

（4）养殖尾水净化处理模式调整的建议与分析：目前，漏斗型池塘循环水高效养殖模式对养殖尾水的处理模式主要分三种：第一，漏斗型池塘与尾水净化池（生态净化池）结合；第二，漏斗型池塘加水污分离设备与尾水净化池结合；第三，漏斗型池塘加生态沟渠与农田、果（菜）园结合。三种模式各有特色，下面逐个分析。

1）漏斗型池塘与尾水净化池结合模式主要采用四池三坝、三池两坝、五池四坝净化养殖尾水后循环利用（图6.83～图6.85）。养殖尾水不外排，不对外环境造成不利影响。该模式不依赖尾水净化设施设备，如弧形筛、竖流集污器、微滤机等，降低了建设成本和生产运行成本，减轻了投资压力和成本回收压力，更利于大多数渔业从业者接受和推广应用。采用该模式的应用企业分布在新乡、郑州、驻马店等地，其尾水净化效果或淡水养殖尾水均达标达到排放要求。缺点是占地面积较大，需要高密度大面积种（移）植水生植物、投放净水鱼类吸收净化尾水，过滤坝需装填过滤材料和定期冲洗滤材滤料。从占地面积来分析，养殖池占地面积与净化池占地面积的比例达到1∶2。即使有净化池占地面积较大的缺点，按照同样占地面积的产出量计算，该模式的产出水平仍是普通池塘的2～3倍。举例说明：按照占地总面积3亩来算，可建成净水面2.1亩的普通池塘，总产量一般在3 000千克；1亩漏斗型池塘配2亩净化池，总产量可达10 000千克左右，是普通池塘的3倍以上，并达到了养殖尾水治理和产品质量提高、池塘水质可控、绿色健康、生态环保的效果。

图6.83　延津“168”池塘养殖尾水排入五池四坝进水口

图6.84　五池四坝生物填料

图 6.85　五池四坝实景图

2）漏斗型池塘加水污分离设备与尾水净化池结合：与第一种方式的区别是增加了尾水净化设施设备，降低了尾水净化的面积，将养殖面积和尾水净化的面积比例调整为1∶1，利用设施设备减轻净化池压力和处理难度。在实际应用中，使用的尾水净化设备最多的是竖流集污器，一个漏斗型池塘一般配套1个竖流集污器，增加设备成本10 000元，有的还配套2～3个集污塔，又增加设备成本20 000～30 000元。设备成本增加较多，且需要增加潜水泵定时将竖流集污器中的污物抽提到集污塔，也增加了生产运行成本。建设初期一次性投入成本越高，越不利于大多数渔业从业者接受和推广应用，这是该模式最大的缺点，并且设备越多、环节越多，程序就越复杂，设备出现问题的概率和风险也会相应增加，这也是细微的不足。

此种方式养殖尾水净化过程如下：养殖池塘尾水排出后，先进入竖流集污器，在竖流集污器中通过尾水缓存、静止沉淀实现水污分离，表层为上清液，底层为沉淀的鱼粪、残饵等污物。将上清液排入尾水净化池再通过沉淀过滤，水生生物吸收净化后循环利用。沉淀到竖流集污器底部的污物排入集污井（或集污池）后作为农作物肥料资源化再利用，或者为了更好地收集鱼粪、残饵，再将集污井（集污池）中的含水污物抽提到集污塔沉淀，集污塔设置3个为一组，逐级沉淀过滤，上层清水排入净化池再处理，集污塔最底端会不断有污物沉降，越积越多，越集越厚，污物上层与水交合，底部则与水隔离，形成固体污物后打开底部管道阀门，依靠高差形成的压力将污物排出，实现污物便利化收集，再转运到晾晒场晒干或发酵场发酵。优点是尾水净化会更彻底，可实现鱼粪、残饵收集利用，更有利于生态保护。

这种增加设施设备的方式需要注意避免设备过多，趋同于工厂化养殖，应该在设施设备和池坝净化之间寻找平衡点和探索新模式。

3）漏斗型池塘加生态沟渠与农田、果（菜）园结合：这种模式是因地制宜，灵活掌握。比如，有的企业同时拥有设施农业用地和农田，就将渔业生产和农田结合起来，设施用地建漏斗型池塘养鱼，排放养殖肥水浇灌农田。再比如，借助山地丘陵地势地形特点，在场地高处建设漏斗型池塘，不需要动力就可将养殖尾水排入农田浇灌农作物。

这种模式的特点是：为了避免养殖尾水中未发酵的鱼粪、残饵排入农田、果（菜）园对农作物造成损害，需要在养殖池塘和农田之间设置生态沟渠，在生态沟渠中种植莲藕、水稻或其他水生植物，利用其延缓水流，延长流程，使鱼粪、残饵在生态沟渠中充分沉淀，只将不含鱼粪、残饵的富营养化水体排入农田、果（菜）园。该模式与水稻、莲田结合较多，因为莲田、稻田可以长期存水，需水量大，不需水时，可以在生态沟渠暂存，该模式在河南省开封市、郑州市和浙江省均有应用。除了莲田、稻田以外，还可与旱田、果（菜）园结合，其本质是地下水先养鱼，养鱼水再灌溉，虽做不到循环利用，但也充分利用和节约了水资源。我们将其总结为排污补水型养殖，因为养殖池塘每天排水排污，一般一个漏斗型池塘需要配套较大的旱田面积，山地丘陵缺水，旱田较多，适合地下水有保证的区域采用。郑州市在邙山土岭上的应用为该模式起到示范引领作用。以上介绍的应用效果在前文已有叙述，这里不再重复。

以上三种模式各有不同优缺点，三种模式共存说明了不同地域的不同需求，并与当地生产实际相结合，取得了良好的经济效益、生态效益和社会效益。在以上模式中如何选取最适合的模式，笔者有以下几个想法。

一是普通个体渔业从业者，承担风险能力较弱，不具有很强的投资实力，可以选择漏斗型池塘与四池三坝或三池两坝结合的低投入、低运行成本模式。通过对老旧池塘改造升级为漏斗型池塘循环水高效养殖模式，以减轻投资压力，便于成本回收。在目前的绿色健康养殖先进模式推广中，许多个体渔业从业者就是因为不愿承担较大的投资成本和生产运行成本，担心投资回收慢，利润无法保障而不愿接受。该模式的生命力就在于投入成本低而产出水平高、水产品质量优，虽然仍是池塘养殖但达到设施化养殖的效果，适合养殖大宗水产品或中低端水产品，为中低端水产品高端化养殖探索出了切实可用的养殖技术模式。

二是渔业用地资源紧张的地区，采用漏斗型池塘与大农业生产相结合，积极拓展渔业发展新空间。在具体实践中，有的地方申请将一般农田少量调整为设施农业用地，在农田中建设漏斗型池塘。有的是利用农田边缘的荒山荒地建设漏斗型池塘与农田结合，还有的是以在旱田挖建蓄水池灌溉农作物的理由申请后建成漏斗型池塘。但各种理由均是以不违反保护基本农田的法律法规和地方制度为原则，合理合法开展渔业生产。此外是水产养殖企业为了充分利用水产养殖用地，只建漏斗型池塘用于渔业生产，把养殖尾水处理所需用地与周边稻田（莲田）相结合，事先与周边农田的业主达成协议，为他们免费提供灌溉用水，二者合作，各取所需，既符合法规制度要求，又实现了效益最大化。

三是漏斗型池塘循环水高效养殖技术提升。目前的低投资模式是普通渔民能够接受的，但与新时代的发展要求相比，还是应该向现代化、设施化、机械化、智能化转型提升。工厂化养殖是渔业发展的最高水平，具有高投入高产出高端化的显著特点，高端化不适宜养殖附加值低的大宗水产品，就缩小了适用范围。高投入高产出同时也意味着高风险，一般渔民承担不起。漏斗型池塘循环水高效养殖模式若使用净化设备过多，向工厂化养殖靠近得过多，就与工厂化差别不再明显。因此，在今后的技术优化提升过程中，一定要把握好方向，坚持走传统养殖与工厂化养殖的中间路线，坚持在一定的阶段内起到传统养殖向工厂化养殖过渡的作用。在今后的优化改进中一定要坚守投资小、见效快、简单、灵活的特色，要坚持减轻渔民投资压力，走一般渔民能够接受的绿色健康养殖发展之路。

在坚持特色的同时还要与时俱进，让不同的应用者发挥各自的优势，实力强的、创新意愿强的企业可以提高投入，将漏斗型池塘的养殖不断与新设备新方法结合，不断提高技术水平，发挥最大效用。比如，将漏斗型池塘人工排污改进为自动控制的定时排污、漏斗型池塘上加建穹顶保温大棚、液氧增氧等均是企业在实际应用中的主动创新。水产技术推广部门在水处理环节增加了竖流集污器、微滤机、集污塔（井）等设备，尝试鱼粪、残饵收集技术和发酵技术，拟将鱼粪、残饵转化为有机肥料实现资源化再利用，帮助渔民增加养殖以外的收益来源；探索不同于工厂化养殖的、较低成本的高效水处理方式，均推动了漏斗型池塘循环水高效养殖技术的进步。因此，今后的推广中还要不断进行新方法应用尝试，把漏斗型池塘循环水养殖技术推向更高水平。

（5）探索漏斗型池塘与新的尾水净化模式结合：除了以上尾水净化模式外，全国水产技术推广总站编写的《水产养殖尾水处理技术模式》一书中介绍的尾水处理技术模式还有池塘+人工湿地、池塘+集装箱尾水处理模式，生物絮团、生态基等尾水处理技术。漏斗型池塘养殖也可以尝试与以上的尾水处理方法结合，需要根据不同企业的应用需求，设施设备配套情况因地制宜发展多元化的适合不同需求的养殖系统集污排污和废物资源化再利用问题，从生态工程角度发挥养殖系统的生态功能，提高资源利用率。

（二）应用养殖案例

1.“168”模式适宜养殖品种

（1）2018～2020年“168”养殖品种试验综述：2018~2020年，郑州市水产技术推广站采用漏斗型池塘循环水高效养殖技术模式先后开展了草鱼、罗非鱼、大口黑鲈、丁鱥等的养殖试验，取得了单产草鱼18.1千克/米^2、单产罗非鱼29～44千克/米^2、单产大口黑鲈13.5

千克/米^2、单产丁鱥19.8千克/米^{2}的结果，和传统养殖相比，体现了产出高效、质量提升、生态良好。

1）试验用漏斗型池塘和尾水净化养殖系统简介。

①漏斗型池塘：从2018年到2020年，总结应用情况对漏斗型池塘的面积、深度有所调整，池塘直径从36米逐步调整为25米左右，深度从3.5米调整到5米，池塘底部及边坡全部用防渗膜覆盖，保证养殖用水不渗漏。

根据池塘面积和养殖品种、放养量不同，合理配套增氧机械。养殖池塘配套完整的循环水生态养殖系统，将尾水净化后循环利用或达标排放。

②养殖尾水净化系统：漏斗型池塘配套沉淀池、生物净化池、增氧曝气池或者一定规模的莲田、稻田等，构成一套完整的循环水生态养殖系统。养殖池每天投喂饲料后2小时内及时排污，经净化后的水体再抽回养殖池循环利用。

2）草鱼养殖试验。

①试验结果：2018～2019年，在郑州市惠济区与企业合作，连续开展了漏斗型池塘循环水高效养殖草鱼试验。2018年建设了1个池塘，进行了成鱼养殖试验。2019年又建了5个池塘，共6个池塘，分两组开展成鱼养殖和苗种培育试验。现选取部分草鱼养殖试验结果列表如下（表6.15）。

表6.15　草鱼投放与收获表（养殖池面积1 017米^2）

项目	2018年（成鱼养殖）	2019年（成鱼养殖）	2019年（苗种培育）
投放时间	5月20日	6月13日	6月13日
投放密度	17尾/米^2	3尾/米^2	19.7尾/米^2
投放规格	62.5克/尾	915克/尾	50克/尾
收获时间	10月22日	9月18日	10月30日
总产出量	18 162千克	6 623千克	3 293千克

续表

项目	2018年（成鱼养殖）	2019年（成鱼养殖）	2019年（苗种培育）
投饲总量	18 500千克	7 188千克	3 486千克
净增重	17 100千克	3 873千克	2 293千克
饲料系数	1.08	1.86	1.52
单位产出量	18.1千克/米^2	6.3千克/米^2	3.23千克/米^2

②试验结果分析：产出高效。经试验，2018年漏斗型池塘养殖草鱼达到18.1千克/米^{2}的产出量，折合亩产12 072千克，是传统池塘养殖模式产量的4倍以上。2019年相对于2018年的低产出并不是该模式产出低，而是因为成鱼养殖受黄河滩区治理影响，养殖周期太短，投放后只养殖了90多天就被迫出售；培育大规格苗种产出量更低的原因一是滩区治理影响，二是为了控制苗种规格，人为控制了投喂量。2019年饲料系数高的原因是使用了普通的沉性饵料。

2020年荥阳富发水产养殖有限公司“168”鱼池，4月放养草鱼成鱼10 000千克，平均体重1千克/尾（图6.86），到6月底出池，平均体重达到2千克/尾，产量达到20 000千克，净增重1倍。2021年新乡“168”养殖用户养殖草鱼也取得了非常高的产量（图6.87、视频6.3）。

图 6.86　2020 年荥阳富发水产草鱼成鱼养殖

图 6.87　2021 年新乡“168”模式草鱼养殖实景图

视频 6.3　新乡“168”模式草鱼养殖

养殖环境生态、产品质量安全水平提升。养殖池水每天排污保障了养殖水体环境优良。养殖池水分池内旋转流动和外循环流动两种方式，养殖鱼类始终生长在流动水体中。养殖水体透明度保持在40厘米左右、中上层溶解氧4.0毫克/升、氨氮4.0毫克/升以下，只有亚硝酸盐有时会达到0.1～0.3毫克/升。

连续2年试验中最明显的特征是，除了苗种投放后因运输受伤有少量发病死亡外，在整个养殖过程中没有任何鱼病发生和因病死亡，2018年试验后感到可能存在偶然因素，但2019年试验了6个池塘，3个成鱼养殖、3个苗种培育，并且苗种均未使用疫苗，养殖过程中6个池塘均没有鱼病发生。

和传统养殖模式相比，解决了长期困扰渔民的草鱼“三病”和高死亡率问题，杜绝了病害发生和用药影响，有效提高了产品质量安全水平。

3）罗非鱼和大口黑鲈养殖试验：2019～2020年，郑州市水产技术推广站在郑州市龙祥水产养殖有限公司连续进行了漏斗型池塘循环水高效养殖罗非鱼、大口黑鲈试验。2019年用4个漏斗型池塘常温养殖罗非鱼、6个池塘养殖大口黑鲈，2020年用6个漏斗型池塘加保温大棚养殖罗非鱼、10个池塘养殖大口黑鲈。试验池根据不同鱼类投喂各自专用漂浮性饵料，每天定时排污。漏斗型池塘虽配套稻田、莲田作为养殖尾水净化系统，但因为设施初建，尾水净化后还没有实现循环利用。在这种情况下只能定期排污，然后补充井水，有时会根据情况对池塘大量换水，保持水质清新和养殖水环境优良。

①罗非鱼养殖试验结果：现以漏斗型池塘加保温大棚越冬养殖和漏斗型池塘夏季养殖（图6.88）两种模式列表说明罗非鱼养殖试验结果，详见表6.16。

表 6.16　罗非鱼投放与收获表（养殖池面积706米²）

项目	2019年（夏季常温养殖）	2020年（温棚越冬养殖）
投放时间	5月20日	1月13日
投放密度	42.5尾/米²	70.8尾/米²
投放规格	33.3克/尾	200克/尾
收获时间	10月25日	5月30日
总产出量	21 050千克	31 283千克
投饲总量	26 000千克	42 000千克
净增重	20 250千克	21 283千克
饲料系数	1.3	1.97
单位产出量	29.8千克/米²	44.3千克/米²

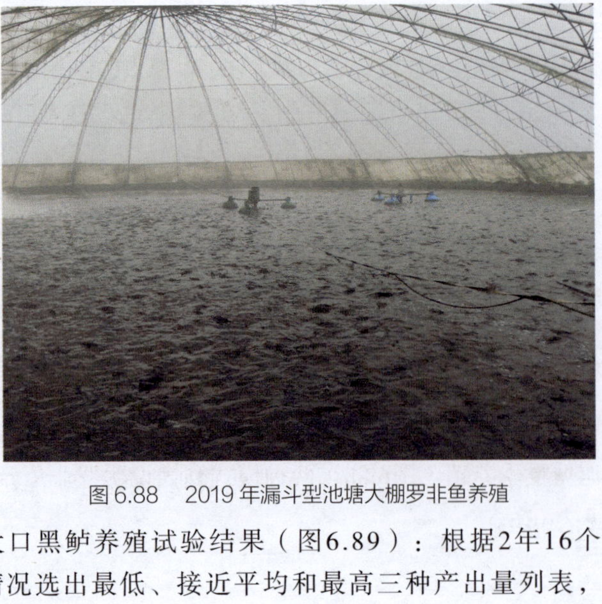

图 6.88　2019 年漏斗型池塘大棚罗非鱼养殖

②大口黑鲈养殖试验结果（图6.89）：根据2年16个池塘不同产出情况选出最低、接近平均和最高三种产出量列表，详见表6.17。

图6.89　漏斗型池塘养殖大口黑鲈拉网捕捞

表6.17　大口黑鲈投放与收获表（养殖池面积706米^2）

项目	2019年	2019年	2020年
投放时间	5月2日	5月1日	5月1日
投放密度	21.2尾/米^2	21.2尾/米^2	27.8尾/米^2
投放规格	83克/尾	100克/尾	71.4克/尾
收获时间	8月15日至10月2日	8月15日至10月10日	9月1日
总产出量	5 152千克	7 125千克	9 500千克
投饲总量	4 923千克	7 223千克	10 000千克
净增重	3 907千克	5 625千克	8 101千克
饲料系数	1.26	1.28	1.23
单位产出量	7.3千克/米^2	10千克/米^2	13.5千克/米^2

③试验结果分析：因为降低了漏斗型池塘直径和面积，加深了池塘深度，更有利于池塘排污，保证了池塘水质良好，罗非鱼养殖试验中鱼病很少发生，没有传统池塘大量发病、死亡且不易治疗的现象。罗非鱼偶尔会发生肠炎病，但很快通过内服药物控制。因此建议以后

适当降低放养量、限制产出量。大口黑鲈在7~8月高温期会有鱼病发生，一般是大口黑鲈特有的高温不耐受和肝部病变，其他时间很少发病。在试验中因为设施不完善，外循环还没有启用，池塘只能排污，池水只在池内旋转流动，定期补水、换水在调节水质上作用有限，尤其是大量加注井水换水易带来水温、水质快速变化，并且单靠井水补水、换水，不利于藻类等水生植物生长繁殖。因此，应尽快完善设施，尽早启用尾水净化循环系统。

技术模式的改变带来了产出提高和经济效益提升，两年10个漏斗型池塘养殖罗非鱼试验中，706米^{2}产出量大多在20 000千克，最低也在15 000千克以上。漏斗型池塘加保温大棚越冬养殖罗非鱼实现单池利润5万元以上，单是越冬养殖一个季节，就收回了该养殖池塘和保温大棚的建设成本。大口黑鲈16个池塘试验养殖，2019年产出量5 000 ~ 5 200千克的有3个塘，产出量6 000 ~ 7 200千克的有3个塘，2020年产出量最高9 500千克，一般在7 500千克左右，较2019年又有了进一步提升。因为北方大口黑鲈养殖量较低，需求量却很大，掌握好销售期，在高价位销售可实现单个706米^{2}漏斗型池塘利润10万元以上，相当于传统池塘养殖利润的6倍以上。

4）丁鱥养殖试验。

①丁鱥养殖试验结果：2020年郑州市龙祥水产养殖有限公司在原有养殖品种的基础上，又进一步开展了漏斗型池塘循环水高效养殖丁鱥试验，现选取高产出和低产出的养殖池列表说明，具体情况见表6.18。

表6.18　丁鱥投放与收获表（养殖池面积530米^2）

项目	1号池	3号池
投放时间	1月2日	1月2日
投放密度	20尾/米^2	18.4尾/米^2
投放规格	167克/尾	150克/尾
收获时间	8月1日	8月20日
总产出量	10 500千克	9 100千克

续表

项目	1号池	3号池
投饲总量	9 800千克	9 080千克
净增重	8 134千克	7 150千克
饲料系数	1.2	1.27
单位产出量	19.8千克/米^2	17.1千克/米^2

②试验结果分析：2020年选用4个单体面积530米^{2}的漏斗型池塘养殖丁鱥，每天用水泵定时自动排污2～3次，排污后及时补充井水。从4月开始投喂到8月1日开始销售，放养规格150～170克/尾，经120天养殖，商品鱼规格650克/尾左右，增重4倍以上，单体面积530米^{2}的池塘产出丁鱥商品鱼9 000～10 500千克，实现了产出高效。养殖过程没有病害发生，杜绝了鱼药使用，保证了产品质量。商品鱼售价10～13元/千克，利润3～6元/千克。但丁鱥销售量有限，养殖利润虽高，需要提前联系好销售渠道，不建议盲目发展。

（2）2021年漏斗型底排污池塘黄颡鱼养殖模式分析。

黄颡鱼体型略小，不耐低氧，对生活环境要求较高，是我国重要的淡水经济鱼类之一。成鱼体格虽小，但含肉率达74%，肌肉中所含人体必需氨基酸含量不低于6%，少刺无鳞，肉质细嫩，味道鲜美，深受消费者喜爱。随着野生资源渐渐减少，黄颡鱼的人工养殖产量已大大超越捕捞量，《2021年中国渔业统计年鉴》公布的数据显示，2020年全国黄颡鱼养殖产量达到565 477吨，较2019年增长5.31%，河南省黄颡鱼养殖产量达1 748吨。随着消费者对水产品生态绿色品质要求越来越高，对黄颡鱼的人工高密度集约化养殖提出了新的挑战。

漏斗型底排污池塘顶部搭建穹顶式保温大棚，正常情况下可增加黄颡鱼的3个月生长期。漏斗型池塘充分利用水体空间，有效地提高了黄颡鱼单位面积产量，大大降低了黄颡鱼集约化养殖病害的发生率，为黄颡鱼池塘生态集约化养殖提供了方向。

1）试验过程。

①漏斗型池塘建设与准备：建设3个漏斗型池塘，直径30米，池

埂2米，中心最深处5米，单个面积706米^2，底部坡度1∶4.5 。中心最深处设排污槽，排污槽1米×1米×0.6米，漏斗状，上口覆盖钢丝拦鱼栅，连接直径300毫米PE管道，管道至池外向上高于地面，该管道最深处架设6寸三相水泵，用于排污和清池。

养殖设备配置：2台1.5千瓦水车式增氧机逆时针方向安装在池边2米处，1台1.5千瓦叶轮式增氧机安装在池塘中央。

池塘消毒：采用1.5×10^{-6}漂白清刷洗防渗膜，晴天连续暴晒3天，投放鱼种前灌满井水。

②苗种购买与投放：优质的苗种是黄颡鱼高效养殖成功的关键，本试验所用黄颡鱼苗种为郑州市龙祥水产养殖有限公司自主培育。2021年4月下旬至5月中旬开始投放鱼种，从苗种标粗池挑选规格一致的鱼种充氧后由水车运输至养殖池投放。黄颡鱼体表无鳞片覆盖，皮肤脆弱对外伤抵抗力较弱，运输过程和投放时要尽量避免鱼体机械损伤，减少应激。投放鱼种时铺设滑道，减少体外机械损伤，放养后及时用聚维酮碘消毒水体。

③养殖管理。

饵料投喂：养殖全过程投喂配合饲料，所用饲料为海皇黄颡鱼膨化配合饲料［福星（厦门）生物饲料有限公司生产］。每天投喂3次，根据鱼种体格变化逐渐增加投喂量。

底污排放：3个底排污池塘每天用水泵定时自动排污12次，每次2～3分钟，视情况调整排污时间，排污后及时补充井水。

日常管理：养殖池塘实行专人管理，人员每天定点巡塘，观察水质、鱼类活动与摄食情况，发现死鱼、病鱼立刻打捞后检查或无害化处理。技术人员定期检测养殖水体溶解氧量、pH值、亚硝酸盐、氨氮等指标。如发现水质出现问题，及时使用微生态制剂调水或换水。

疾病预防：黄颡鱼养殖过程中容易发生出血病、细菌性肠炎、烂身病、寄生虫病等疾病。在日常管理中采取“以防为主、防重于治”的原则，定期使用中草药类保肝护胆产品，加维生素类拌料投喂，提高鱼体自身免疫力。

2）试验结果：4月底5月初，投放黄颡鱼苗种规格30～35克/尾，国庆节前后开始陆续出售，11月底全部出塘，出塘规格达167克/尾左右，3个池塘总产出量达21 250千克，饲料总投入量为25 250千克，平均饲料系数达1.55。详见表6.19。

表6.19　黄颡鱼投放与收获表（池塘面积706米^2）

项目	1号池	2号池	3号池
投放时间	5月6日	5月13日	4月25日
投放规格	30~35克/尾	30~35克/尾	30~35克/尾
投放尾数	55 230尾	58 890尾	53 613尾
收获时间	11月	11月	11月
总产出量	6 000千克	7 000千克	8 250千克
投饲总量	7 500千克	8 250千克	9 500千克
饲料系数	1.60	1.60	1.50
单位产出量	8.50千克/米^2	9.92千克/米^2	11.69千克/米^2

3）结果与分析。

①产出分析：黄颡鱼养殖支出与收入统计见表6.20（池塘面积706米^2）。

表 6.20　2021年黄颡鱼养殖支出与收入统计表　（单位：元）

项目	1号池	2号池	3号池
苗种费用	47 866	51 038	46 462
饲料费用	56 000	62 000	72 000
池塘租金	10 000	10 000	10 000
投入品	300	300	300
电费	5 000	5 000	5 000
人工	8 000	8 000	8 000
池塘建设折旧	9 500	9 500	9 500
成鱼出售（单价24元/千克）	144 000	168 000	198 000
利润	7 334	22 162	46 738

注：黄颡鱼苗种（规格15尾/500克）按市场价26元/千克，成鱼出售价24元/千克。

5月投入苗种到11月收获，黄颡鱼总产量达到21 250千克，单位产出量达到10千克/米^2，3个池塘（含苗种费用）总利润达76 234元。且整个养殖周期内疾病发生率显著下降，水产用抗生素投入量为零，降低耐药性风险。试验结果表明漏斗型池塘底排污高效养殖黄颡鱼是一种成功的高效集约化的养殖模式。

②疾病发生与药物使用情况：采用漏斗型池塘底排污高效养殖模式，整个黄颡鱼养殖周期内，常见出血病、肠炎、寄生虫病发生率明显降低，无群体死亡现象，通过聚维酮碘消毒水体，微生态制剂等调节水质，维生素、保肝护胆类中草药等拌饵投喂增强鱼类体质，实现了抗生素零投入，确保高产的同时保证了品质。

③生态效益：漏斗型池塘整体铺设防渗膜，通过漏斗型设计快速高效排出残饵、粪便，改变了传统池塘的残饵、粪便污染底质的弊端。养殖尾水经过莲田4级处理，pH值、COD、总磷、总氮达到淡水养殖二级排放标准。

4）讨论：通过漏斗型池塘高效养殖模式，黄颡鱼单位产出量达到 10千克/米^2，是传统池塘的10倍以上，亩平均利润25 411元。试验中每名工人可管理6个漏斗型池塘，大大降低了人工成本。

漏斗型池塘 4.5米水深，充分确保黄颡鱼生存空间和喜暗畏光的习性，搭建穹顶式大棚，冬春季保证了养殖水体水温稳定，夏季高温加注井水降温能保证黄颡鱼最佳生长温度，降低了鱼病发生的可能性。

本次试验采取与莲藕种植结合，残饵、鱼粪直接排入莲田，莲藕收获每亩1 750千克，也取得了很好收益，2020年种植的水稻长势喜人，都收到了良好效果。下一步计划安装鱼粪收集装置、发酵池，经发酵处理后，用于种植莲藕、水稻或水生蔬菜。

黄颡鱼体表缺少鳞片覆盖，皮肤对外界抵抗力较弱，对水质要求较高，易受水体气单胞菌、爱德华氏菌、车轮虫、小瓜虫等各类病原菌和寄生虫的侵扰。试验证明，漏斗型池塘黄颡鱼养殖周期内没有暴发性疾病，抗生素类药物零投入，保证了黄颡鱼的产品安全，为近年来养殖黄颡鱼的过程中频繁发病问题寻找到了新的解决方法。

（3）2020年郑州“168”池塘底排污生态养殖锦鲤试验：为探索郑州“168”池塘底排污模式对不同养殖品种的适用性，在原来试养草鱼、大口黑鲈、丁鱥等食用鱼成功的基础上，2020年选择锦鲤开展郑州“168”池塘底排污生态养殖试验，经试验证明该模式适宜锦鲤生态养殖（图6.90、图6.91）。

图 6.90　龙祥水产漏斗型池塘养殖锦鲤

图 6.91　锦鲤商品鱼

1）材料与方法。

①养殖池条件：原有1个普通土质池塘，净养殖面积2 300米^2，用于培育锦鲤水花成大规格苗种。

新建锦鲤商品鱼培育池6个，单个净养殖面积530米^2，这些池塘均为圆形漏斗状，池深5.5米，池底中间设排污口。池外设有排污井，配套1台潜水泵定时自动抽取池中污物排往莲田、稻田。池塘底部及边坡全部用防渗膜覆盖，确保养殖用水不渗漏。

②养殖尾水净化条件：6个底排污池塘共用稻田、莲田净化养殖尾水，稻田、莲田总面积80亩。池底排污口将鱼粪、残饵排入莲田沉淀初步净化后再排入稻田用作植物生长所需养分。

2）鱼种放养：6月16日购进锦鲤水花170万尾投入2 300米^{2}池塘培育大规格苗种，经40多天培育后挑选分池。

8月9日锦鲤鱼种挑选后投入6个底排污池塘，其他留在原池培育（7号池）。具体放养情况见表6.21。

表6.21 锦鲤投放表

池号	面积/米^2	品种	投放量/尾	平均规格/（克/尾）	投放密度/（尾/米^2）
1号池	530	精品红白	2 500	50	4.7
2号池	530	精品红白	5 500	17.9	10.4
3号池	530	黄金	6 000	50	11.3
4号池	530	黄金	4 000	50	7.5
5号池	530	普通红白	8 000	17.9	15
6号池	530	普通红白	8 000	17.9	15
7号池	2 300	红白、黄金	26 000	20	11.3
合计	5 480		60 000		

8月9日捕捞锦鲤大规格苗种102万尾，挑选后保留6万尾继续培育商品锦鲤，淘汰率达到94%以上。其中，3.4万尾放入6个底排污池塘，2.6万尾留在苗种培育池继续培育。

3）试验管理：根据养殖品种和产出量需求，每个底排污池塘配套1.5千瓦叶轮式增氧机1台、0.75千瓦水车式增氧机2台，为保证排污及时和便利，排污井安装潜水泵1台，并与定时器连接，预先设定排污次数、排污时长，实现每天定时自动排污。6个底排污池塘每天24小时开启水车增氧机使池水定向旋转流动，将残余饵料和粪便旋流集中于底部排污口后由排污泵定时抽提排入尾水净化系统。

池塘底排污生态养殖试验的水源为地下水，底排污池塘保持水深5米。试验全程投喂锦鲤专用膨化配合饲料，每天投喂2～3次。定期监测水质，保持养殖池塘水环境优良。

4）试验结果及分析。

①试验测产结果分析：截至11月20日停止投喂，测产结果详见表6.22。

表6.22 测产结果统计表

池号	平均规格/（克/尾）	计算产出/千克	单位产出量/（千克/米²）	净增重/千克	投喂总量/千克	饲料系数
1号池	250	625	1.18	500	669	1.33
2号池	170	935	1.76	836.5	982	1.17
3号池	320	1 920	3.62	1 620	1 978	1.22
4号池	350	1 400	2.64	1 200	1 484	1.24
5号池	160	1 280	2.42	1 137	1 369	1.20
6号池	149	1 192	2.25	1 049	1 287	1.23
7号池	150	3 900	1.69	3 380	4 231	1.25
总计		11 252		97 22.5	12 000	1.23

注：1～6号池为底排污池塘，7号池为普通池塘。

6个底排污池塘放养量不同、放养规格不同，在相同生长期内，产出量差别明显，单位产出量最高3.62千克/米²、最低1.18千克/米²。普通池塘单位产出1.69千克/米²。从单位产出量比较，2～6号池均高出7号池塘。

6个底排污池塘养殖鱼类始终生长在流动水体中，和水体不流动的7号池对比，饲料系数表现5低1高，证明流水条件对饲料系数没有明显影响。只有1号池因为投放密度不足7号池1/2，单位产出量低于7号池，饲料系数高于7号池。

对比投放规格、放养量和产出效果可以看出底排污池塘养殖结果优于普通池塘（表6.23）。

表6.23 锦鲤放养规格、密度和测产结果对比表

池号	投放规格/（克/尾）	投放密度/（尾/米²）	测产规格/（克/尾）	估算单位产出量/（千克/米²）
1号池	50	4.7	250	1.18
2号池	17.9	10.4	170	1.76
3号池	50	11.3	320	3.62

续表

池号	投放规格/（克/尾）	投放密度/（尾/米^2）	测产规格/（克/尾）	估算单位产出量/（千克/米^2）
4号池	50	7.5	350	2.64
5号池	17.9	15	160	2.42
6号池	17.9	15	149	2.25
7号池	20	11.3	150	1.69

注：1～6号池为底排污池塘，7号池为普通池塘。

从表6.23可以看出：3号池和7号池在放养密度相同的情况下，3号池单位产出量达到7号池的2倍多；5号池、6号池投放密度大于7号池而投放规格小于7号池，测产平均规格大于或接近7号池，单位产出量也都大于7号池。试验证明如果是投放相同密度、相同规格的锦鲤苗种，底排污池塘单位产出量和鱼的生长速度可以超过普通池塘。

②底排污池塘排污管理效果分析：底排污池塘全部用防渗膜处理，所有水体不会渗入地下。养殖池中的增氧设备推动水流向相同方向流动，搅动水体旋涡流动，将池中污物带入池塘底部中央排出池外。养殖池水每天定时排污，排污时采用动力抽取比单纯依靠水压自排效果更好、排污更彻底，保障了养殖水体环境优良。并且排污机械设置了自动控制程序，提前设定好每日排污时间和时长，比人为控制更及时、更精准，减少了人为影响，同时也节省人力，降低了劳动强度。

③底排污池塘水质效果分析：养殖周期内，由于新建设施不完善，尾水净化后还不能循环利用，只排污不循环。在此条件下，养殖池池水清澈，透明度保持在50厘米以上，pH值在8.4～8.7，偶尔达到8.9，中上层溶解氧量保持在6～8毫克/升，氨氮在0.2～0.5毫克/升，亚硝酸盐虽有几次超过0.1毫克/升，但没有影响锦鲤摄食和生长，也没有造成锦鲤发病。

养殖尾水排放入莲田和稻田净化，池塘排污后需要依靠井水补充水量，由于井水温度低，不能持续不间断循环，在一定程度上影响了底排污池塘的试验效果。待设施完善，达到循环条件后还是要把尾水净化后循环利用。

（4）陕西省养殖黄颡鱼、斑点叉尾鮰、大口黑鲈试验：2019年11月至2021年4月，陕西省水产研究与技术推广总站在合阳县龙祥水产养殖场使用漏斗型池塘（图6.92），配套池塘尾水治理循环水系统，开展了黄颡鱼成鱼、斑点叉尾鮰大规格鱼种、大口黑鲈鱼种养殖试验，取得了显著的生态效益和经济效益。

图 6.92　露天漏斗型池塘温泉水养鱼

1）材料和方法。

①池塘条件：试验地点在陕西省合阳县，位于黄河滩区。配有地热自喷井1口，水温30℃，每小时出水量200米^3；常温水井2口。水质均符合《无公害食品　淡水养殖用水水质》（NY 5051—2001）的要求。试验场地漏斗型池塘有3种规格，直径分别为15米、20米、30米，池深3.5米。池塘内壁覆盖黑色防渗膜防渗，池底中间建出水口、拦鱼栅，通过管道与外界排污管相通，组成排污系统，每天定时排污。排污管高3.2米，由3节管组成，控制池塘水位。井水、温泉水、循环水均通过地埋管道引入池塘。

②清塘消毒：在上批养殖品种销售完后，用高压水枪冲洗池壁、

池底污物，然后加注新水，用含氯制剂（有效氯30%）全池泼洒消毒，药物浓度达20毫克/升，消毒3～5天后便可放鱼。

③机械设备配备：4个漏斗型池塘共采用2台10千瓦空压机，1套40千瓦发电机组。试验池配备微孔管150～200米，全池铺设自沉管和曝气管，另配备1台自动投饵机 。

④鱼种放养：试验时段为2019年11月3日至2021年4月23日。分批投放黄颡鱼鱼种、斑点叉尾鮰夏花鱼种、大口黑鲈夏花鱼种，具体投放情况见表6.24。鱼种投放前用3%食盐水浸泡3～5分钟。

表6.24 鱼种投放情况

品种	放养量/万尾	规格/（尾/千克）	投放时间	鱼种来源
黄颡鱼	4.0	100	2019年11月3日	四川
斑点叉尾鮰	3.6	2 000	2020年5月10日	河南
大口黑鲈	3.0	2 200	2021年1月4日	四川

⑤饲料投喂。

黄颡鱼：鱼种投放后第二天开始投喂膨化饲料（蛋白质含量34%～40%），每天2次，分别在7：00～9：00、16：00～18：00投喂，水温保持在20～30℃。

斑点叉尾鮰：夏花鱼种投放数天后，开始用鱼种膨化破碎料驯养，每天早、晚各1次，听到敲击声后鱼集群浮游水面等待吃食即完成驯养。鱼种规格大于1 000尾/千克后，开始投喂粒径1毫米的膨化饲料（蛋白质含量32%～35%），随着鱼体的增长，投喂膨化饲料粒径增大。每天投喂2次，分别在7：00～9：00、16：00～18：00投喂，上午投喂量占一天的40%左右。日投喂量根据水温变化调整。

大口黑鲈：鱼种膨化饲料主要用2号料（粒径2毫米）、3号料（粒径3毫米）和4号料（粒径4毫米）。 苗种下塘后，投喂蛋白质含量46%的大口黑鲈2号膨化饲料及破碎料，每天投喂2次，分别在8：00～9：00、17：00～18：00投喂。养殖中后期根据大口黑鲈生长情况，饲料粒径相应增大到3～4毫米。日投喂量根据水温变化和鱼种生长情况调整，鱼种生长前期略高于后期，水温高时略高于水温低时，为鱼体总重量的2%～4%，做到定时、定点、定质、定量。

⑥水质控制：每年11月初，水温下降到18℃以下，池塘加注自喷井热水，保证池水温度达到21℃左右，其他时间采用露天池塘水，夏季温度过高时，适当补充井水调节水温。

池塘从上部进水，同时从排污管道溢出水（保持5米^3/时水体持续循环交换），溢出污水通过渠道流入尾水处理系统，经过物理、化学、生物处理后，又循环回养殖池塘使用，保持池水动态平衡。池水氧气主要靠空压机和浮游植物光合作用增氧，溶解氧达6毫克/升以上。每天排污1次，在第二次投喂结束1小时后，拔下1节排污管，10～15分钟后，水色由黑臭变清爽即可，保持水体清新。

⑦鱼病防治：由于采用底排污技术，池内小循环，池外大循环，尾水治理后，池内氨氮等有害成分含量低，溶解氧高，水质清新，生态环境良好，鱼不生病，不用鱼药，只需做好鱼池、鱼种消毒工作。

⑧日常管理：坚持每天早、中、晚3次巡塘，保持池塘水深不低于3.3米，透明度 40～50厘米。经常检查空压机、自动投饵机、发电机、水泵等机电设备，确保停电时正常供电、供水、充气增氧。定期观察和记录水质、天气、鱼摄食和活动等情况，发现问题及时解决，做好养殖生产日志。

2）结果与分析。

①投入产出情况：黄颡鱼成鱼、斑点叉尾鮰鱼种、大口黑鲈鱼种养殖投入产出情况如表6.25所示。

表 6.25　不同品种养殖投入产出情况　　（单位：万元）

苗种	可变成本				固定成本		
	鱼种费	饲料费	水电费	人工费	机械累计折旧	产值	净利润
黄颡鱼	0.8	2.5	0.4	0.07	0.2	6.01	2.04
斑点叉尾鮰	0.54	2.85	0.5	0.07	0.2	7.01	2.85
大口黑鲈	4.5	3	0.35	0.06	0.2	10.5	1.94

黄颡鱼成鱼养殖：2019年9月5日，从四川购买水花发塘。11月3日，投放消毒后的夏花鱼种4万尾，规格100尾/千克。2020年4月6日捕捞销售，总产量3 250千克，平均体重0.16千克，售价18.5元/千克，产值6.01万元，净利润2.04万元。

斑点叉尾鮰鱼种养殖：2020年5月10日，投放从河南购买的夏花鱼种3.6万尾，规格2 000尾/千克 。12月15日捕捞转塘饲养，总产量3 520千克，平均规格9.5尾/千克，售价20元/千克，产值7.04万元，净利润2.88万元。

大口黑鲈鱼种养殖：2021年1月4日，从四川购买3万尾大口黑鲈种，规格2 200尾/千克。4月21日，共捕捞鱼种2 100千克，平均规格14尾/千克，售价50元/千克，产值10.5万元，净利润2.39万元。

②成本分析：同等漏斗型池塘养殖情况下，总成本最高的是大口黑鲈鱼种养殖，其次是斑点叉尾鮰鱼种，最低的是黄颡鱼成鱼。在成本结构方面，可变成本中，占比最高的是大口黑鲈鱼种，鱼种费、饲料费为占比较高的费用。因此可以看出，在养殖品种的选择上，应根据成本预算、市场需求确定。

③收益分析：对不同品种进行养殖收益测算，结果如表6.26所示。养殖斑点叉尾鮰鱼种净利润、成本利润率最高。因此可以看出，相比于黄颡鱼成鱼、大口黑鲈鱼种养殖，斑点叉尾鮰鱼种在此种养殖模式下投入产出更高，盈利能力更强。

表 6.26　不同品种养殖收益情况　　（单位：万元）

	黄颡鱼成鱼	斑点叉尾鮰鱼种	大口黑鲈鱼种
总成本	3.97	4.16	8.11
总收入	6.01	7.04	10.5
净利润	2.04	2.88	2.39
成本利润率	51.39%	69.23%	29.47%

注：成本利润率=净利润/总成本 × 100%。

3）小结与讨论：漏斗型池塘循环水高效养殖技术有以下3个优点。

①建造简单，造价低。通过挖掘机开挖锥形后人工修整（造价：35元/米^{3}左右），池塘内壁覆盖防渗膜（造价：3.8元/米^2），同时用PVC管道建设排污系统后，直径15米、池深3.5米的池塘总造价1万元。池塘可以使用20年，防渗膜可以使用5年，每年折旧低于500元。建造池塘应当注意的是，确定池塘直径后，在条件允许的情况下，尽量挖深点（3.5～5米），池塘越深，坡度越陡，池底积存的污物越少，污染越少、环境越好。

②可实现资源绿色循环利用。每日定时把鱼类代谢的粪便等有机物排放到养殖尾水处理系统，经过处理、净化后，进行外循环交换用水，达到水质始终保持清新，溶解氧充足，为鱼类生长提供一个良好的生长环境。在建设尾水处理设施时应当注意，污水处理池面积要适中，面积过小处理效果差，影响鱼类生长，面积过大造成浪费，漏斗型池塘面积为污水处理池面积的2%～4%。尾水处理池塘内投放滤食性鱼类、生态浮床、微生物及布置水轮式增氧机等，处理效果好。具体投放量要根据设计产量决定，要求处理后的水体总氮、总磷、化学耗氧量都要达到淡水养殖尾水二级排放标准。

③养殖产品品质好、效益高。漏斗型池塘循环水高效养殖技术可保证养殖水体水质始终保持良好，降低了鱼类疾病发生的可能性，减少了养殖过程中的药品投入，降低了养殖水产品质量安全风险隐患。鱼类顶水逆游，提高了肌肉品质，使口感更佳，销售价格也随之上扬，故与传统池塘养殖相比，经济效益高出许多。

漏斗型池塘循环水高效养殖技术与传统池塘养殖技术相比，具有明显的生态和经济效益，是一种绿色、生态、高效、可持续发展的养殖技术，适合陕西省大多数养殖区域，具有较好的推广前景。

（5）2023年鳜鱼养殖试验：2023年，郑州的企业开始尝试用漏斗型池塘养殖鳜鱼商品鱼，同时用室内循环水养殖设施培育鳜鱼大规格苗种，培育至100克/尾时放入漏斗型池塘养殖。

1）池塘条件：1个漏斗型池塘，直径25米，净养殖面积530米^2。4个室内苗种培育池，培育池面积均为32.3米^2，水深1.5米，有效水体48.5米^3。

2）苗种投放：2023年5月投放2022年培育的大规格鳜鱼苗种2 800尾，鳜鱼平均规格为100克/尾，放养密度为5.3尾/米^2。2023年6月9日购买鳜鱼苗种6.8万尾，放入4个苗种培育池，鳜鱼苗种平均规格为2.2克/尾。

3）养殖管理。

①鳜鱼苗种培育：第一周采用鲜活饵料鱼与配合饲料搭配投喂，驯化鳜鱼集中上浮摄食，1周后全部转化为配合饲料，驯化后摄食配合饲料不存在技术难题。及时防治鱼病，定期挑选后分规格培育，以减少鳜鱼的相互残食。

试验从6月9日开始，到9月19日转入“168”池塘养殖后结束。

②漏斗型池塘培育鳜鱼商品鱼：投喂鳜鱼专用配合饲料，每天早、晚各投喂1次，每天排污补水。坚持每天巡塘，观察水质变化，检查有无残食情况和死鱼。

4）试验结果。

①漏斗型池塘养殖鳜鱼商品鱼结果：10月13日前鳜鱼全部起捕销售（图6.93）。收获803.4千克，净增重523.4千克，投喂饲料总计1 134千克，饲料系数高达2.16。

②鳜鱼苗种培育结果：从6月9日放养到9月19日转入“168”池塘

图 6.93　鳜鱼成鱼拉网出售

后，鳜鱼苗种培育试验结束，转入商品鱼养殖阶段。总放养量6.8万尾，放养规格2.2克/尾。9月19日抽测平均体重70克/尾，存活量3 750尾，总重262.5千克，成活率仅有5.5%。

5）分析讨论。

①鳜鱼商品鱼出塘规格大小不均，成活率不高。从5月投放到10月销售，产出鳜鱼商品鱼803.4千克。产量不高的原因一是受苗种不多的影响，仅投放2 800尾，二是为了尝试用配合饲料是否能够养殖成功，并没有设计产量目标。鳜鱼总销售量中有497.4千克规格达到0.55千克以上，306千克平均规格0.4千克（图6.94），出塘规格大小不一，出塘尾数1 286尾，成活率46%，死亡原因为残食，在养殖季节内虽没有发现病死鱼，但经常会见到一条大鱼口中卡着一条小点的鱼双双毙命。由于放养密度较低，整个养殖过程没有病害发生。从试验结果看，配合饲料养殖鳜鱼虽然成功，但成活率不高。

②鳜鱼苗种培育成活率不高。分析成活率低的原因有三个：一

图6.94 “168”池塘配合饲料养殖的鳜鱼成鱼

是苗种从佛山购买，运输时间超过20个小时。第一次长途运输经验不足，放苗时死亡约20%，放苗5天后因残食死亡约5%。二是放苗后11天（6月20~30日）发生车轮虫病，控制不及时死亡约30%。6月30日后病害得到控制，死亡停止。8月14日分池挑选时经打样抽测计算，鳜鱼

存活10 105尾，挑选分池后因未知原因（无寄生虫、无明显症状）每天陆续死亡，无法控制，到9月19日转入“168”池塘时仅余3 750尾，转入“168”池塘养殖6天后死亡停止。三是培育期每天均有残食死亡。6月9日至30日存活率约45%（约30 600尾），7月31日抽测计算剩余约2万尾，8月14日抽测计算存活10 105尾。从6月30日至8月14日，没有病害损失的情况下，存活量从3万尾减少到1万尾，残食损失占比高达67%。残食有两种情况，一种是看不见的大吃小（大鱼吞下小鱼，大鱼活、小鱼死），一种是看得见的大吃小（因吃不下去，大的噎死、小的卡死）。说明鳜鱼残食性很强，怎样减少残食是苗种培育的关键。

从鳜鱼苗种培育整个过程和结果分析，鳜鱼苗种培育难度很大，还没有掌握成熟技术，技术和管理水平还要提升。

（6）2023年郑州养殖大口黑鲈试验。

1）试验内容：6个直径26米的漏斗型底排污池塘生态高效养殖系统。6个养殖池养殖水面3 180米^2。其中，2个池塘放养斑点叉尾鮰，剩余4个池塘放养大口黑鲈。漏斗型池塘为养殖对象提供充足的活动空间，残饵、粪便等污染物利用动力随水底部排污通道移出养殖池塘，为养殖对象提供优良的生活环境，定时排污保障养殖池内部水质稳定，穹顶式大棚夏季提供遮阴，避免阳光直射，养殖尾水经生态沟渠进入沉淀池，大部分悬浮物、颗粒物沉淀后分离，生态沟渠移植水芙蓉等水生植物进一步净化。最终根据试验养殖收获情况，分析该模式下名优品种大口黑鲈、斑点叉尾鮰养殖优势和注意事项。

2）生产过程与试验管理。

①苗种投放：5月末陆续投放大口黑鲈、斑点叉尾鮰苗种。大口黑鲈苗种购自正大水产（湖州）有限公司，斑点叉尾鮰苗种购自郑州有鱼水产养殖有限责任公司。

②苗种投放前的准备：提前将空置的池塘清刷干净，晾晒3天，灌注新水，曝气调温后投放苗种，投放时向养殖水体泼洒维生素C减少应激和机械损伤，苗种投放后全池泼洒10%聚维酮碘液进行消毒。试验池苗种投放情况见表6.27。

表 6.27　试验池苗种投放情况

项目	1号池塘	2号池塘	3号池塘	4号池塘	5号池塘	6号池塘
投放品种	斑点叉尾鮰	斑点叉尾鮰	大口黑鲈	大口黑鲈	大口黑鲈	大口黑鲈
放养日期	5月26日	5月26日	5月29日	5月29日	5月29日	5月26日
规格/（克/尾）	166.6	100	20.8	100	105	125
投放数/尾	18 705	20 440	13 944	16 000	14 950	15 000
投放总重/千克	3 117.5	2 044	290.5	1 600	1 575	1 875

注：单个漏斗型池塘直径26米，水深4.5米，苗种投放时泼洒维生素C，减少机械损伤和应激伤害。

③试验管理。

饵料来源：大口黑鲈投喂定制饵料（鱼粉含量占比50%），来自浙江欣欣天恩水产饲料股份有限公司和浙江东裕丰饲料有限公司。斑点叉尾鮰专用配合膨化饲料来自江苏天参有限公司。

生产管理：苗种投放后全程投喂大口黑鲈、斑点叉尾鮰专用配合饲料，驯化后每天投喂2次。投喂时观察吃食情况，健康鱼苗游泳活泼，体表健康，食欲旺盛。每天检测水质情况，及时做好生产记录。每月初抽样检查生长情况，养殖过程中，根据鱼类生长情况，内服黄芪多糖等中药类保肝护胆产品，维生素C拌饵投喂增强体质，抛撒乳酸菌、芽孢杆菌等调节肠道，促进消化。

3）试验结果与分析。

①商品鱼收获与测产结果：大口黑鲈成鱼规格达500克/尾以上可拉网出塘上市，受消费市场持续低迷影响，试验池未出售，收获产量按10月25日打样结果计算。斑点叉尾鮰因突发小瓜虫病影响，经升温和杀虫治疗后于7月底、8月初相继全部出售，平均饲料系数在1.3左右。同一批次同一规格的大口黑鲈试验周期内每个池塘饲料系

数1.1～1.2，与传统池塘基本持平，稍低于传统池塘，同期传统池塘平均饲料系数1.2左右。单个池塘平均产量10 430千克，出塘规格在500～650克/尾，养殖成活率达90%～95%。6个试验池塘的收获情况和饲料消耗情况见表6.28。

表6.28　试验池塘收获情况和测产计算结果表

项目	1号池塘	2号池塘	3号池塘	4号池塘	5号池塘	6号池塘
投放品种	斑点叉尾鮰	斑点叉尾鮰	大口黑鲈	大口黑鲈	大口黑鲈	大口黑鲈
收获日期	8月5日	7月30日	10月25日	10月25日	10月25日	10月25日
平均规格/（克/尾）	750	400	450	650	550	650
总产量/千克	13 000	8 305	6 550	10 700	9 790	10 800
饲料消耗量/千克	13 365	8 175	7 040	10 050	9 940	9 750
饲料系数	1.35	1.30	1.12	1.10	1.20	1.09
塘口价/（元/千克）	15	14	28	30	29	30

注：1号、2号池塘为实际收获产量，3～6号池塘为抽样计算结果。

②水质分析：漏斗型养殖池塘每天定时自动排污，水质检测见表6.29，水质指标变化情况见图6.95。生产中，溶解氧保持5毫克/升左右，pH值7.7～8.2，氨氮0.2毫克/升上下浮动，最高不超过0.3毫克/升，亚硝酸盐偏高，最高超过2毫克/升。分析原因一是放养密度高，水体负载过大，自净能力弱；二是机械搅动能力有限，水体溶解氧分布不均，底层溶解氧少，硝化反应等氧化还原反应不完全造成亚硝酸盐积累；三是漏斗型池塘铺设防渗膜，池塘底部微生物群落如氨化细菌、硝化细菌等附着能力差与传统池塘微生态环境有所差异。高温季节“168”池塘水温易控制，可避免强光直射，低温季节保温性能

好，对秋季寒潮昼夜大温差具有良好抵抗力，保障养殖对象食欲，保障其生长速度。

表6.29 试验池水质检测记录表

日期	pH值	氨氮/（毫克/升）	亚硝酸盐/（毫克/升）	总碱度/（毫克/升）	水温/℃
6月16日	8.09	0.17	1.00	316	26
7月4日	8.21	0.13	0.89	449	27
7月13日	8.00	0.15	0.88	471	29
8月1日	8.03	0.06	0.43	387	29
8月22日	8.06	0.28	1.14	436	28.5
9月1日	8.06	0.21	0.84	440	26
9月15日	8.00	0.06	3.43	457	26
10月12日	7.72	0.10	0.59	382	23

注：水质指标为4号、5号、6号试验池的平均值。

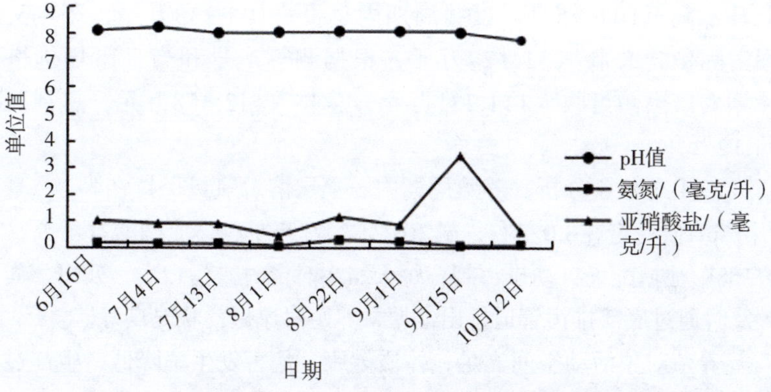

图 6.95 试验周期内水质变化情况

③月均生长速度分析：“168”池塘相较传统池塘养殖模式，不仅突破池塘高产瓶颈，且能保障养殖鱼生长速度稳定增长。根据大

口黑鲈月均生长变化发现，“168”池塘养殖鱼类的生长速度略高于普通池塘且增长比较稳定，饲料系数略低于普通池塘，月均增长100克左右，初期生长优势高于传统池塘（图6.96）。分析原因是穹顶式“168”池塘相较传统池塘受水温、风力、光照等外界因素干扰较小，生长比较匀速；高温季节最高水温不超过31℃，吃食状态良好，且10月后水温下降后至11月仍可摄食生长。传统池塘水温夏季高温季节高达33℃，鱼类食欲差，生长速度不均匀，水温下降严重后生长停滞。

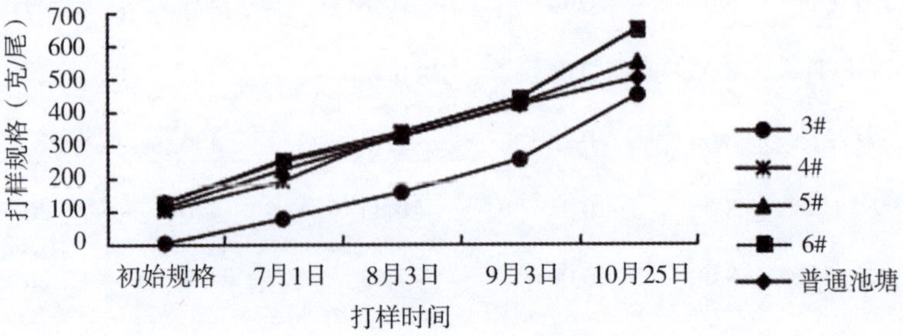

图 6.96　大口黑鲈月均生长情况

④养殖经济效益分析：受原料市场价格影响，饵料成本持续上升，截至10月25日，试验周期内总投资108.238万元，斑点叉尾鮰实际销售总收入31.127万元，根据测算产量和当日市场价格，计算大口黑鲈可收入111.231万元，总收入142.358万元，总利润达34.12万元。

⑤生态效益分析：养殖周期内，上层溶解氧量保持在4～5.5毫克/升，pH值稳定在8.0左右，氨氮0.2 毫克/升左右，亚硝酸盐虽高，但“168”池塘配置自动排污阀，每天24小时定时排污12次，残饵、粪便等及时通过底部排污管道排出池塘，养殖对象摄食状况良好。

养殖对象活动空间充足，体质健康，病害发生率降低，生产过程中单个池塘10%聚维酮碘消毒剂使用量较普通池塘减少70%以上，生石灰类消毒产品使用量减少50%，中草药等保肝护胆类药品使用量减少30%，不使用抗生素，收获水产品品质优良。

4）建议。

①养殖池塘亚硝酸盐偏高，养殖对象耐受力增强，池内微环境差异还需进一步探索研究。

②建议合理设计产出量、降低苗种投放密度，根据实际发展“吊水鱼”，进一步提升名优水产品品质。

③建议根据企业实际延伸产业链，将初级水产品进行加工，增加水产品附加值。

④建议利用场地优势和地理位置优势通过垂钓发展休闲渔业，遇到市场低迷情况时可以拓宽销售途径。

（7）新疆“168”模式养殖河鲈情况。

2020～2022年，新疆和静县和静镇东风林场采用“168”模式养殖河鲈，对3年养殖结果总结后，证实该模式取得了成活率提高、产量提升、效益增加的良好效果。

培育河鲈大规格苗种成活率低是该企业一直没有解决的难题，在传统池塘培育河鲈大规格苗种时，成活率在10%左右，2020年采用“168”模式（图6.97）培育河鲈大规格苗种后，改变了池塘养殖方式，解决了水质问题，在循环水条件下减少了苗种死亡，将成活率提高到了60%以上。对河鲈大规格苗种培育提供了新的技术路径，克服了苗种培育成活率低、制约河鲈养殖发展的苗种供应瓶颈，助推了河鲈苗种培育和当地河鲈养殖的发展。从生态保护的角度保护了河鲈这一新疆当地土著品种的水产种质资源。

图6.97　新疆采用“168”模式养殖河鲈

采用“168”模式养殖河

鲈，按照漏斗型池塘净水面计算，平均亩产达到3 677千克，与传统池塘亩产500千克相比，同样的养殖净水面，产量提高了7倍。把漏斗型养殖池塘和其配套尾水净化系统占用的面积计算在一起，按照总占地面积计算，平均亩产1 333.5千克，是传统池塘养殖产量的2.67倍。河鲈养殖收获见图6.98。

图 6.98　河鲈成鱼收获

从经济效益分析，河鲈养殖成本在25 ~ 34元/千克，销售价格是60 ~ 62元/千克，平均亩产3 677千克，可实现利润10万元以上。

（8）周口市采用“168”模式养殖斑点叉尾鮰情况。

在各地的实践应用中，“168”模式养殖斑点叉尾鮰在不同地区、不同管理方式下出现的效果不同，以周口市养殖斑点叉尾鮰最为成功。例如有的养殖企业因为没有采用晒水池晒水，对排污后的漏斗型养殖池塘直接灌注井水，容易引起斑点叉尾鮰患小瓜虫病，从而造成养殖失败。周口市则是在养殖池塘中专门配套适当面积的晒水池（图6.99），对排污后的养殖池塘补充晾晒过的、水温相同的新水，保持养殖池塘水温稳定，从而取得“168”模式

图 6.99　“168”模式配套的晒水池

养殖斑点叉尾鮰高产高效的效果。

2021～2023年，经过周口市水产技术推广部门连续对“168”模式养殖斑点叉尾鮰结果监测总结，单个面积330米^{2}的漏斗型池塘平均产出斑点叉尾鮰9 400千克，折合亩产19 000千克，对比传统池塘养殖的2 800千克/亩，相同养殖面积的“168”模式是传统池塘养殖产出量的6.78倍。周口市采用“168”模式养殖斑点叉尾鮰实景见图6.100、图6.101。

图 6.100　周口“168”基地鸟瞰图

图 6.101　斑点叉尾鮰投喂实景图

（9）陕西省渭南市“168”模式养殖巴沙鱼情况。

2020～2022年陕西省渭南市采用“168”模式养殖巴沙鱼的试验，取得高产高效。漏斗型池塘直径30米，养殖面积706米^2，平均单产巴沙鱼100 000千克以上。达到传统池塘亩产2 500千克的20倍以上。养殖成本9～10元/千克，商品鱼售价14～16元/千克，利润空间为5～6元/千克，单池利润达到10万元以上。巴沙鱼属于鲶科鱼类，适应能力强，渭南当地有地热水资源，适宜巴沙鱼养殖，用“168”模式循环流水养殖极大地提高了生产能力，为当地发展巴沙鱼养殖提供了新的途径（视频6.4）。

视频 6.4　渭南“168”模式巴沙鱼养殖

（10）新乡市采用“168”模式养殖罗非鱼情况。

新乡市延津县水产企业采用带穹顶大棚的“168”模式养殖罗非鱼，实现全年养殖。2019~2023年，罗非鱼年产出量保持在15 000千克以上，利用穹顶大棚养殖打季节差，获得较高收益。

漏斗型池塘直径26米，养殖水面530米^2。2019～2020年，单池放养50克/尾的罗非鱼种3.5万尾，平均单产罗非鱼商品鱼22 500千克以上，最高达到34 000千克。罗非鱼养殖成本9元/千克，平均售价14元/千克，单池利润高达10万元以上。但因为放养密度大，罗非鱼出塘规格大小不一，养殖过程中病害较多，并且一旦缺氧造成的损失巨大，养殖风险压力剧增。为降低养殖风险，2021年以后将放养密度调整为单池放养2.5万尾，出塘规格在650克/尾以上，单池产量达到16 000千克以上。随着放养密度和出塘产量下降，养殖全程很少发生病害，生长速度加快，出塘规格整齐，产品质量提高，养殖风险下降（视频6.5）。单池利润达到8万元左右。

视频6.5　新乡“168”罗非鱼养殖

该企业连续5年养殖罗非鱼的结果说明，“168”模式虽然能够大幅度提高产量，但应避免盲目追求产量、人为加大养殖风险，应在确保产品质量的前提下，设计适当的放养密度和养殖产量，减轻养殖风险，保障养殖安全和收益稳定。

（11）新乡市采用微型漏斗型池塘养殖观赏鱼情况。

新乡市观赏鱼养殖企业根据自身场地条件和锦鲤、金鱼生产的实际需求，将漏斗型池塘微型化，2022年建设直径3米左右的漏斗型池塘（图6.102），总建设数量36个，总占地3亩，池塘上加建简易塑料大棚，室内养殖锦鲤、金鱼和部分热带观赏鱼（图6.103）。

图6.102　新乡市观赏鱼企业建设微型“168”池塘养殖观赏鱼

图6.103　新乡市观赏鱼企业建设微型“168”池塘养殖锦鲤

通过将漏斗型池塘小型化实现精细化、直观化管理观赏鱼，方便水质调控，降低捕捞、挑选的难度，提高生产操作的便利性。

（12）大口黑鲈生长与养殖周期总结。

在多年多地的应用实践中，“168”模式养殖最多的品种是大口黑鲈，全国范围内，大口黑鲈也是畅销的水产品。因此对于如何放养、放养何种规格的大口黑鲈苗种，怎样设计大口黑鲈的养殖周期、掌握合适的上市时间获取高利润，需要根据实践经验予以总结，现将近年来收集到的试验数据总结如下，以便于能给大口黑鲈养殖者提供帮助。

1）根据生长周期灵活设计上市时机。根据掌握的河南省内的“168”模式养殖大口黑鲈的试验数据，将2019～2023年大口黑鲈不同放养时间、不同放养规格、不同放养密度与收获时间、收获或抽样检测的规格、养殖时长等情况列出，详见表6.30。

表6.30　2019～2023年大口黑鲈放养和收获情况统计表

池塘面积/米^2	放养时间	放养规格/（克/尾）	放养密度/（尾/米^2）	收获（抽样）时间	收获（抽样）规格/（克/尾）	养殖时长/天
706	2019年5月1日	100	21.2	10月10日	476	163
706	2019年5月2日	83	21.2	10月10日	344	162
706	2020年5月1日	71.4	27.8	10月25日	484	178
530	2021年5月31日	46.3	22.7	10月6日	485	129
530	2022年5月1日	111	34	10月20日	472	173
530	2022年5月1日	55.6	34	10月19日	560	172
530	2022年5月23日	90	27	10月23日	622	153
530	2022年6月14日	75	24	10月24日	619	133
530	2023年5月29日	100	30	10月25日	650	149

续表

池塘面积/米^2	放养时间	放养规格/（克/尾）	放养密度/（尾/米^2）	收获（抽样）时间	收获（抽样）规格/（克/尾）	养殖时长/天
530	2023年5月29日	105	28	10月25日	550	149
530	2023年5月29日	125	28.3	10月25日	650	149
530	2023年6月22日	50	13.7	11月2日	402	134

从放养到收获的时间跨度来看，一般5月初放养50～100克/尾的鱼种，到9月下旬或10月初才能达到上市规格。北方地区一般从9月下旬开始，大口黑鲈市场价格开始从高点较快下降，国庆节以后价格降到22～26元/千克。在此之前，只能通过挑选销售一部分达到上市规格的成鱼（图6.104），然后再将剩余部分继续养殖到上市规格。但应注意，10月5日前如果达不到上市规格、无法销售，10月以后价格就会持续下降，应提前谋划，做好越冬准备。从表6.30可以看出，11月、12月大口黑鲈还会继续摄食生长，但在北方内陆地区养殖的大口黑鲈由于成本高，冬春季销售的利润空间很低或者是几乎无利润。建议来年继续养殖到6月以后，等价格合适再销售。

图6.104　拉网挑选销售

正常情况下，北方内陆地区在5月以后，随着气温升高，大口黑鲈的市场价才会逐步提升，原因是气温越高，大口黑鲈运输风险越大，特别是每年的7~9月高温季节，大口黑鲈的市场销售价格会达到40元/千克左右，也是每年价格的天花板时段，此时销售大口黑鲈时机最佳。这就让大口黑鲈养殖经营者有了可以设计的上市时间选择。从表6.30可以看出，如果按照北方气候特点，从5月放养到10月或者11月可以达到上市规格，但此时正好赶上低价区间，不利于增收。即便是人为设计投放大规格苗种达到9月以前上市的目的，成本也不是最低的，因为，一方面苗种规格越大，购苗的成本也越高，可能成倍地增加了苗种投入成本；另一方面北方市场对大口黑鲈的上市规格要求越来越大，从2018年的350克/尾以上提升到2023年的600克/尾以上，也就是养殖户设计9月养成的商品鱼规格总跟不上市场变化提升的规格，达不到上市规格就意味着要错过最佳销售时机，延期销售又可能会遭遇低价，导致微利或无利。因此，推荐养殖户另开门路，跨年度养殖，即第一年将大口黑鲈养殖到半成品，越冬以后再继续养殖到6～7月可以上市销售；同时，另外培育苗种，待成鱼销售完以后，将提前另外准备的苗种放入养殖池继续养殖到半成品，形成6～7月上市循环。新密市和荥阳市企业在夏季销售大口黑鲈见图6.105、图6.106。

图6.105　荥阳富发水产夏季销售大口黑鲈

图6.106　新密中康公司夏季拉网销售大口黑鲈

2）大口黑鲈分段生长速度分析：根据收集到的试验数据，从鱼种放养后定期抽测鱼的生长情况，总结大口黑鲈的生长速度，掌握放养规格和养殖时间与达到规格的一般规律，做好放养时间、放养规格和出塘销售时间设计，瞄准6～9月价格高涨期，谋求养殖效益最大化。现将2022、2023两年检测到的大口黑鲈生长数据分表6.31和表6.32列出。

表 6.31　2022年荥阳富发水产大口黑鲈生长抽测记录表

池号	放养、打样时间	打样重量/克	打样数量/尾	平均体重/（克/尾）
1	5月4日放养			13.15
	5月20日	950	23	41.3
	6月16日	3 000	31	96.8
	7月6日	2 650	21	126.2
	7月29日	6 300	30	210
	9月14日	13 900	35	397
	10月16日	218 300	476	458
	11月16日	146 500	280	523
	12月6日	25 800	50	516
2	5月4日放养			13.15
	5月20日	450	11	40.91
	6月16日	2 250	25	90
	7月6日	3 550	23	154.3
	7月29日	730	30	243
	9月14日	16 300	43	379
	10月16日	161 500	346	466.7
	11月16日	25 000	43	581
	12月6日	10 750	19	565.7

从表6.31可以看出，在北方内陆地区，大口黑鲈从5月到11月中旬可以一直摄食生长，这与大口黑鲈在水温10℃以上开始摄食的理论是一致的，11月下旬基本停食不再生长，到12月开始体重不增反降。大口黑鲈生长速度在7～9月最快，月平均生长100克左右，5～7月和

10～11月月平均增长50克左右。

表6.32　2023年新密中康公司大口黑鲈生长抽测记录表

放养、打样时间	打样重量/克	打样数量/尾	平均体重/（克/尾）
6月22日放养			50
7月15日	4 700	36	130
8月10日	3 600	20	180
9月5日	5 500	20	275
10月12日	8 200	24	342
11月2日	12 060	30	402

2.“168”模式生态作用

“168”模式主要作用之一就表现在池塘高效排污、清洁生产，养殖尾水排放后经生态净化达标排放或循环利用，不对外环境造成生态损害，从2020年以来，已被多地多次应用实践证明，现选取部分试验予以说明。

（1）漏斗型池塘与四池三坝尾水净化结合生态养殖试验。

试验侧重开展养殖尾水净化后循环利用、水体循环对排污效果与养殖水体环境的影响等研究，验证了该模式的生态作用和养殖尾水净化后的循环利用效果，得出水体在15米^3/时持续循环条件下排污彻底、水质稳定、减少病害，养殖水体和净化水体均可达到淡水养殖二级排放标准的结论。

1）试验方式：2020年新建圆形漏斗状底排污池塘3个，分别配套建设底排污管道、溢流管道及排污井，并建设四池三坝净化系统。试验总面积20 000米^2，其中3个养殖池塘净养殖面积1 942米^2，四池三坝尾水净化系统4 669米^2，莲田10 005米^2（莲田原有）。将锦鲤投入3个养殖池，结合四池三坝和莲田净化开展试验。四池三坝于7月投放鲢鱼、鳙鱼，8月移植水芙蓉，充分利用滤食性鱼类和水生植物净水。

2）试验条件。

①养殖池条件：养殖池3个，养殖池面积分别为706米^2、706米^2、530米^2，池塘均为圆形漏斗状，池深5.5米，池底中间设排污口，排污

口低于池底50厘米，排污口外部侧边另外设置排水口，排水口向上安装100厘米高的排水竖管，使排水竖管只排放池中悬浮物而不排池底沉淀物。池塘底部及边坡全部用防渗膜覆盖，确保养殖用水不渗漏。

②净化池条件：四池三坝系统总面积4 669米^2，位于养殖池北侧，上表面低于养殖池上表面1米。系统设置4个净化池，1级净化池700米^2、2级净化池1 300米^2、3级净化池2 000米^2、4级净化池669米^2。前3级净化池中间设置2条溢流坝，溢流坝前设置挡水墙，使水体从挡水墙由下向上翻过溢流坝进入下一级净化池，最后一级净化池前设置过滤坝。过滤坝由2层铁丝网中间加30厘米过滤棉构成，坝高2米。前2个净化池作为沉淀池，3级净化池放养鲢鱼、鳙鱼，4级净化池种植水芙蓉吸收水体富营养物质，养殖尾水经四级净化后回流于池塘。

莲田是一个总面积10 005米^{2}的莲花池（图6.107），位于养殖池南边，莲田上表面低于养殖池上表面1米。池中种植观赏莲，鱼粪、残饵可从养殖池底的排污口通过排污管道直接排入莲田，用以提供植物生长所需养分。

图6.107　配套的莲田

3）试验过程与管理。

①鱼种放养：6月购买锦鲤投入3个试验池，7月购买鲢鱼和鳙鱼夏花投入净化池，具体放养情况见表6.33。

表 6.33　鱼苗鱼种投放表

池塘	日期	投放量	面积/米^2	密度/（尾/米^2）	平均规格
1号池	6月27日	770千克	530	0.83	1 750克/尾
2号池	6月27日	481.5千克	706	1.95	350克/尾
3号池	6月27日	480千克	706	1.95	350克/尾
净化池	7月10日	6 000尾	1 200	5	3厘米

②试验管理：每个养殖池配套1.5千瓦叶轮式增氧机、0.75千瓦水车式增氧机各1台，增氧机推动水体在池中向一个方向旋转流动，将残饵和鱼粪旋流集中到池底排污口排出。最后一级净化池配套1台出水量45米^3/时的潜水泵抽提净化水加入3个养殖池循环利用。养殖池保持水深5米。

试验全程投喂锦鲤专用漂浮性配合饲料，每天投喂2～4次。每次投喂后2小时左右及时排污，日排污3～5次，依靠水位压差自流排入莲田为植物生长提供养分。从8月初开始，养殖池每天24小时通过池底排水管排出池中悬浮物，池底排水口将水排入四池三坝，经沉淀、净化后抽提回养殖池，实现水体不间断循环交换利用。水体总交换量为45米^3/时，每个池塘水体交换量平均为15米^3/时。定期监测水质，表6.34是7月对2个养殖池的水质监测，表6.35是8月、9月养殖池和净化池水质对比。因为7月养殖池排水不足以填满所有净化池，所以7月未测净化池水质，没有与养殖池的对比数据。

表 6.34　7月养殖池水质监测表

项目	7月10日	
	1号池	2号池
水温/℃	27.5	27.8
pH值	8.27	8.16
透明度/厘米	60	70
溶解氧/（毫克/升）	4.56	4.7
亚硝酸盐/（毫克/升）	0.014	0.009
氨氮/（毫克/升）	0.96	0.74

续表

项目	7月10日	
	1号池	2号池
COD/（毫克/升）	11	9
总氮/（毫克/升）	2.07	1.73
总磷（毫克/升）	0.2	0.15

表 6.35　8月和9月养殖池和净化池水质监测对比表

项目	8月13日		9月10日	
	1号养殖池	净化池	1号养殖池	净化池
水温/℃	30.8	31.5	27.5	29
pH值	8.17	7.99	8.2	8.7
透明度/厘米	38	35	38	42
溶解氧/（毫克/升）	7.7	2.45	4.4	3.55
亚硝酸盐/（毫克/升）	0.133	0.002	0.017	0.05
氨氮/（毫克/升）	0.4	0.12	0.41	0.1
COD/（毫克/升）	20	11	26	20
总氮/（毫克/升）	3.45	1.53	1.5	0.6
总磷/（毫克/升）	0.38	0.19	0.4	0.31

4）试验结果与分析。

①试验测产。由于试验总结时水产品只有少部分捕捞销售，尚不能统计收获量，仅以11月测产估算情况予以说明。经测产，3个养殖池均达到2.5千克/米^{2}以上的产出量。详见表6.36。

表 6.36　测产结果表

项目	1号池	2号池	3号池
日期	11月12日	11月12 日	11月4日
放养量/尾	440	1 375	1 370
存池量/尾	440	1 310	1 260

续表

项目	1号池	2号池	3号池
规格/（千克/尾）	3.15	1.5	1.37
总产量/千克	1 386	1 795	1 890
单位产出量/（千克/米^2）	2.62	2.5	2.68
净增重/千克	616	1 316.5	1 410
投喂总量/千克	1 518	1 530	1 415
饲料系数	2.46	1.15	1.0

3个试验池单位产出量和同样方式养殖食用鱼相比（15千克/米^{2}左右）相差近6倍，这是为了保证锦鲤品质而没有刻意追求单位产出量。通过试验，取得了明显生态效益。

②水质稳定，生态安全。从表6.34、表6.35可以看出，试验期内，养殖池pH值稳定在8.1～8.3，中上层溶解氧保持在4～8毫克/升之间。7月养殖池未开始水体循环交换时氨氮最高0.96毫克/升，但8月开始水体交换循环后长期稳定在0.4毫克/升。亚硝酸盐长期处于0.02毫克/升以内，只有一次超过0.1毫克/升。从养殖池排出的水体经净化后，氨氮从0.4毫克/升降至0.1毫克/升左右，亚硝酸盐从0.133毫克/升降至0.002毫克/升。水质速测见图6.108。

图 6.108　水质测试盒检测水质

③排污效果明显。养殖池底部及边坡全部用防渗膜处理，所有水体不渗入地下。养殖水体分为涡旋流动和内外流动两种流动（图6.109）。增氧机推动水体涡旋流动将池中污物带入池底中央，排污口定时排出沉淀物。排水口每天24小时不间断将池中悬浮污物排出，排污彻底。净化池不间断补充净化水进入养殖池形成循环，保障了养殖

水体环境优良。在水体循环量15米^3/时的情况下，从7月到11月中旬，经过4个多月持续投喂后，采用离心泵抽取最底层水检测，池底边坡基本不存留鱼粪、残饵。

图 6.109　锦鲤逆水游动

④发病率和养殖风险下降。养殖鱼类始终生长在水体循环流动状态下，好的水体环境为高效生产优质水产品提供了保障。与同年郑州地区普通池塘养殖锦鲤普遍发病相比，试验池在试验期内仅发生2次鱼病。第一次因长途运输致鱼体创伤，放入养殖池后发病，2号池死亡65尾、3号池死亡110尾、1号池无死亡，在使用大黄精华治疗后病鱼逐步好转。第二次为锚头鳋感染，发病鱼很少，经治疗迅速得以控制，零死亡。此外高温期还应给鱼内服肝胆康和维生素C 2次，以预防肠炎和保肝护胆。与普通池塘养殖中锦鲤病害多、发病多相比，生态养殖模式可明显提高锦鲤的抗病力，降低其发病概率，有效减少了养殖风险。

⑤生态效果显著。在投喂量较高的7、8、9月，通过水质监测可以看出，养殖池水和净化池水的总氮、总磷、COD，均基本达到淡水养殖二级排放标准，说明该模式实现了生态效益。详见表6.37。

表6.37 养殖池和净化池部分水质指标对比表

项目	养殖池	净化池	淡水养殖二级排放标准
COD范围/（毫克/升）	26 ~ 9	20 ~ 11	25
总氮范围/（毫克/升）	3.45 ~ 1.5	1.53 ~ 0.6	5
总磷范围/（毫克/升）	0.4 ~ 0.2	0.31 ~ 0.19	1
亚硝酸盐范围/（毫克/升）	0.133 ~ 0.009	0.05 ~ 0.002	
氨氮范围/（毫克/升）	0.96 ~ 0.4	0.12 ~ 0.1	

养殖池中COD在7月10日检测出超过排放标准，当时还没有启动24小时循环净化，8月开始24小时循环后再未出现超标情况。和养殖池相比，经四级净化后的水体中总氮、总磷、COD、氨氮、亚硝酸盐均低于养殖池，达到了净化养殖尾水与循环利用的目的。

⑥植物净水美化养殖环境。养殖尾水排入莲田和净化区，为观赏莲等水生植物提供有机养料。水生植物吸收水体富营养物质后改善了养殖用水的水质，又形成一条天然有机的生态链，观赏莲和水芙蓉构成景观进一步美化了整体养殖环境。

（2）“168”池塘底排污尾水治理试验总结。

1）试验条件：2023年，在郑州市众鑫渔业公司开展尾水治理试验。试验占地总面积20亩，包括6个“168”池塘，每个池塘净养殖面积530米^2，养殖总面积3 180米^2，净化池3个，坝中间直接连通过水，（近似于三池两坝，但未设置过滤坝），总面积3 335米^2；养殖面积与净化面积比为1∶1.05。净化池有移植浮萍和自然生长的菖蒲、芦苇等水草，水生植物约占水面的1/4。

2）试验过程与管理。

①苗种投放：2023年6月2日投放苗种，投放品种为大口黑鲈（5池）和鳜鱼（1池）。大口黑鲈放养规格为 5克/尾，放养密度为19尾/米^2，总放养量为5万尾；鳜鱼放养规格为100克/尾，放养密度为5.3尾/米^2，总放养量为2 800尾。

②“168”池塘底排污尾水治理管理：6个“168”池塘均投喂漂

浮性膨化饵料，每天排水排污2次，排水排污后及时补充井水，日换水量1/6～1/3不等，一般情况下换水量为1/6，池塘水质较差时换掉1/3。养殖尾水排入三池两坝净化后排放外河沟，由于距离试验池塘较远，未能循环利用。定期检测水质，对比养殖池和净化后的水质变化，观察尾水治理情况。

试验从6月2日开始，到11月6日结束。

3）试验结果及总结分析。

①测产（收获）结果：除鳜鱼养殖10月13日前全部销售外，大口黑鲈因未达到商品鱼规格，均没有销售，11月7日经测产计算后，各项试验数据见表6.38。

表6.38　鳜鱼商品鱼收获和大口黑鲈商品鱼测产结果统计表

池号	测算产量/千克	投喂量/千克	净增重/千克	饲料系数	备注
1	803.4	1 134	523.4	2.16	鳜鱼
2	4 550	6 245	4 500	1.39	大口黑鲈
3	4 500	6 245	4 450	1.40	大口黑鲈
4	4 650	6 245	4 600	1.36	大口黑鲈
5	4 600	6 245	4 550	1.37	大口黑鲈
6	4 500	6 245	4 450	1.40	大口黑鲈

从抽测结果看，大口黑鲈生长速度基本正常，其间病害很少，摄食正常，但饲料系数较往年偏高。鳜鱼总销售量中有497.4千克规格达到每尾0.55千克以上，306千克平均规格每尾0.4千克，出塘规格大小不一，出塘尾数1 286尾，成活率46%，死亡原因为残食，由于放养密度较低，整个养殖过程没有病害发生。从试验结果看，配合饲料养殖鳜鱼虽然成功，但成活率不高。

试验周期内，“168”养殖池塘pH值稳定在8～8.5，中上层溶解氧保持在4～8毫克/升，氨氮长期稳定在0.4毫克/升左右，亚硝酸盐经常会超过0.1毫克/升。每天排污加水后对水质有所改善。但仅排污不循环还是不利于池塘水质调节。

②尾水治理效果：6~10月，尾水净化前后监测的水质对比见表6.39。

表 6.39　养殖尾水净化前后对比表

月份	总氮/（毫克/升）		总磷/（毫克/升）		COD/（毫克/升）	
	处理前	处理后	处理前	处理后	处理前	处理后
6	5.1	2.1	0.29	0.25	32	8
7	5.9	2.8	0.33	0.22	34	10
8	6.1	2.9	0.39	0.32	39	12
9	4.6	2.3	0.27	0.19	31	5
10	4.7	2.5	0.29	0.23	31	6
淡水养殖二级排放标准		≤5		≤1		≤25

通过监测水质指标，养殖池中COD最高39毫克/升，处理后最高12毫克/升；总氮最高6.1毫克/升，处理后最高2.9毫克/升；总磷最高0.39毫克/升，处理后最高0.32毫克/升，最低0.19毫克/升。尾水处理环节在没有使用菌类和药物等投入品的情况下，仅靠沉淀和水生植物净化，就将养殖池塘日最高投喂500千克饲料产生的鱼粪等有机物质吸收利用，尾水净化处理后的COD、总磷、总氮均达到淡水养殖二级排放标准。试验起到了尾水治理作用，达到了预期效果，有利于水产养殖生态健康发展。但尾水治理环节还缺少过滤材料，如增加过滤坝等过滤环节，可能净化效果更好。

3.“168”模式提质增效

质优，养殖池内水体转动，形成“运动鱼”，养殖品种达到上市规格后，停止投喂，利用优良的水环境在原池生产“瘦身鱼”，显著提升鱼的品质。

高效，极大地提高了土地利用率、单位面积产出量和经济效益等，鱼粪收集处理作为农田肥料，实现资源化综合利用。

安全，漏斗型设计犹如给养殖池塘安装了“抽水马桶”，让鱼粪高效排出，实现清洁化生产，减少鱼病、减少用药，有效保证水产品质量安全。

（1）“168漏斗型池塘+路亚垂钓”增效技术养殖试验。2023年郑州市农业技术推广中心积极探索美丽乡村建设模式，安排技术人员联合郑州千山万水农业有限公司，对其辖区荒废土坑进行整治改造，并利用“168”漏斗型池塘“007”布局进行路亚垂钓，取得了较好的经济效益和社会效益，现将试验情况总结如下。

1）“168”生态养殖系统“007”布局：“007”布局就是5亩面积为一个养殖单元，建设2个漏斗型养殖池塘，净化池设置为“7”字形。“0”代表“168”漏斗池塘，养殖的品种主要以大口黑鲈为主，“7”代表“7”字形的净化池，在养殖中后期兼作路亚垂钓池的一种养殖形式（图6.110）。

图 6.110 邙山岭上“007”布局的“168”模式

2）材料和方法。

①试验地点：郑州千山万水农业有限公司坐落于荥阳市王村镇丁村，占地380亩，地处邙山南麓，紧临312沿黄快速通道，地理位置优越，环境优美。但是当地为丘陵地带，土壤保水能力低，导致池塘长久闲置很难进行水产养殖。

②池塘改建：在技术人员的指导下，该公司建设了2个漏斗型池塘，单池直径26米，全池铺衬防渗膜，面积530米^2。底部设置排污管道和溢流循环管道，排污管道加装电磁阀定时开关。每个养殖池配备水车式增氧机2台、叶轮式增氧机1台、发电机1套。

生态净化处理池1个，呈“7”字形，全池铺衬防渗膜，面积1 600米^2，分为多个净化功能区，底部漏斗状，设排污管道，养殖尾水净化后循环使用。配置叶轮式增氧机2台，配套果园、农田80亩。

③试验时间：养殖池塘苗种投放时间为2023年5月5日，垂钓开始时间为2023年9月10日。

④鱼种投放：由于广东气候炎热，广州大口黑鲈苗种不太适应北方地区的气温，长途运输容易造成应激死亡。因此经过慎重考量，决定在河南选择优质的大口黑鲈苗种，这样既能很好地适应郑州地区的气候，又能提高成活率。试验最终选择河南集效农业科技有限公司标粗培育的“优鲈3号”。于5月5日共投放大口黑鲈苗26 500尾（表6.40）。

放苗前7天对养殖池和循环池晾晒、注水，进行设备全负荷试运转，并稳定水温。放苗后用聚维酮碘全池消毒，次日开始尝试投喂驯化。

表 6.40　大口黑鲈苗种放养情况表

池号	面积/米^2	放养时间	规格/（尾/千克）	数量/千克	数量/尾
1	530	5月5日	56	234	13 100
2	530	5月5日	56	240	13 400
合计				474	26 500

⑤日常管理：苗种下塘后泼洒硫醚沙星，防止水霉的发生。每日定时、定量、定点投喂饵料，每天按时排污，保持水体循环、养殖环境优良，做好养殖生产管理和试验记录，技术人员定期进行水质监测和生长抽测，及时进行技术指导。

在投放鱼种后使用优质大口黑鲈开口饵料驯化，每天投喂3次，阴雨天减少投喂量。

及时加注新水使漏斗型池塘水位升满，前期井水补进净化池，然后进入漏斗型池塘，以促使水温加快上升。中期避免池水温度过高，可直接加注井水到漏斗型池塘降温。养殖时白天最少开启1台水车式增氧机，夜里根据情况开启2台水车式增氧机和1台叶轮式增氧机，保证水中溶解氧充足。每天定时排污不低于6次（排污口设计有电磁阀，可自动排污），每次排污1～2分钟，保持水质清新。

定期监测水质，保持水质稳定，形成良好的池塘环境，减少鱼病发生。

⑥鱼病防控：鱼病防控坚持“以防为主，防重于治”的原则。一般间隔20～30天使用复合碘、二氧化氯交替消毒一次，定期保肝护胆，做到提前预防。一般用鱼用维生素C和清热解毒产品复配成药饵投喂，在7月、8月高温期使用，每月使用1次，每次3～5天。

由于采用循环水养殖模式，防病工作扎实，全年疾病很少。养殖全程未使用抗生素和杀虫剂。

3）试验结果：根据记录，本年度大口黑鲈共死亡1 325尾，存活25 175尾，成活率95%。共产出大口黑鲈11 329千克，净出鱼10 855千克，全年共投喂大口黑鲈饲料13.46吨，饲料系数1.24。详见表6.41、表6.42。

表 6.41　水产状况表

投放苗种数量/尾	重量/千克	成活率/%	总产量/千克	投饲量/千克	饲料系数	产值/万元
26 500	474	95	11 329	13 460	1.24	45.3

表6.42　养殖费用表

序号	支出名目	单价	费用/元
1	池塘建设		5 000
2	大口黑鲈苗种费用	2.3元/尾	60 950
3	饲料费用	13 800元/吨	185 748
4	工人工资	5 000元/月	30 000
5	电费		20 000
6	消毒费		2 000
7	地租		5 000
	合计		308 698
养殖利润		14.43万元	

9月10日开始进行垂钓，每周进行两场主场路亚钓（图6.111），

大口黑鲈均重450克。

图 6.111　路亚垂钓

2023年市场大口黑鲈成鱼价格较低（12月18日大口黑鲈23元/千克），养殖处于亏损状态。但采用路亚钓的模式进行销售，利润可观。大口黑鲈路亚钓，第一天放鱼，第三天开钓，大口黑鲈经过一天的恢复上钩率可以达到95%。如果第一天投放，第二天开钓，大口黑鲈的上钩率可以达到85%。截至当年12月，大口黑鲈垂钓营收额在40元/千克，垂钓收入可突破30.87万元。

4）分析与讨论。

①建立“007垂钓样板”工程。通过本年度养殖试验，形成了一套完整的休闲路亚钓运作模式。该模式投资小，占地面积小，养、钓结合，经济效益高，有利于水产与瓜果、蔬菜、农田有机结合，有利于老旧垂钓场环境美化，有利于美丽乡村建设。5亩地作为一个垂钓单元，含2～3个“168”池塘，2 000米^{2}净化池。养殖+净化+垂钓+餐饮+休闲五位一体，可成为精品典型休闲渔业模型。该模型不受地域、环

境、地理条件、土壤条件、水源条件的影响，可在郑州周边打造200个垂钓单元，仅此一项可为郑州市实现1.3亿元产值，创造利润4 000余万元，可带动1 100余位农民致富。将来绕郑一周，五里一景、十里一园，可成为独特的休闲风景线，也可成为美丽乡村的标配、乡村振兴的法宝，为农民致富创造一个新的途径。

②完善了漏斗型池塘养殖技术模式。养殖试验采用三级牙床竖流积污装置对养殖尾水进行循环处理（图6.112），并对水质指标进行检测，再次验证了漏斗型池塘节约土地、高效、高产、尾水循环利用、鱼粪收集、废物资源化利用等优点，社会和经济效益明显。

图 6.112　专利产品——竖流集污器的应用

③推广高产养殖模式，提高郑州市水产养殖供给量。郑州千山万水有限公司利用漏斗型池塘进行大口黑鲈养殖，单产不低于5 000千克，是普通养殖池塘的5倍，而且水质好，大口黑鲈品质好。相较于圈养桶、跑道式养殖、集装箱养殖等模式，具有优越性，更重要的是试验是在缺水的丘陵地带进行的，一水两用，先养鱼后灌溉，既解决了园区内果园、农田的灌溉用水，又养殖增收，为丘陵、半丘陵地区综合种养提供有效的示范经验。

④漏斗型池塘捕鱼方便是实现路亚钓的前提，因为路亚钓每次投

放的鱼少，拉网费是个大问题。而漏斗型池塘两个人即可拉网操作，简单方便。就近投放，省去长途运输费，减少应激死亡。

⑤该公司2023年利用养殖尾水种植甘蔗，长势喜人，甘蔗甜度高、无病害，每棵3～6元，亩产可达4 500棵，增加了创收。

4. “168”模式降低养殖成本

“168”模式建设成本仅占工厂化设施的10%，减少用药60%，在土基上挖制而成，铺上防渗膜，埋上管道组建循环水养殖系统即可，老旧池塘改造、新建都容易。循环水养殖商品鱼综合成本降低了0.5元/千克。

（1）漏斗型池塘循环水高效养殖大口黑鲈能耗成本分析：漏斗型池塘与传统池塘相比，渔业机械设备使用量增多，设备使用时长提高，耗电量增加，因此能耗成本有所提升。为掌握漏斗型池塘生产方式能耗提高的幅度，摸清能耗成本对养殖成本的影响，郑州市水产技术推广站与企业结合开展了漏斗型池塘与传统池塘养殖大口黑鲈能耗对比试验，研究漏斗型池塘能耗成本对养殖成本和养殖效益的影响。

1）材料与方法。

①试验池塘：传统长方形池塘6个，池深2.5米，单个池塘净水面积4 002米^2；漏斗型池塘6个，池深5米，单个池塘净水面积530米^2。

②苗种投放：2021年4月3日，每个长方形池塘投放大口黑鲈苗种2 500尾，每个漏斗型池塘投放大口黑鲈苗种1.2万尾。

③渔业机械设备配备：每个长方形池塘配备1.5千瓦叶轮式增氧机2台，0.9千瓦涌浪机1台，5.5千瓦进水泵1台。每个漏斗型池塘配备1.5千瓦叶轮式增氧机2台，0.75千瓦水车式增氧机1台，4.5千瓦排水泵1台。6个漏斗型池塘为一组，每组配套7.5千瓦进水泵1台、4.5千瓦高压风机1台。

④渔业机械设备的使用：每个长方形池塘自投放苗种后，涌浪机每天运行24小时，一台叶轮式增氧机每天运行24小时，另一台叶轮式增氧机每天运行12小时（夜晚）。进水泵每天运行3小时，补充水的蒸

发渗漏。

每个漏斗型池塘自投放苗种后，每天1台水车式增氧机和1台叶轮式增氧机保持24小时运行。养殖150天后，由于池塘鱼载量较高，每天2台叶轮式增氧机和1台水车式增氧机保持24小时运行。1台4.5千瓦排水泵每隔2小时运行3分钟，定时抽排池底鱼粪、残饵等污物。每组漏斗型池塘每天1台4.5千瓦高压风机24小时运行，补充中底层水体溶解氧。1台7.5千瓦进水泵每天运行8小时，补充排水、保持水的循环交换。

⑤能耗计算：从4月放养大口黑鲈开始到10月养殖结束，在一个养殖周期内，分别计算长方形池塘和漏斗型池塘的渔业机械设备的耗电总量，折合到每千克鱼的能耗成本，对比反映漏斗型池塘养殖大口黑鲈的能耗高低。

2）试验结果。

①大口黑鲈产出情况统计：到10月2日全部销售结束时，各个池塘产出情况见表6.43、表6.44。

表6.43　长方形池塘产出情况表（每个池塘净水面积4 002米^2）

池号	1	2	3	4	5	6	平均
产出量/千克	9 300	9 624	8 970	9 168	9 210	8 880	9 192

表6.44　漏斗型池塘产出情况表（每个池塘净水面积530米^2）

池号	1	2	3	4	5	6	平均
产出量/千克	7 950	7 480	7 535	7 580	7 650	7 830	7 670

②能耗统计：由于不是每个池塘分设单独的电表，养殖结束后，计算统计出漏斗型池塘和长方形池塘平均耗电量，计算方法如下：

设备功率×工作时长（每天工作时长×累计天数）=能耗量

计算每个长方形池塘耗电量为16 578千瓦·时，具体如下：

涌浪机0.9千瓦×（24小时×180天）=3 888千瓦·时

叶轮式增氧机1.5千瓦×（36小时×180天）=9720千瓦·时

进水泵5.5千瓦×（3小时×180天）=2 970千瓦·时

计算每个漏斗型池塘耗电量为16 326千瓦·时，具体如下：

水车式增氧机0.75千瓦×（24小时×180天）=3 240千瓦·时

叶轮式增氧机1.5千瓦×（24小时×210天）=7 560千瓦·时

排水泵4.5千瓦×（0.6小时×180天）=486千瓦·时

高压风机4.5千瓦×（24小时×180天）÷6=3 240千瓦·时

进水泵7.5千瓦×（8小时×180天）÷6=1 800千瓦·时

③能耗成本对照：试验点将用电损耗分摊后用电单价为0.8元/（千瓦·时），据此计算出每个长方形池塘用电总费用为0.8×16 578=13 262.4元，漏斗型池塘用电总费用为0.8×16 326=13 060.8元。

长方形池塘平均产出量为9 192千克，用电总费用为13 262.4元，生产1千克大口黑鲈能耗成本为1.44元。漏斗型池塘平均产出量为7 670千克，用电总费用为13 060.8元，生产1千克大口黑鲈能耗成本为1.70元。漏斗型池塘生产1千克大口黑鲈能耗成本相对于长方形池塘能耗成本提升18%。

④养殖成本与效益对比：漏斗型池塘与长方形池塘养殖1千克大口黑鲈的成本对比见表6.45，效益对比见表6.46。

表6.45　两种池塘养殖大口黑鲈的成本对比表　（单位：元/千克）

项目	苗种	饲料	电费	人工	池租	合计
漏斗型池塘	4	13.4	1.70	1.33	0.26	20.69
长方形池塘	4	12.6	1.44	2.2	0.7	20.94

表6.46　两种池塘养殖大口黑鲈的效益对比表

项目	养殖成本/（元/千克）	平均售价/（元/千克）	单位利润/（元/千克）	单位产出量/（千克/公顷）	养殖效益/（元/公顷）
漏斗型池塘	20.69	35	14.31	144 700	2 070 657
长方形池塘	20.94	35	14.06	22 970	322 958.2

从表6.45、表6.46对比可见，虽然漏斗型池塘能耗成本增加，但获得了产出量和养殖效益6倍以上的提升，同时产出量的提升降低了用工成本、摊低了池塘租金成本，每千克大口黑鲈的养殖成本反而比长方形池塘降低了0.25元，总体上是降低了每千克大口黑鲈的养殖成本。

3）结论与讨论。

①漏斗型池塘和传统池塘相比，通过技术模式的改进，依靠渔业机械设备增氧和水体循环交换，渔业机械的能耗成本相对提升，经对比试验，得出能耗成本提升18%的结论。经过本试验对比，以每公顷计算大口黑鲈产出量，漏斗型池塘为144 700千克，传统池塘为22 970千克，漏斗型池塘相较于传统长方形池塘产能提升6.3倍。单从能耗一种因素分析，等于用增加18%的能耗成本提高了6倍以上的产出量、增加6倍以上的养殖效益。成倍产出量的提升极大提高了总体养殖效益，支持了渔民增收、渔业增效。

②漏斗型池塘循环水养殖技术达到了高效产出，相比于传统池塘极大提高了生产能力。虽然能耗成本有所提升，但每千克鱼的产出成本反而下降，能耗的提升对养殖效益是有利的。引起能耗成本增加的因素，一是设备增加，二是设备使用时长的增加，三是水量消耗增加。这三种因素中，设备均为常用的增氧机和潜水泵，其成本相对于高端的水处理净化设备要低得多，以低投入实现了水的循环交换；能耗成本整体增加不多，证明了生产运行成本不高；水的循环交换增加了用水量，如果是单纯采用地下水补充排放水，增加了资源消耗，如果和稻田、莲田等结合将养殖排水净化处理后循环利用，则可以减少资源消耗。漏斗型池塘循环水养殖通过较低投入和低成本运行，向工厂化循环水养殖模式靠近，降低了工厂化养殖门槛，为传统池塘养殖模式向绿色健康的生态养殖模式转型提供了新的途径。

5. 山地丘陵“168”模式实践

漏斗型池塘占地面积小，建设简单灵活，适合在山地丘陵、荒山荒沟的边边角角因地制宜充分利用土地。

2023年郑州市水产技术推广站受新密市一家企业委托，对当地一处废旧矿坑进行改造设计，规划为“168”模式发展水产养殖。当年建设、当年投产开始试验，具体情况如下。

1）试验目的：在丘陵半丘陵地区充分挖掘废旧矿（石）坑，开展高效农业试验示范。将无法利用的闲置资源变废为宝。

2）试验条件：将长期闲置的矿（石）坑建成5个漏斗型底排污池塘（图6.113），选用其中3个直径26米的池塘，净养殖面积1 590米^2。为养殖尾水配套2套尾水处理系统，其中一套设置在池塘一侧，建设一排9个尾水沉淀池，面积360米^2；另一套设置在排便的土沟里，建设一个莲藕池和生态净化池，面积50亩。石坑改造建成“168”养殖系统。

图 6.113　废矿（石）坑改造建成“168”生态养殖系统实景图
（中间的长条状水面下是 9 个沉淀池构成的养殖尾水净化系统）

3）试验内容和方法：3个漏斗型养殖池全部放养大口黑鲈，养殖池塘含有大量残饵、粪便的尾水经底部排污管道排出，排出的养殖尾水经过竖流集污器实现上清水和底部低点的污物水分别处理。竖流集污器底部残饵、粪便等固体污染物集中排入莲藕池和生态净化池处理，鱼粪、残饵在莲藕池沉淀，上清水排入生态池净化后循环使用；竖流集污器分离的上清液经另外配套的沉淀池沉淀过滤、净化、曝气后由循环泵回抽到“168”养殖池循环利用。定期检测养殖池、净化池水质变化，试验污物收集效果和养殖尾水净化效果，定期抽测鱼的生长，试验单位面积产出量和水产品质量。

投喂大口黑鲈专用配合饲料，每天定点自动排污，保持水体循环、养殖环境优良。定期开展水质监测和鱼类生长抽测，全程记录养殖用水量、用电量，做好养殖管理和试验记录。

4）苗种投放：6月22日投放经驯化培育、完全摄食配合饲料的大口黑鲈大规格鱼种，详见表6.47。

表 6.47　大口黑鲈鱼种放养情况

池号	面积/$米^2$	放养时间	规格/（克/尾）	数量 /千克	数量/尾
1	530	6月22日	50	363.5	7 271
2	530	6月22日	50	366	7 323
3	530	6月22日	50	345.5	6 910

5）试验管理：6～11月做好试验管理，做好投喂量、用电量、用水量、水质监测、生长抽测等记录。表6.48为大口黑鲈生长情况抽测记录，表6.49是水质指标监测情况。

表6.48　大口黑鲈生长情况抽测记录

打样时间	打样重量/克	打样数量/尾	平均体重/（克/尾）
7月15日	4 700	36	130
8月10日	3 600	20	180
9月5日	5 500	20	275
10月12日	8 200	24	342
11月2日	12 060	30	402

表6.49 养殖期间水质指标监测

序号	日期	池号	气温/℃	水温/℃	DO /(毫克/升)	pH值	亚硝酸盐/(毫克/升)	硝酸盐/(毫克/升)	氨氮/(毫克/升)	COD/（毫克/升）	总氮/(毫克/升)	总磷/(毫克/升)	碱度/(毫克/升)	总碱度/（毫克/升）	ORP/毫伏	透明度/厘米^2	备注
1	5月10日	井水	22			8.15	0.009	1.6	未检出	1	7	0.06	82				
		池水		22		8	0.138	1.9	0.24	12	5.4	0.11	45			55	
2	6月2日	池水1	24	24.75	7.8	8.23	0.111	1.4	0.08				6		3	60	
		池水2		23.7	7.2	8.6	0.155	0.5	0.28				6		7.7	55	
3	6月25日	池水1	36	28.95	7.8	8.05	0.138	1.4	0.08				25		8	58	
		池水2		28.97	9.72	8.64	0.202	1.2	0.06				24		–11	57	
		池水3		28.75	8.63	7.79	0.049	1.7	0				34		7.8	58	
4	7月6日	池水1	38	27.4	7.9	8.24	0.371		1.32					190	–6.4	60	养殖水体亚硝酸盐正常范围≥0.2毫克/升；氨氮≥0.5毫克/升；pH值6.5～8.5
		1底					0.402		1.37					180			
		池水2		27.5	8.05	8.28	0.346		1.18	25	6.2	0.17		173	–6.2		
		2底					0.35		1.31					175			
		池水3		27.44	8.12	8.25	0.363		1.17					195	–4.8		
		3底					0.373		1.22					195			
		循环前					0.348		0.99	29	6.7	0.17		180			
		循环后					0.333		0.78	25	6	0.13		161			

续表

序号	日期	池号	气温/℃	水温/℃	DO/(毫克/升)	pH值	亚硝酸盐/(毫克/升)	硝酸盐/(毫克/升)	氨氮/(毫克/升)	COD/（毫克/升）	总氮/(毫克/升)	总磷/(毫克/升)	碱度/(毫克/升)	总碱度/（毫克/升）	ORP/毫伏	透明度/厘米^2	备注
5	7月12日	池水1	33	29.73	7.61	8.2	0.3		0.66					180	34.8		小雨
		池水2		29.64	8.42	8.09	0.34		0.6					180	27.5		
		池水3		29.47	8.53	8.17	0.38		0.56					180	25.9		
		循环后					0.3		0.35					157			
6	8月1日	池水1	30	28.35	6.89	7.69	1.66	4.1	2.96					215	12.3	45	
		1底					1.632	3.2	3					225			
		池水2		28.23	7.39	7.86	1.536	1.9	2.59	42	6.4			215	7.6	45	
		2底					1.58	1.1	2.68					225			
		池水3		28.2	7.18	7.92	1.455	3.2	2.72					220	7.4	50	
		3底					1.375	2.2	2.83					225			
		循环前					1.58	3	2.62	47	6.7			220			
		循环后					1.326	2	2.36	41	5.1			215			
7	8月10日	池水1	31	28.9	5.3	8.03	>0.3		1.2					190	−7.5		
		池水2		28.75	6.45	8	>0.3		1					200	−5		
		池水3		28.8	6.42	8.06	>0.3		1					180	−6.6		
		循环后					>0.3		1					160	7.2		

续表

序号	日期	池号	气温/℃	水温/℃	DO/(毫克/升)	pH值	亚硝酸盐/(毫克/升)	硝酸盐/(毫克/升)	氨氮/(毫克/升)	COD/（毫克/升）	总氮/(毫克/升)	总磷/(毫克/升)	碱度/(毫克/升)	总碱度/（毫克/升）	ORP/毫伏	透明度/厘米^2	备注
8	9月5日	池水1	32	26.04	7.65	7.78	1.835	10.6	1.1					247.5	18.8	40	淡水养殖废水排放二级标准为：COD≤25毫克/升；总磷≤1.0毫克/升；总氮≤5.0毫克/升
		1底					1.9	10.2	1.05					225			
		池水2		26.08	8.05	8.04	1.86	8.8	1.13	49	12	1.12		247.5	8.9	40	
		2底					1.8	9.8	1.19					215			
		池水3		26.03	8.21	7.99	1.495	8.7	0.67					225	10.6	40	
		3底					1.605	9.9	0.6					225			
		循环前					1.66	10.3	0.83	47	11.9	1.07		235			
		循环后					1.585	8.2	0.66	63	11.5	1.01		235			
9	9月19日	池水1	28	25.68	4.56	7.54	4.76	30	0.28				9	202	−11.3	40	小雨
		池水2		25.9	4.75	7.75	4.4		0.6	49	19.2	>1.15	16	190	−8.7	40	
		池水3		25.58	5.1	7.81	4.64		0.34				14	190	−9.8	40	
		循环前		25.7	2.2	7.65	4.21		0.49	50	21.3	>1.15	16	180	−4.2		
		循环后		25.72	2.4	7.65	4.07		0.39	63	17.1	>1.15	14	180	−4		

续表

序号	日期	池号	气温/℃	水温/℃	DO/(毫克/升)	pH值	亚硝酸盐/(毫克/升)	硝酸盐/(毫克/升)	氨氮/(毫克/升)	COD/（毫克/升）	总氮/(毫克/升)	总磷/(毫克/升)	碱度/(毫克/升)	总碱度/（毫克/升）	ORP/毫伏	透明度/厘米^2	备注
10	10月12日	池水1	20	18.01	7.13	7.76	2.45		0.64					180	-8.8	45	淡水养殖废水排放二级标准为：COD ≤ 25毫克/升；总磷≤ 1.0毫克/升；总氮≤ 5.0毫克/升
		1底					2.575		0.84					192			
		池水2		18.16	6.55	7.76	1.755		1.36	37	21.7	>1.15		202.5	-8.5	42	
		2底					1.825		1.42					190			
		池水3		17.88	7.52	7.7	1.58		1.75					195	-4.9	48	
		3底					1.8		1.78					202			
		循环前					1.95		1.35	41	24.3	>1.15		186			
		循环后					1.485		1.08	31	18.1	>1.15		202.5			
11	10月24日	池水1	28	18.2	10.8	7.9	1.04		0.31					298		38	淡水养殖废水排放二级标准为：COD ≤ 25毫克/升；总磷≤ 1.0毫克/升；总氮≤ 5.0毫克/升
		1底					1.95		0.39					315			
		池水2		18.06	11.2	7.8	1.47		0.36	30	20.3	>1.15		267		41	
		2底					1.39		0.34					301			
		池水3		17.85	11.32	7.79	1.46		0.27					245		46	
		3底					1.695		0.43					230			
		循环前					1.57		0.29					287			
		循环后					1.41		0.16	49	19.9	>1.15		350			
		莲花池					0.125		0.11	13	6.6	0.19		292			
		大池北					0.07		0.08					192			
		排污井水					1.805		0.38					260			

续表

序号	日期	池号	气温/℃	水温/℃	DO/(毫克/升)	pH值	亚硝酸盐/(毫克/升)	硝酸盐/(毫克/升)	氨氮/(毫克/升)	COD/（毫克/升）	总氮/(毫克/升)	总磷/(毫克/升)	碱度/(毫克/升)	总碱度/（毫克/升）	ORP/毫伏	透明度/厘米^2	备注
12	11月9日	池水2	14℃	13.8	13	8	0.512		0.02	30	14.8	>1.15	参考值，11月8日清污时取的水，数据会有差别				淡水养殖废水排放二级标准为：COD ≤ 25毫克/升；总磷≤ 1.0毫克/升；总氮≤ 5.0毫克/升
		循环池					0.568		0.05	32	15.8	>1.15					
		莲花池					0.06		0.02	11	4.4	0.13					
		大池北					0.064		0.01	12	2.6	0.11					

在试验中期，为了帮助清理鱼粪、残饵，在“168”池塘和竖流集污器里放清道夫100尾（3个养殖池各20尾，竖流集污器40尾），单净化池510尾，共计放养610尾。高温季节，在沉淀池部分区域栽植水蕹菜，净化沉淀池水质，吸收循环水中残饵、粪便等物质。投放清道夫前后竖流集污器对比见图6.114、图6.115。

图 6.114　投放清道夫前

图 6.115　投放清道夫后

6）试验结果及分析。

①测产和收获结果：11月2日，经对3个养殖池抽样，大口黑鲈平均重405克/尾，从测产结果看，经过130天的养殖，平均每个养殖池塘存池量达到2 900千克左右。测产结果见表6.50。因为大口黑鲈没有达到上市规格没有销售。

表6.50　试验测产结果

苗种放养量	抽样结果	计算产量	净增重	饲料投喂量	饲料系数
21 500尾	405克/尾	8 708千克	7 633千克	8 396千克	1.1

11月2日，收获清道夫560尾，单价4.5元，购买清道夫花费1 065元。销售清道夫收入2 520元，利润1 455元。

②养殖尾水处理前后的水质对比结果及分析：通过对试验过程中

水质检测结果分析，“168”模式与传统养殖模式相比，可以有效地去除池塘中养殖鱼类残饵、粪便，生态净化系统可以有效降解水体中富集的代谢物，使养殖尾水得到净化后循环再利用。水质净化效果见表6.51。

表 6.51　水质净化前后对比

项目	养殖池	尾水处理后	处理效果
氨氮（毫克/升）	0.88	0.05	下降94%
亚硝酸盐（毫克/升）	1.31	0.67	下降49%

“168”模式管理的核心是水质管理。随着投喂饲料增加，水体载鱼量增加，水体中代谢物总量增加，如果不及时排污处理，养殖池内氨氮和亚硝酸盐会逐步增加，可在水中栽植水蕹菜，利用水生植物固氮去磷。

本次试验增加了溶解氧在线检测设备和底排污定时开关，方便了养殖管理，减小了劳动强度，减少了人为失误的可能性。

试验过程中为了帮助清理鱼粪、残饵，在净化池投放了清道夫，效果显著，以后可加大投放量，在帮助清理鱼粪、残饵的基础上，增加收入。

③经济效益分析：清道夫获利1 455元。测产计算大口黑鲈存池量8 708千克，未销售。试验全年总支出62.28万元。其中基础建设投资34.3万元，直接用于生产试验的投资为27.98万元（表6.52）。按照大口黑鲈存池量8 708千克计算，大口黑鲈的养殖成本为32.13元/千克，但这是半成品，不能依此计算收入或者是盈利水平。从每个养殖池放养量7 000尾左右来看，达到600克/尾的商品规格和最终的养殖产量不会超过5 000千克。在山区深水井耗电量大的情况下，这个放养密度是不足以盈利的。因此，建议和平原地区一样，按照每个池塘12 000尾左右的量放养，设计单池产量7 500千克以上，在同样租金、用电、人工成本的情况下，提产是成本降低、效益提高的关键。并且，这种经验已经在大多地区实践证明过了。

表 6.52 试验投资明细表

序号	投资内容	投资额/万元	投资详细说明
1	基建	34.3	6个新建漏斗型池塘及设备投资
2	人工工资	3	按照6个月计算
3	电费	5.4	含有基建用电
4	苗种费	6.3	
5	土地租金	1.6	
6	饲料费	10.08	
7	杂支	1.6	设备维修、拉网运输等
8	总投资合计	62.28	

④成功利用闲置石坑的效果分析：“168”底排污循环水养殖模式有以下的优点：实现了在缺水地区循环水养殖，节约了水资源，充分挖掘利用了废旧矿（石）坑，将闲置资源变废为宝。适应环保政策，尾水经过生物处理循环利用，不对外排放，不对外界造成环境污染。循环水清洁养殖，鱼病害少，用药少，提高了水产品的质量，提高单产，节约土地。

⑤施工管理和建材选用的建议：因为是在原来的废石坑填土建设，有些地方沉降与受力不均，生产前部分管道出现损坏，影响运行。为赶工期，雨季施工，造成沉淀净化池漏斗坡度、平整度与设计有差异，与设计的使用效果有差距。因此，材料必须保证质量，并注意施工质量。

⑥降本增效的建议：本试验中的“168”养殖系统，建设在山区缺水地方，节约用水非常重要，试验中实现了水资源节约运用，但600米的深水井电费造成成本大大增加，建议一是在生态净化池种植高附加值的水生植物，比如高档水生花卉、蔬菜等，提高效益；二是利用落差与农作物灌溉相结合，增加养殖尾水灌溉面积，实现在山地、丘陵“一水两用”，综合种养经济效益的“效益叠加”；三是利用优质的地下水资源，开展吊水鱼生产，打造品牌鱼，提高效益；四是通过开展垂钓发展休闲餐饮和乡村旅游等增加收入。

6. “168”模式应用实践中的思考

（1）对“168”模式应用中一些不同情况的对比与思考。

为做好这一技术推广，现将近年来这一技术模式在试验中的发展变化简要总结，并就不同变化对水产养殖的影响提出思考。

1）漏斗型池塘循环水高效养殖技术的发展变化过程：“漏斗型池塘循环水高效养殖技术”最早的名字叫“郑州‘168’底排污池塘生态养殖系统”。“1”的含义为1个池塘或1 000米^{2}养殖水面，“6”的含义为6大技术模块，“8”的含义为8大好处。整个系统以1 000米^{2}水面养殖，配套不低于5 000米^{2}的水面处理养殖尾水，养殖尾水经净化后回用于养殖池，形成一套完整的循环水养殖净化处理系统。

2018年开始试验时设计的池塘直径一般在36米左右，池深3米，养殖水面1 000米^{2}左右，池塘呈锅底状；2019～2020年，根据实际情况将池塘直径调整为30米以下，池深调整为5米，池塘净养殖面积500～700米^2，池塘为漏斗状，并选择部分养殖池加盖保温大棚开展低温期养殖试验；2020年以前，每个养殖池配套1台叶轮式增氧机、1～2台水车式增氧机，叶轮式增氧机以增氧为主，水车式增氧机以推动池水定向旋转、把池中污物向池底集中为主，兼有增氧作用。试验池塘养殖尾水直接外排进入净化处理池，没有采用污物收集设备。2020年申报河南省科技攻关项目成功后，另外增加了模型模拟试验，在模拟试验中增加竖流集污器。2021年在实际试验中增加竖流集污器收集池塘排放水中的固体颗粒物。

2）池塘直径、池深、池形变化和循环方式对排污效果的影响：2018～2020年，在实际试验中，一般均配套相同比例的叶轮式增氧机、水车式增氧机，直径25米左右的养殖池配套1台叶轮式增氧机和1台水车式增氧机，直径30米以上的养殖池配套1台叶轮式增氧机、2台水车式增氧机，养殖池单位产出量根据养殖品种的不同，一般在15～30 千克/米^2。在单位产出量、水体流速基本相同的情况下，不同直径、不同深度、不同坡比的池塘排污效果各不相同，持续水体循环与定期排污不循环排污效果也不相同，池塘直径、池深、池形变化与循环方式对排污效果的影响详见表6.53。

表6.53　池塘直径、池深、池形变化与循环方式对排污效果的影响

池深	直径	池深与半径比	循环方式	池形与池底坡长	池底污物分布范围（从池底中央向外）
4米	40米	1∶5	持续外循环	锅底状半径18.1米	1～15米均有分布
3.5米	36米	1∶5.1	定期排污，无外循环	锅底状半径16.1米	0～12米均有分布
5米	26米	1∶2.6	定期排污，无外循环	漏斗状半径14.3米	0～3米分布
5米	26米	1∶2.6	持续外循环	漏斗状半径14.3米	无

从表6.53可以看出，池深与半径比值越大，也就是池底边坡越长，坡度越缓，池底呈锅底状积存的污物越多、分布范围越广；相反，池深与半径比值越小，也就是池底边坡越短，坡度越陡，池底呈漏斗状积存的污物越少、分布范围越小。

只定期排污补水，不使用外循环，造成池底积存残留污物。在实际试验中，有些养殖户为了节省投资，没有严格按照要求保持水体24小时外循环，而是采用投喂后定时排污，每天排污2～3次，排污后再补充新水。无论是池塘大小、池底是漏斗状或锅底状，这种方式均有污物在池坡残存，且池塘直径越大，残存量越多，污物分布范围越广。

持续外循环在直径小于26米的漏斗状池塘排污效果较好。从表6.53可以看出，直径40米的锅底状池塘，即使保持24小时持续外循环（水体循环交换量20米^3/时），从池底部中央排污口向外延伸15米都是污物积存带。直径26米的漏斗状池塘，在只排污不循环的情况下，从池底部中央排污口向外延伸3米分布有污物积存；在形成外循环使池水始终处于向外流动状态下，对排除池底污物的效果最明显。在实际试验中，直径26米的漏斗状池塘，水体循环交换量15米^3/时即达到了池底边坡无存留污物的效果。

3）池塘上加盖保温大棚的养殖效果：从2019年开始，应用企业根据场地情况将池塘直径改为26～30米，并尝试在池塘上搭建保温大棚开展越冬养殖。保温大棚按照池塘形状设计为圆形穹顶式，采用镀锌管焊接成大棚骨架，外覆盖塑料薄膜，塑料薄膜可以灵活拆卸，冬天覆盖，夏天拆下，实现全年养殖。秋季将成品罗非鱼收入温室保温，延长销售时间，或冬季放养罗非鱼种，春季销售，罗非鱼销售结束后，5、6月再投入大口黑鲈等其他苗种养殖，经过2019、2020年连续两年试验，搭建保温大棚后，可实现一年两茬养殖，极大地提高了池塘利用率和生产效益。

以郑州市龙祥水产养殖有限公司为例，该公司2019年投入200多万元建成了42个直径30米的漏斗型池塘，配套循环水系统并搭建保温大棚。2019年冬季用温水养殖罗非鱼，平均单位产出量22千克/米^{2}以上，最高产量达到48千克/米^2。由于反季节养殖，塘口销售价达到14元/千克，每个面积706米^{2}的池塘产出罗非鱼15 000千克以上，利润5万元以上，单个池塘最高利润超12万元，到2020年5月基本收回了建设投资。

4）保持持续外循环与只定期排污补水、不外循环对池塘水质和养殖尾水处理的影响。

①保持持续外循环对改善池塘水质和养殖尾水处理的效果：在2020年试验中，河南旭华生态农业发展有限公司建设3个直径26～30米的漏斗型池塘和养殖尾水处理系统。在保持15米^3/时水体持续循环交换的条件下，通过对循环水养殖系统的水质监测数据总结，养殖池水和净化池水的总氮、总磷、COD均基本达到淡水养殖尾水二级排放标准，说明该技术模式起到了生态养殖作用。2020年漏斗型池塘循环水养殖系统的水质监测见表6.54。

表6.54　2020年漏斗型池塘循环水养殖系统的水质监测数据

项目	养殖池	净化池	淡水养殖二级排放标准
COD范围（毫克/升）	26～9	20～11	25
总氮范围（毫克/升）	3.45～1.5	1.53～0.6	5.0
总磷范围（毫克/升）	0.4～0.2	0.31～0.19	1.0

②只定期排污补水、不持续外循环对养殖池水质的影响：主要表现在氨氮、亚硝酸盐超标，pH值不稳定，水体含氧量偏低等方面。最突出的表现是亚硝酸盐经常超过0.1毫克/升和养殖池溶解氧偏低。溶解氧偏低表现在：加注井水补充养殖池排污消耗的水量和自然蒸发的水量，因为井水本身含氧量不高，加上养殖池水体清澈、缺少藻类造氧功能，在水车式增氧机不间断开动的情况下，中午11～13时，中上层水体含氧量只有4毫克/升左右，而持续外循环水体交换的养殖池在同一时间段则可以达到6～8毫克/升。二者相比含氧量相差近1倍。

在2018～2020年，试验点带动起来的各个应用点反映最多的就是亚硝酸盐超标，但这种情况并未引起养殖户的重视，主要因为亚硝酸盐虽然超标，但养殖鱼类却不受影响，依然摄食良好、生长良好，这也造成部分应用点为了节约成本而不重视外循环。

5）污物收集与不收集的各自优势与面临的困难：2020年以前，漏斗型池塘养殖尾水净化由沉淀池、生物净化池、充氧曝气池、过滤墙等组成，漏斗型池塘直接排污进入以上系统净化后循环使用，养殖尾水中的残饵、鱼粪等污物主要靠净化系统中的螺蛳、鲢鱼、鳙鱼和植物吸收利用，养殖池排出的污物没有经过收集环节。

2020年，在模型模拟试验中增加了竖流集污器，将污物集中后收集处理，模拟试验达到了水污分离效果，为后续示范、推广这种方式打下了基础。2021年选择1个试验点，在漏斗型养殖池排水口和净化池之间增加了竖流集污器和集污塔来收集养殖池排放的污物，6月底建成投入使用。养殖尾水经竖流集污器初步分离水污，上清水排入净化池再次净化，污物排入集污井再抽提到集污塔沉淀，集污塔中的上清水排入净化池再净化后循环使用，集污塔底部沉淀的污物定期收集处理。

对比污物收集与不收集两种尾水净化处理模式，不收集污物直接通过沉淀池、生物净化池、充氧曝气池、过滤墙净化和动植物吸收利用，可以达到淡水养殖二级排放标准，起到了较好的净化处理作用，可以推广使用。如果采用污物收集，对于养殖尾水净化和环境保护更为有利，但实际使用中遇到的困难也很明显，承担试验的企业对收集出来的污物处理犯了难，收集后的残饵、鱼粪等养殖污物虽然基本都是固体物，但仍然含泥带水，在夏季高温期，污物收集后不能马上利用，若集中存放则会造成二次污染，收集后的再处理面临难题，如果收集污物必须解决处理该问题。

6）思考与建议。

①采用漏斗型池塘循环水高效养殖模式必须坚持外循环。漏斗型池塘循环水高效养殖技术模式必须配套建设养殖尾水净化处理系统，使用外循环交换养殖用水，净化养殖尾水，达到生态养殖、高效养殖和保障水产品质量安全的设计效果。

②粪污分离、污物收集是一个进步，但要解决好污物处理问题还有很多工作要做。粪污分离、污物收集的尝试刚刚起步，如何处理好收集起来的残饵、鱼粪等污物是面临的一个重要问题，是制约水污分离、污物收集能否继续走下去的关键，郑州市水产技术推广部门已经开始同肥料制造商和农业能源部门联系，商讨将残饵、鱼粪等污物转变为肥料或者制造沼气的可行性，应用企业也在设想能否将残饵、鱼粪等污物干湿分离的办法。如果能实现转变利用，将对渔业绿色健康发展起到极大的促进作用。虽然面临暂时的困难，但这一方向应该坚持。

（2）推广应用中出现的一些问题及改进措施。

1）推广取得的成效。2018年以来，累计在河南省商丘市、信阳市、驻马店市、新乡市、周口市、郑州市等地推广漏斗型池塘养殖单元700多个，面积约75万米^2（含循环水系统）。河南省建立了多个“168”模式示范基地（图6.116）。截至2023年年底，在全国推广漏斗型池塘养殖单元6 000多个，有浙江省、安徽省、福建省、四川省、山东省、湖南省、湖北省、重庆市、河北省、陕西省、山西省、新疆等十几个省（市区）同行前来考察学习、交流（图6.117）。目前国外已有中东地区和非洲、欧洲的同行亲自前来考察或通过委托国内的朋友亲临现场实地考察，得到了应用单位和同行业专家的称赞。漏斗型池塘循环水高效养殖技术在应用中最大的优势表现在产出高效和排污效果好。

①产出高效。在实际应用中单个漏斗型池塘面积大多为530 ~ 706

图 6.116　龙祥水产获河南省“168”模式示范推广基地

图 6.117　全国各地前来学习考察者络绎不绝

米^2，530米^{2}的池塘平均单产罗非鱼20 000千克、斑点叉尾鮰20 000千克、大口黑鲈9 000千克、黄颡鱼7 000千克、丁鱥9 500千克、草鱼15 000千克、鲤鱼15 000千克以上，是普通池塘养殖产量的6倍以上，一个面积530米^{2}的漏斗型池塘养殖效益可达5万～10万元，加建穹顶式保温大棚可以实现全年养殖，养殖效益更高。

②排污效果好。规范建设的漏斗型池塘一般直径为26～30米，池深5米，池底坡比大于0.24。池塘为标准圆形，池坡平整、没有坑洼不平。池塘配套水车式增氧机推动池水涡旋流动，叶轮式增氧机与水车式增氧机转动方向一致，增加水体涡旋流动，涡流将鱼粪、残饵等污物带入池底排污口附近，通过池塘内外水压差将污物迅速排出池外。实际生产中，应用单位每天排污次数有3～4次的，也有12次的，有通过排污阀定时自动排污的（图6.118、图6.119），也有通过插拔管人工排污的，每次排污2分钟即能达到排出池中污物的目的，经试验测定，排污率达到80%以上。

2）推广应用中出现的问题和需要注意的环节。

①池塘建设不规范、配套设施设备不完善等问题影响漏斗型池塘功能发挥。有些养殖户看了漏斗型池塘以后就觉得学会了漏斗型池塘原理，照葫芦画瓢开工建设，造成池塘形状不规范，如，池塘为椭圆形或根本不圆，池底坡度不够，坡面不平整或坡式不均衡，这些问题都容易造成污物残留不易排出；再如，排水排污管道系统不达标，排水排污管道直径过小、选用材料不坚固、易损坏等，导致排污能力

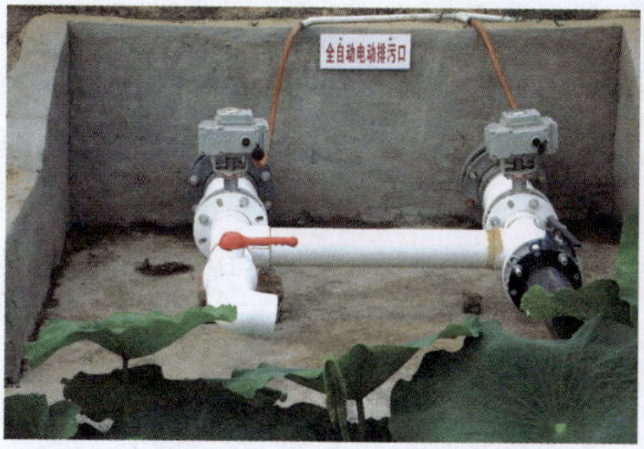

图 6.118　双管路“168”池塘自动控制排污

图 6.119　单管路“168”池塘自动控制排污

弱、影响排污效果，还容易出现管道破损漏水，造成池塘塌陷。

②生产管理达不到技术要求等问题影响使用效果。一是养殖管理过程中，不能按照要求保持推水设备持续工作，不能保持池塘水体持续旋转流动状态，只在排污前临时启动推水设备，造成排污不彻底，池塘仍然存污，影响池塘水质。二是为节省成本不使用膨化漂浮性饲料，反而坚持使用传统沉性配合饲料，传统沉性配合饲料颗粒粗、粉末多、易粉化，鱼类未摄食的饲料易沉入池底，人为增加池塘残饵量。三是不按规律排污或排污不科学，如排污前没有启动推水设备让池水旋转流动，只能将池底排水口附近的少量污物排出，或者水体旋转流动时间不够，未能充分将水体中和池底边坡的污物旋转集中池底排污口，从而影响排污效果并影响池塘水质。四是不使用养殖尾水净化处理系统，将池塘污物直接外排，只求池塘内干净，不顾排放污物的处理。五是没有进排水循环交换，只在排水后补充新水，或者水质不好时大排大灌，造成水质不稳定。

③养殖品种选择问题影响养殖效益。在推广应用中试验养殖的品种有鲤鱼、草鱼、大口黑鲈、罗非鱼、丁鱥、黄颡鱼、斑点叉尾鮰、河鲈、锦鲤等。因为锦鲤主要注重品质，不刻意追求产量，除锦鲤以

外的养殖品种均取得较高产出，草鱼、鲤鱼属于大宗水产品，市场销售价格较低，利润空间小，养殖利润不高，可通过漏斗型池塘养殖竞争市场同类品。大口黑鲈、罗非鱼、丁鱥、黄颡鱼、斑点叉尾鮰等不但产出高效，利润率也高，单池利润可达5万～10万元，适宜该模式养殖，但养殖斑点叉尾鮰需要注意：不能使用井水持续循环或大排大灌，以免水温突变引起应激发病，建议养殖斑点叉尾鮰时使用净化池的池水循环或换水，保持水温相对稳定。在浙江、新疆的应用中，用漏斗型池塘标粗培育大口黑鲈、河鲈苗种成活率高达90%以上，效果突出，被当地企业专业用作大口黑鲈、河鲈苗种培育模式，1个500米^{2}的漏斗型池塘标粗培育大口黑鲈就可实现8万元以上的收益，育苗以后再接着养殖大口黑鲈成鱼，可以实现1个池塘1年养殖2茬，收益翻番。

3）对技术优化和促进渔业提质增效的思考。

①鱼粪、残饵收集后资源再利用的途径和方式。池塘养殖中影响水质的最大因素为鱼粪、残饵等有机物产生的污染，目前漏斗型池塘可以做到高效排出鱼粪、残饵，再通过池外的水污分离设备将污物收集利用。收集利用的方式和途径主要是将鱼粪、残饵等有机污物发酵后作为农田肥料，但在鱼类生长高峰期，每日投喂量大，产生的鱼粪、残饵多，对于规模化养殖的企业，收集和存放鱼粪、残饵成为难题。解决这个难题需要拓宽合作领域，重点做好更简单、高效的鱼粪、残饵污物资源化再利用方式研究。

②配套设施持续完善实现智能化精准管理和生产自动化。随着实践经验的不断积累和应用规模持续扩大，该技术模式也在不同企业得到多方面的优化和完善，比如由人工逐步向自动化、智能化转变，现在已经在排污和水污分离上实现了自动化、精准化，下一步要在生产管理上推动智能化、精准化发展，降低劳动强度，减少劳动成本，推动渔业生产转型升级。

③发挥该技术模式的优势规范化管理，品牌化、多元化经营。2022年《漏斗型池塘建设规范》、2023年《漏斗型池塘养殖通用技术规范》先后由河南省市场管理局发布为河南省地方标准。两项标准为漏斗型池塘建设和生产管理提供了技术支撑，应用时有了标准可依。

应借助规范化生产提高产品品质，注重质量，打造品牌，以品牌经营提升产品附加值，进而提升养殖效益；借助尾水处理系统的水草、花卉等水生植物打造优美的渔业环境（图 6.120），形成养殖和观赏为一体的发展特色，以生产带动休闲观光，拓宽发展空间。

图 6.120 打造美丽渔场

七、“168”建设步骤

（一）土地申请备案

严格来讲，“168”漏斗型池塘也属于设施农业范畴，设施农业土地的使用需要到当地县（区）自然资源局申请备案方能建设使用。设施农业是指利用现代科技手段，如温室、大棚等设施，对农作物进行种植、养殖的农业生产方式。设施农业土地申请备案的目的是确保农业生产活动的合规性，保护农民的合法权益，促进农业产业的健康发展。

土地管理部门主要包括自然资源局、农业农村局、林业局。现阶段河南省三部门关于土地管理所执行的文件主要是豫自然资规〔2020〕1号、豫自然资规〔2020〕55号、豫自然资规〔2021〕166号，“168”漏斗型池塘建设及其他设施渔业建设时必须按照程序申请备案，其他省市的读者应参考当地省市最新的关于土地管理的相关文件。

1. 设施农业土地申请备案的主要流程

申请材料包括填写设施农用地备案申请表（申请人需要填写设施农业土地申请表，详细说明申请的土地范围、用途、建设方案等信息）、设施农用地使用协议、用地申请报告、公司营业执照（或法人、自然人身份证明）、用地现状照片、土地租赁或流转协议、用地红线图（由具备相应测绘资质的单位出具，包含盖章纸质档、txt坐标文件和dxf格式文件），涉及占用耕地、林地、草地等的，应提供有关审批手续等。

2. 受理条件

设施农业用地包括农业生产中直接用于作物种植和畜禽水产养殖的生产设施用地和辅助设施用地。作物包括粮、棉、油、糖、蔬菜等主要农作物以及饲草、水果、中药材、花卉、笋竹、食用菌、茶叶、烟草、油茶等。畜禽水产是指提供食用农产品（肉、蛋、奶、蜜等）、药用农产品（药用蛇、蜈蚣、蟾蜍、水蛭等）以及纺织原料（皮、毛、丝等）的可养殖动物。

（1）作物种植设施用地。生产设施用地包括作物种植（工厂化栽培）、育苗育种大棚、日光温室、连栋温室、灌溉水渠（沟、管）、场内道路等用地。辅助设施用地包括为生产服务的看护房、水肥一体化灌溉及水泵配电等必要的管理用房、检验检疫监测、病虫害防控、农资农机具存放场所，以及与作物生产直接关联的烘干晾晒、分拣包装、保鲜存储、简单加工（如去皮、剥壳、粉碎、切割、打蜡）等用地。

（2）畜禽水产养殖设施用地。生产设施用地包括畜禽舍、养殖池（车间）、孵化室（池）、挤奶间、进排水渠道、场区内通道、绿化隔离带等用地。辅助设施用地包括与养殖生产直接关联的粪污处理、尾水处理、疫病防控、病死动物无害化处理、生物质有机肥料生产、检验检疫监测、清洗消毒转运、饲草饲料加工输送、机具物资存放、冷藏保鲜、分拣包装及必要的管理用房等用地；规模化畜禽水产养殖因防疫需要实行封闭式管理的，经县级自然资源、农业农村主管部门共同认定，还可包括场内员工宿舍、食堂等必要生活配套设施用地。要注意豫自然资规〔2021〕166号文件明确规定"严禁新增占用永久基本农田建设畜禽养殖设施、水产养殖设施和破坏耕作层的种植业设施"。

3. 办理类型

直接办理。

4. 办结时限

20个工作日。

5. 收费标准

免费办理。

6. 主管部门

县（区）自然资源局。

（二）测量设计

土地测量是运用测量学和遥感技术方法对各类土地的数量、分布地形等特征进行测量、绘图的工作，包括地形测量、地籍测量、土地平整测量、土地利用现状测量、荒山荒地等后备资源调查等内容。所使用的测量方法包括大地测量、普通测量、航空摄影测量、遥感技术及地图编制等。地形测量关注于地表的高低起伏及特征，生成地形图以反映地面的地貌状况。这些地形图在规划设计、工程建设和自然灾害分析中具有重要作用。

1. 绘制图纸

绘制图纸是设计中一个重要的环节，它涉及将实地测量的数据转化为可视化的地图和规划图，以便于建设使用。

数据收集与处理：在开始绘图之前，需要收集所有相关的测量数据，包括地形、地貌、地物位置等。这些数据通常通过实地测量获得，也可能包括来自卫星遥感或历史资料的信息。数据收集后，需要进行清洗和预处理，确保数据的准确性和完整性。

设备与软件选择：选择合适的绘图设备和专业软件对于绘制高质量的图纸至关重要。常用的绘图软件包括AutoCAD、ArcGIS等，它们提供了强大的绘图和分析工具。

精度验证：完成绘图后，必须对图纸的精度进行验证，包括检查图纸上的数据与实地测量数据的一致性，以及不同图纸之间相应内容的匹配度。图纸需经过多轮审核，以确保其准确性和合规性。审核过程中可能发现的问题需要及时修订，以提高图纸的质量。

绘制图纸在土地测量设计中扮演着核心角色，不仅要求高度的精确度，还需要清晰的表达和规范的更新流程，以满足不同用户的需求。

2. 定高程

“168”漏斗型池塘的技术核心就是循环水自动排污，因此每一个位置的管路高程、水平面的高程必须提前设计清楚，否则就会影响循环水自动排污。

“168”水平面高度>竖流集污器水平面高度>净化池水平面高度。

（三）材料购置

1. 防渗膜

“168”漏斗型池塘防渗膜的材料选择至关重要，一定不能贪图便宜选择再生料生产的防渗膜，因为这种材料不耐太阳暴晒，使用寿命短，维修十分麻烦。该膜属土工合成材料，聚乙烯土工膜，应符合GB/T 17643的要求，黑色，规格≥250克/米^2。其宽度有6米、8米、10米、12米，标准长度为50米，可根据需要选择购买（图7.1）。

图7.1 防渗膜

2. 土工布

底部铺设一层土工布，避免防渗膜被砾石、树根等尖锐物刺破而引起漏水。该布属土工合成材料，短纤针刺非织造土工布，应符合GB/T 17638 的要求，一般为白色，要求规格≥400克/米^2（图7.2）。

图 7.2　土工布

3. 底排污管道

可选择钢管、PE管道和双壁波纹管等，钢管成本太高，还需要做防锈处理，双壁波纹管质量不好把握，许多地方因图便宜购买双壁波纹管而深受其害。采用PE管道是最佳选择，给水用硬聚氯乙烯（PVC–U）管材，应符合GB/T 10002.1的要求，压力0.63～1兆帕，直径一般选用50毫米、160毫米和300毫米，连接处热熔焊接（图7.3）。另根据设计需要配备各管件，包括弯头、三通等。

图 7.3　PE 管道

4. 竖流集污器

竖流集污器是循环水养殖过程中的一种重要设备，它通过减缓流速，使大颗粒鱼粪、残饵在重力作用下沉淀到集污器底部，经排污管道或者吸污泵定时排出养殖系统，实现固液分离，排出率在60%左右。水产站技术人员通过不断创新，研发出了增加2圈出水堰，在不多增加成本的情况下，效果提高1倍以上，获得了实用新型专利，为进一步达到清洁生产目的发挥了作用（图7.4）。一般每个漏斗型池塘配备1个，目前常见的是主体直径2米，高度3米。

图 7.4　竖流集污器

5. 三格化粪池

三格化粪池由3个相互连接的密封粪便池组成，鱼粪水通过竖流集污器的吸水泵由管道依次进入1、2、3格，在第1格截留沉淀进行厌氧发酵分解分层，阻留寄生虫卵，第2格深度厌氧发酵，游离氨浓度上升，杀菌杀卵，流入第3格的鱼粪水一般已经腐熟，其中的病菌和寄生虫卵已基本被杀灭，经处理的肥水与农田等结合，实现资源化利用。三格面积比例2∶1∶3，深2米，呈漏斗状，定期用吸粪车通过出粪口清除沉淀的鱼粪渣，进一步集中发酵处理做有机肥（图7.5）。三格化粪池一般采用砖混结构，混凝土抹面，防止渗漏。面积

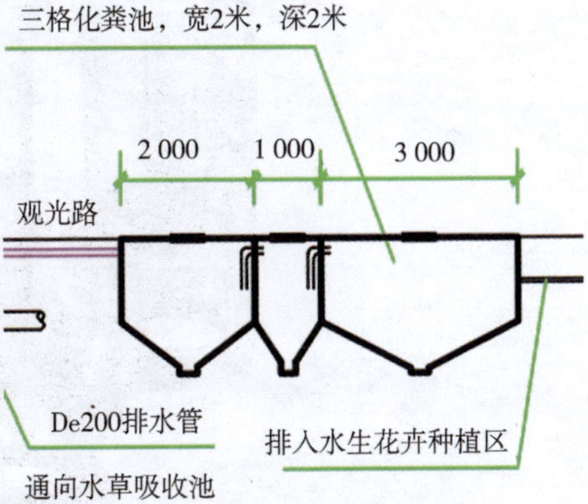

图 7.5　三格化粪池（单位：毫米）

大小依据“168”漏斗型池塘的多少和养鱼产量而定。也可直接买成品三格化粪池。

6. 拦鱼栅

直接购买304不锈钢鱼筛放到排污口，防止鱼进入排污管道，比原来设计的钢丝网拦鱼栅或者2层拦鱼栅效果要好很多，半球状面积大，树叶、杂草等都能顺利通过狭长的缝隙，可避免堵塞。可根据养殖鱼的大小，选择不同规格的鱼筛（图7.6）。

图 7.6　不锈钢鱼筛

7. 吸污泵

吸污泵放入竖流集污器漏斗底的集粪桶中，一般为2.2千瓦，每小时出水量不低于30吨，连接直径50毫米的PE管道，将污水抽到三格化粪池（图7.7）。

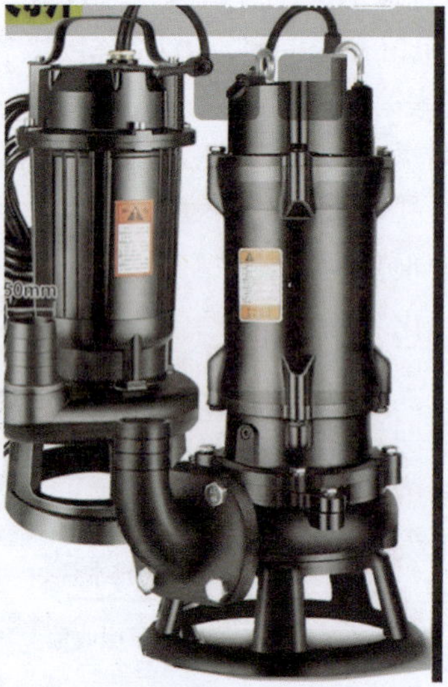

图 7.7　吸污泵

8. 增氧机

增氧机分为水车式增氧机和叶轮式增氧机（图7.8、图7.9），根据“168” 漏斗型池塘的直径配备不同的功率，直径20米以下的池塘采用额定功率0.75千瓦的水车式增氧机，直径大于20米的选择1.5千瓦的水车式增氧机，净化池使用1.5千瓦的叶轮式增氧机。

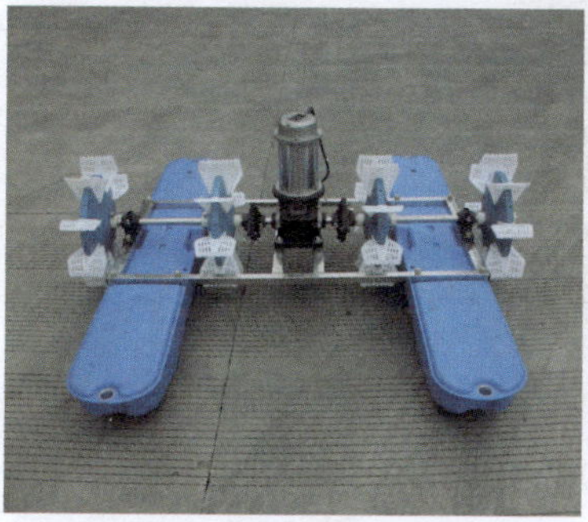

图 7.8　水车式增氧机

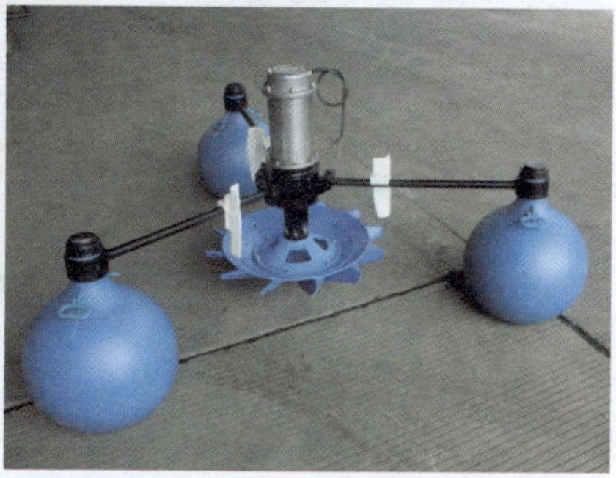

图 7.9　叶轮式增氧机

9. 自动投饵机

自动投饵机是一种由传动机构、投料装置、控制系统和安全装置组成的设备，具有自动投料、连续投料、定时投料和定量投料等功能，可以有效提高养殖效率、减少人工费用、提高养殖效益（图7.10）。

图 7.10　投饵机

10. 鱼塘增氧机控制器

增氧机控制器能连续测量池塘的溶解氧和水温，且能根据溶解氧自动开关增氧机，实现全自动。同时可与手机相连远程查看池塘的含氧量，远程控制增氧机、投饵机的开关（图7.11）。

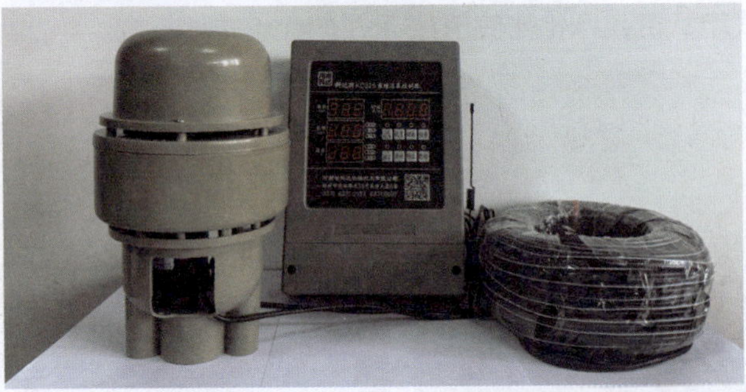

图 7.11　增氧机控制器

11. 吸污泵自动控制开关

吸污泵自动控制开关又叫时控开关，通过手动和自动控制原理实现对吸污泵的开关控制，手动控制需要手动按下启动按钮来启动吸污泵的自动开关，同时时控开关还具备手动和自动切换功能，可以在时控开关故障时切换到手动开关。自动控制实现了吸污自动化，消除了人工排污受天气、时间、人为等因素影响的弊端，具有方便、及时、效果好等优点（图7.12）。

图 7.12　吸污泵自动控制开关

12. 潜水泵

潜水泵安装在管道井中，一般使用6寸*5.5千瓦，每小时出水量不低于120吨，主要用于“168”漏斗型池塘

* 寸为非法定计量单位，1 寸 =3.33 厘米。

的清塘排水（图7.13）。用PE管道加法兰盘与水泵连为一体。

13. 发电机

发电机是养鱼必备设备，在停电时发挥重要作用，配备自动转换器，在停电和来电时，能在一定时间内自动转换（图7.14）。一般为柴油发电机，需要加注柴油。

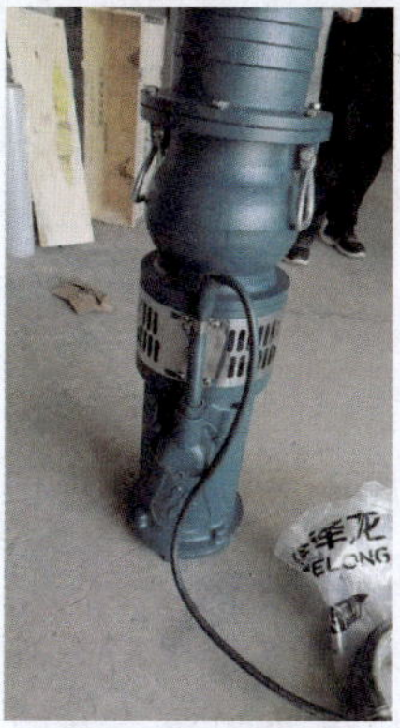

图7.13　潜水泵

图7.14　发电机

必要时一备一用，平时做好维护，定期检查，随时启用。发电机要安装在管理房内，排烟管出口导向户外。发电机的配备要大于用电负荷的1倍以上。

14. 离心式微滤机（自选）

随着科技的不断进步，各行各业都在追求更高效、更环保、更稳定的技术方案。在循环水和水质过滤领域，循环水过滤技术一直是重要的技术环节。近期，一种新型无动力离心式微滤机——新型转鼓微滤机的出现，引起了业内人士广泛的关注。新型转鼓微滤机采用了一种创新的动态过滤方式，利用转鼓的旋转产生的离心力和微米级滤网在水流推动的作用下实现固液分离，当水泵达到一定流量的时候，根据物理特性，会产生动力，待水泵抽水进滚筒的时候，水的冲击动能量会推动滚筒旋转，从而使固体颗粒被完全截留在滤网上，而纯净的水体则通过微米级网孔排出。水流带动转鼓的旋转使得固体颗粒可以迅速从滤网上脱落，在保证滤网效率的同时减少清洗和堵塞时间（图7.15）。其优势表现为：①高效过滤精度，由于滤网采用微米级网孔，在滤网和转鼓旋转的双重作用下，其过滤效率非常高，绝大部分固体颗粒和漂浮物可以第一时间快速地被截留在滤网上，快速地与水体完全隔离，从而获得更纯净的水质。②节约能源，相比传统的过滤技术，新型离心转鼓微滤机具有非常低的能耗，转鼓的旋转速度可以根据实际需要进行调节，以最大限度地减少水资源浪费、能源消耗和故障率。③减少清洗时间，传统过滤设备在过滤一段时间后需要进行大规模的清洗和维护，严重浪费人力、物力和水资源，而新型离心转鼓微滤机通过旋转转鼓将固体颗粒迅速脱落，及时分离出污染物，其运行是动态模式，能大量减少水资源浪费、滤网堵塞和清洗时间以及维护成本。根据对水质的要求，自主选择，一般安装在竖流集污器后面，将经竖流集污器处理过的清水，再次经微滤机净化，排入净化池。

图 7.15　离心式微滤机

15.穹顶式钢构大棚材料（自选）

湖南以北地区，冬季低温期，有需要的可以建设穹顶式保温大棚，能够做到全年养殖。在“168”漏斗型池塘上方搭建钢构大棚，需要直径分别是20毫米、32毫米、40毫米、45毫米热镀锌钢管和12＃镀锌圆钢，以及镀锌卡槽、压条和大棚阳光膜。

（四）建设

1. “168”漏斗型池塘建设

（1）勾机开挖圆池。“168”漏斗型池塘的建设十分有讲究，要先平整土地，在高程、中心确定之后，用白灰放线，再由中心向四周开挖成圆锥状，注意圆锥形池壁一定要陡，不能过缓，直径20～26米的漏斗型池塘深度要达到4 ~ 6米，池埂高程高于原地面1 ~ 2米，池埂内坡比1：0.5，池底坡比1：（4 ~ 5）。以25米直径为例，一般是土基下挖3米、垫高2米（图7.16~图7.18）。

图 7.16　白灰放线

图 7.17　开挖漏斗型池塘

图 7.18　漏斗型池塘土基完成

（2）勾机挖制底部排污管道沟。上一项工作完成后再开挖底部排污管道沟（图7.19）。要按照图纸设计由中心向外开挖，开挖的深度和宽度都不宜过大，一般宽度为1米，长度到池外1米左右位置，池外垂直部分宽度2米左右，要注意防止坍塌。管道沟从中心到池外坡降30厘米为宜，安装管道前要夯实管道沟地基，中心位置和管道沟末端要做50厘米 × 50厘米 × 30厘米的混凝土基座。

（3）安装竖流集污器。竖流集污器的安装最为重要，因为该装置是“168”循环水养殖系统中自动溢流的重要一环，它的位置和高程都是固定的，它的出水口的高度决定着“168”漏斗型池塘的水位，因此在建设时要格外注意，一般竖流集污器出水堰高度比“168”漏斗型池塘高度低50厘米。另外，由于竖流集污器是PP（聚丙烯）板材质，体积大、自重轻，容易发生倾斜和位置偏移，所以安装前、安装后都要按图纸实时定位。安装深度按设计要求，底部务必夯实，使地基牢固，并做直径2.5米、高30厘米的混凝土底座，表面必须水平，待混凝土凝固后，用吊机吊起竖流集污器安装，要求小心操作。集污器中间进水管要对准排污管道方向待与排污管道连接（图7.20）。

图7.19　管道沟挖制

图7.20　竖流集污器安装

（4）铺设底排污管道。铺设底排污管道和安装竖流集污器同时进行，这样便于管道口的调整对接。底排污管采用直径300毫米的PE管道，铺设由专业人员完成，一定要焊接牢固，中心排污口一端加弯头加0.5米PE管向上露出排污口地面。竖管底部一端用300毫米的PE管弯头连接，为更好地排污和清池，此处最好用PE三通焊接，三通底部加300毫米管道并封闭，在50厘米×50厘米×30厘米的混凝土底座上固定。焊接口下方可垫砖或者水泥板，以防受力沉陷。管路铺设完毕后，不要立刻封土，等待试水检漏（图7.21、图7.22）。

图7.21 PE管道焊接

图7.22 排污管道安装

（5）管道井与竖流集污器对接。管道井（竖管）沿上述三通焊接300毫米的PE管向上至高出池埂表面30厘米，按设计位置与竖流集污器进水管道的法兰盘水平对接，用300毫米变160毫米PE三通连接，水平连接同样焊接160毫米管道加法兰盘与竖流集污器进水管道法兰盘对接，加专用防漏水皮垫用螺丝固定，此处是关键中的关键（图7.23）。管道井底部地基必须夯实并做混凝土底座。

图7.23 管道井与竖流集污器对接

（6）排污管检漏。待底排污管道和竖流集污器建设完毕之后，进行试水检漏。先将底部排污口封闭，或者焊接时底部管口预留一定高度的管子，再往竖流集污器中加水，一次不要加多，达到底部管口不溢水即可。观察管道焊接口和法兰盘连接处是否漏水，如果漏水，要立刻用水泵抽出，进行拆解重新焊接。

（7）管道井及排污管道覆土+高程测量修复。检漏完毕后，先将竖流集污器周边均匀封土，并用少许水洇实，这时竖流集污器中要加一半水配重，避免竖流集污器受浮力作用漂浮，更重要的是防止封土不均匀而致竖流集污器倾斜，必须保证竖流集污器水平。然后将底部排污管全部封土，勾机要沿着竖流集污器至中心排污口的方向站位进行封口，避免勾机碾压管道（图7.24）。

图 7.24　封土

（8）灌水密实。这是关键一环，不可忽视。先将底部排污口用塑料袋封闭，以免堵塞，然后往池中加水至池塘上沿，等待1～3天后将水抽干，晾晒池塘，这样做的目的是预防池塘沉降影响建设质量（图7.25、图7.26）。

图 7.25　灌水密实

图 7.26　抽干池水

（9）排水敷边。灌水密实之后，要对池塘进行修整，清除底部的塌陷淤泥，修复圆周的坡度，修复池埂，要尽可能呈圆形，并重新测量上口的高程，以达到设计的要求（图7.27）。池底表面的树根、石块等杂物，一定要清理干净。

（10）外部开挖压膜沟。用小型勾机沿池塘四周开挖一道圆形的沟渠，一般0.5米宽、0.5米深，用来封压防渗膜。池埂上沿高出原地面

0.3米，并密实平整（图7.28）。

图 7.27　平整

图 7.28　压膜沟

（11）排污口底座混凝土固定。底部排污口是“168”池塘最为薄弱的地方也是最容易漏水的地方，多家“168”养殖场因此处处理不当，引起漏水而重新返工，因此要格外重视。清理池底淤泥，用少许混凝土将排污口四周固定，但要保持锥形底。高出排污口部分的PE管道，待最后安装防逃筛后切掉（图7.29）。

图 7.29　排污口处理

（12）铺设土工布。铺设土工布的主要作用是保护防渗膜，分为全池铺设和部分铺设。在土质复杂的地区（如砂砾石区）或者树根、草根多的情况下，要全池铺设（图7.30）。在沙土地，无上述情况的地区，可选择池埂部分铺设，在保护防渗膜的同时，也可保护池埂沙土以免塌陷（图7.31）。土工布通过人工滚铺即可，为自然搭接。

（13）防渗膜焊接。防渗膜焊接是一个精细且关键的过程，是“168”池塘建设的重要一环，最好由专业人士进行焊接。焊接是为了保证质量，焊接机下方要使用焊接轨道（采用加厚防渗膜，长度超过鱼池半径，宽度0.5米）。焊接完成后，需对接缝进行严格检查，确保

图 7.30　全池铺设

图 7.31　部分铺设

其严密无缝，强度不低于母材。为减少“168”池塘表面皱褶问题，经过数年的摸索，目前焊接采取“瓜皮状”拼接方式，计算好尺寸，分成9片，然后从排污口中心部位向池埂方向焊接（图7.32）。到池埂部分，由数人配合焊接（图7.33）。其间要注意不能断电，否则会引起焊洞。要求整个池底表面基本无皱褶，池埂部分少皱褶。

图 7.32　防渗膜焊接

图 7.33　池埂部分焊接

（14）“168”底排污口混凝土压膜+防逃筛固定。焊接完毕后，要重点处理底部排污口。需要用混凝土灌注（必须用标号较高的水泥），排污口防渗膜、管道要和混凝土完全结合，仍保持锥形底（图7.34）。同时以底部排污管道中心为准，安装不锈钢鱼筛防逃，方法是将该鱼筛压入混凝土下5厘米，待稍凝固，人工做槽，并粉刷光滑，同时按操作规程做好混凝土养护（图7.35、图7.36）。试水前，用防渗材料对混凝土与防渗膜和管道交接部位做2～3次处理，保证此处不能

图 7.34　排污口混凝土处理

图 7.35　防逃筛预处理

图 7.36　防逃筛安装槽处理

渗水。底部各项处理完成后，在加水试水前将杂物、水泥碎块清理干净。

（15）加水查漏。加水查漏时要缓慢加水，以盖住排污口0.5米左右为宜，观察半天时间，看水位下落情况确定是否漏水。如果下降速度较快，说明有渗漏，需排干水检查，做防渗处理（图7.37）。

图 7.37　加水试验

第一阶段加水试验无渗漏后，持续加水，加水仍要缓慢，以防大水冲击，引起防渗膜下坠，逐渐加至管道井与竖流集污器连接160毫米横管处，并观察法兰盘连接处是否漏水，如出现漏水现象，要停止加水并维修。如无问题，持续加水至竖流集污器出水堰处即可（图7.38、图7.39）。在此期间，随水位上升，再人工拉展土工布和平整防渗膜。

图 7.38　竖流集污器中水位上升

图 7.39　“168”池塘加水试水

（16）封压膜沟。上一步建设完毕之后，要对池埂上沿修复平整，然后轻拉防渗膜上沿，待防渗膜处于合理的位置进行封土固定，人工给予压膜沟少量土压好。要注意检查，防渗膜一定不能悬空，要尽量减少防渗膜皱褶，可左右均匀拉伸防渗膜，最后用勾机封土并压实（图7.40）。操作一定要小心。

图 7.40　封压膜沟

2.净化池建设

净化池建设是“168”循环系统的重要组成部分，目的是通过微生物的分解、水生植物的吸收、滤食性鱼类的利用、曝气、增氧等多种技术手段，对经鱼粪集排装置分离鱼粪后排出的尾水进行有效处理，达到符合排放标准或循环利用的水质要求。

施工前必须进行详细的现场勘查，包括地形、地质和气候条件等，以确保这些自然条件符合净化池的建设要求。根据勘查结果进行必要的设计计算，确保净化池的设计科学合理，同时进行工程预算，合理控制成本。

根据不同处理需求，选择适当的面积，原则上与“168”池塘比例不小于1∶1，包括水草吸收拦截和滤食性鱼类净化池，如空间可以，也可以增加生态沟渠（曝气、种植莲藕等）、增加净化池面积等。一般对形状无特殊要求，可依地形改变。

此处以地下水位80米深缺水、沙土底渗水严重地区为例，设计的“168”漏斗型养殖池和净化池1∶1面积比例，18米直径“168”漏斗型池塘配套边长18米的正方形净化池。

（1）图纸设计。净化池与“168”池塘相邻，分为水草吸收池、生态净化池，水草吸收池拦截吸收经竖流集污器分离出大颗粒鱼粪后的清水中的有机物，生态净化池放养鲢鱼、鳙鱼等滤食水中产生的浮游动植物以净化水体，并经循环泵抽回“168”池塘形成循环水养殖。两池用立柱钢管支撑，防渗膜隔断，末端防渗膜打孔，让水流向水草吸收池再到生态净化池（图7.41）。

（2）土基挖制。利用原地形，将一条深2.5米的荒沟下挖，两侧堆土成池埂，每隔30厘米碾压压实，坡比1∶1，修整各边池埂平整，去除树根、石块等杂物，防止刺破防渗膜。待池底、边坡处理完毕后，池埂表面留50厘米宽土基开始挖宽50厘米、深50厘米的压膜沟，边沿要人工修整平整（图7.42、图7.43）。

（3）土工布和防渗膜铺设。在缺水和渗漏严重的地区，采取全池铺设土工布、防渗膜的方式，还可起到护坡的作用。渗漏不严重地区，可采取只铺池埂护坡。池埂与池底交接处下挖深50厘米、宽50厘米的压

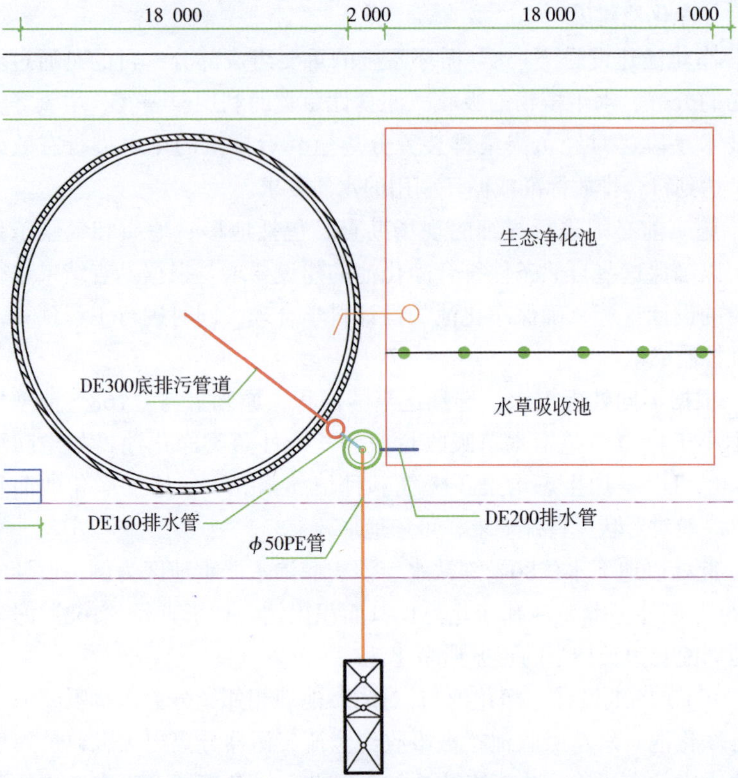

图 7.41　净化池平面图（单位：毫米）

图 7.42　挖压膜沟

图 7.43　人工修整池埂边沿

膜沟，先覆盖土工布，后覆盖防渗膜，池底压膜沟内土工布和防渗膜要平铺并部分包裹回填土，压实（图7.44~图7.46）。

图 7.44　土工布铺设

图 7.45　防渗膜铺设

渗漏严重且土质复杂地区，净化池采取全池铺设土工布和防渗膜，平整后，整体净化池表面先铺土工布，后覆盖防渗膜，上至池埂表面外50厘米，覆盖压膜沟（图7.47）。与“168”漏斗型池塘不同的是可以直接拉展后在压膜沟封土并压实。

图 7.46　铺土工布和防渗膜

图 7.47　铺膜收尾工作

（4）底部垫土。底部垫土是因开挖时下挖太深，造成了净化池过深，达到3.5米，不利于低扬程循环水泵的使用和种植水草，最后不得不又运土过来垫高池底，池深减少至2.5米，每30厘米电夯压实（图7.48、图7.49）。

（5）架设隔断。对于空间大的地区，一般做土埂将水草池和滤

图 7.48　外拉土垫高池底

图 7.49　垫土完工

食性鱼类净化池分开，合适位置做过滤坝即可。对条件不允许的地方，采取在池底土基上下挖20厘米压膜沟，沟内水平每隔3米做40厘米×40厘米×40厘米的混凝土底座，中心预埋直径40毫米的镀锌钢管做立柱，底部插入土基30厘米，上端与池埂水平焊接同样的镀锌钢管，并固定到池埂外，保证不能松动。靠一侧架设防渗膜做隔断，上面与水平钢管等高，中间紧贴立柱部位全部用不锈钢卡槽、压条固定防渗膜，下面覆盖压膜沟人工封土并压实，两头延长紧贴池埂防渗膜，可做砖混结构步梯，一端在水草吸收池，另一端在滤食性鱼类净化池，作用一是压紧防渗膜防治此处透水，作用二是可方便上下池底，也可做钢管梯子，包裹暖气保温棉压实防渗膜两端与池埂防渗膜紧贴。最后在远端宽度1米的防渗膜上面打孔，与正常设计水位等高打满直径1厘米的圆孔，让经水草池的清水，经过圆孔进入隔壁净化池，主要作用是阻挡鲢鱼、鳙鱼等进入水草池（图7.50）。

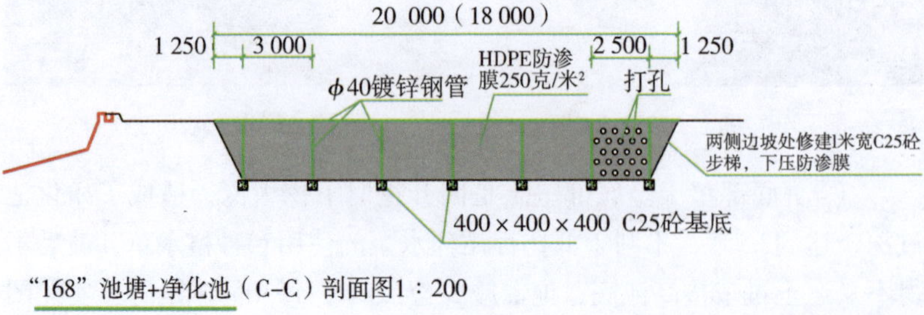

图 7.50　剖面图示（单位：毫米）

3. 三格化粪池建设

图7.51 化粪池安装

在鱼池合适位置，竖流集污器附近建三格化粪池，对竖流集污器分离出的鱼粪水进行发酵处理。三格化粪池分2种，一种是市售成品，依据大小规格，下挖填埋；另一种是人工制作，按照设计图纸，与成品三格化粪池不同的是，三格都呈漏斗状，便于粪渣清理，砖混结构，混凝土抹面，整体高出原地面50厘米，进粪口高于出水口，三格比例2∶1∶3，根据鱼粪的生产量确定体积，一般宽2米、深2米，后面可串联同样规格1~2个，达到充分发酵的目的（图7.51）。

在三格化粪池后面可种植水生植物，如莲藕、水稻、花卉等，也可用水泵抽取经三格化粪池处理后的肥水至周边农田灌溉农作物。

4. 穹顶式钢构大棚建设

经过几年的不断摸索实践，穹顶式大棚的建造越来越科学、简单，抗雪抗风能力不断加强，投资也相对减少很多。在黄河中下游地区，实现了全年养殖，冬季大棚内最低水温12℃，对冬季培育大规格大口黑鲈苗保证市场需求有很好的效果，还可避免大口黑鲈在冬季因低温感染水霉病引起的大批死亡，促进大口黑鲈商品鱼的销售。

（1）大棚骨架焊接。目前普遍按照“168”漏斗型池塘直径加1米作为大棚底部直径，高度随大棚底边直径变化，高度与直径比为1∶4.5。以此比例制作大棚骨架，大棚骨架单根分为外弧、内弧，按作用分为主梁、副梁。主梁4根，四个方向各1根，每根也分为外弧、内弧，副梁为其他支撑骨架，也分为外弧、内弧，主梁钢管的直径一般比副梁的大一倍。单池大小一旦确定，所有主梁、副梁的弧度、长度即可确定，其长度是一致的。外弧、内弧之间用镀锌圆钢做花架支撑。

第一步，单根骨架制作。按照确定长度对钢管进行焊接，然后用钢管拉弯机按照确定弧度弯曲，随后在场地上用钢筋按照外弧、内弧距离打入地下固定外弧、内弧钢管，分别卡入后，用圆钢焊接支撑，并对焊接点做防锈处理（图7.52）。

图 7.52　大棚骨架制作

第二步，大棚焊接。2台大吊车在相对位置各吊起主梁两两对接好，电焊工人站在加满水的“168”池塘上面的架子上焊接，先焊接主梁后焊接副梁，逐步对接焊接，同时由工人辅助确定点位固定（图7.53、图7.54）。

图 7.53　固定主梁

图 7.54　固定副梁

同时对底角点位用打桩机打入地下1米钢管做地桩固定（图7.55），改变原来用混凝土底座固定的方法，具有简单、高效的特点，随后直接把主梁、副梁按照固定点位焊接即可。最后在内弧用镀锌圆钢连接每根骨架，一般用4道固定。

图 7.55　打桩机固定

（2）覆盖大棚膜。选择无风天气，大棚顶2人、下面数人操作，拉展裁剪好的大棚专用膜后，用卡槽压条一一固定在骨架外弧上（图7.56）。温馨提醒，必须保证拉展压平无松动。两棚间可焊接“人”字形加立柱覆膜留门，可做管理间，放置饲料、投饵机等（图7.57）。大棚底部1米高度处加横梁固定，使大棚膜分为上下两部分，下部棚膜可活动拆卸，冬季保温，夏季可拆除通风降温。

图 7.56　覆盖大棚膜

图 7.57　两棚间管理间覆膜

（五）设备安装

1. 吸污泵

安装在竖流集污器最低处，用50毫米PE管道连接，过路时埋到地下，通入三格化粪池进水口（图7.58）。用定时自动开关控制，一般每2小时启动一次，根据鱼粪沉淀情况控制每次抽污时间，一般每次抽污2～3分钟即可。

图 7.58　黑色 PE 管道连接的吸污泵

2. 循环泵

在紧靠“168”池塘一端的滤食性净化池的池埂上，距离池底1米处，沿斜坡向上用PVC管道，加45° 弯头连接，过池埂进入“168”池塘，调整进水口方向，与“168”池塘逆时针方向成45° 夹角进水（图7.59、图7.60）。

图 7.59　净化池安装循环泵的位置

图 7.60　“168”池塘循环泵进水口

3. 潜水泵

潜水泵用6寸泵用PE管道连接，垂直放入管道井底部，加90°弯头连接，出水口设在排水沟或净化池即可，图7.61中连接的双壁波纹管通到净化池。

图 7.61　黑色 PE 管道中的潜水泵

4. 增氧机

增氧机有水车式增氧机和叶轮式增氧机，一台叶轮式增氧机安装在“168”池塘中央，并与自动开关连接，按时开关，其作用一是增氧，在缺氧时可自动开启，二是定时开关，每天开2～3次，每次10分钟左右，强大的向上吸力可以帮助鱼粪快速集聚到排污口；另一台叶轮式增氧机安装在滤食性鱼类净化池中间，与溶解氧控制器连接，按设定溶解氧值开关增氧机。水车式增氧机安装1台或2台，根据鱼池面积确定，大于直径20米的可安装2台，逆时针方向、距离岸边2米处固定；直径小于20米的安装1台即可（图7.62）。

图 7.62　中间的叶轮式增氧机和池边的水车式增氧机

5. 溶解氧控制器

“168”池塘产量高，中后期缺氧会造成重大损失，因此可每池安装1台溶解氧控制器，设定额定溶解氧值，与手机连接，低于设定溶解氧值时可自动报警（图7.63、图7.64）。

图 7.63　室外池中溶解氧控制器外机

图 7.64　溶解氧控制器室内显示器

6. 离心式微滤机（备选）

根据需求，可在竖流集污器出水管道上安装离心式微滤机，大小根据交换量确定，正常循环量不低于30吨/时，循环量增大，竖流集污器和微滤机型号也要加大（图7.65）。

图7.65　安装的离心式微滤机

7. 其他设备安装

在合适位置安装配电箱，按照操作规程施工，并做好防雨防漏电保护措施。发电机组安装在专用房间内，并保证能随时正常启用。

温馨提示：尽量避开雨季施工。

八、最新设计简介

（一）最新设计之一：新郑某锦鲤“168”养殖项目

2024年初，新郑市八千乡二郎店村某公司，计划利用一条荒沟养殖锦鲤，提出想用“168”模式，技术人员现场勘测后，根据锦鲤养殖特点、现场地形，设计了适合锦鲤养殖的“168”养殖系统。

1. 技术亮点

解决传统池塘养殖锦鲤的弊端，养殖锦鲤的特点是需不断挑选、去次留好，而普通池塘养殖存在生长季节及时拉网分级挑选困难、病害多发等众多原因影响锦鲤品质。利用5～8个单独漏斗型池塘循环水养殖系统成组，将锦鲤分级（A级、B级、C级、D级）饲养，其中配套1个掠食性鱼类养殖池（图8.1）。利用“抽水马桶式”漏斗型池塘特有的清洁化生产功能，单池单循环解决病害交叉感染问题，以及易管理、好操作、夏季拉网影响小等优点，通过生态循环健康养殖，每月拉网分级，及时淘汰残次品、低档锦鲤，直接投喂凶猛性鱼类，高中档锦鲤分级分池饲养，达到提升整体品质、降低成本和增加效益的目的。

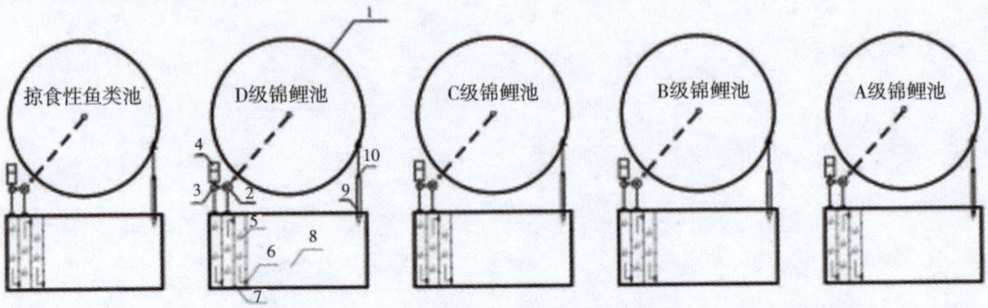

图 8.1 “168”养殖锦鲤池塘布局图

1. 漏斗型池塘 2. 鱼粪收集装置 3. 沉淀桶 4. 鱼粪收集池 5. 水草吸收池 6. 隔离网 7. PE 膜隔断 8. 生态净化池 9. 回水管道 10. 循环泵

2. 简介与现状

该公司是一家农业公司，农业园区集种植、养殖、观光为一体。园区南部紧邻边界，有一排水荒沟，平时无水、雨季有少量存水，全长1 164.5米，最宽处39米，最窄处18米，深2.6米。北侧有多栋温室大棚。

3. 设计

经勘测、讨论，在总宽度不低于26米的范围内，建成4个直径20米、8个直径18米的“168”池塘，各自配套竖流集污器、净化池（分为水草吸收池和生态净化池）、三格化粪池及水生植物种植区（图8.2）。

（1）单组平面图：设计2个紧邻的“168”池塘为一组，各自配套等宽、等长的净化池，南侧设上口2米宽、底1米宽的排水沟渠，“168”漏斗型池塘外设管道井、竖流集污器，经处理的清水，由管道排入净化池。净化池分为水草吸收池和生态净化池，两池以钢管立柱做支撑，用HDPE防渗膜做隔断，末端打孔过水。“168”漏斗型池塘整体铺设土工布、防渗膜，中间排污口底部连接PE管道。净化池边坡铺设土工布、防渗膜，为防渗池底同样铺设防渗膜，覆盖50厘米沙土。在生态净化池末端紧邻“168”池塘，安装300瓦、30吨/时的循环泵。竖流集污器中心底部安装吸污泵，加定时开关，吸污泵通过管道过北侧道路，至三格化粪池（图8.3）。

（2）剖面图。

1）“168”漏斗型池塘部分：以20米直径为例，设计为高出水平面30厘米，边坡1.2米，中间深度4米的圆形漏斗状池塘，中间设排污口，圆形混凝土底座，与直径300毫米PE管道连接，留卡槽安装304不锈钢鱼筛做拦鱼栅，全池铺设规格为350克/米^{2}的土工布、250克/米^{2}的HDPE防渗膜。底部排污管延长至池外向上露出地面（管道井），有一定比降，垂直连接处由三通连接，底部管道须经土基夯实，该三通设混凝土基座。管道井与竖流集污器相连，竖流集污器高3米、主体2米，底部安装是重点，务必夯实土基，并设混凝土基座，安装时务求水平，填埋前集污器内加适当水配重，四周同时填土并灌水密实或机械夯实（图8.4）。

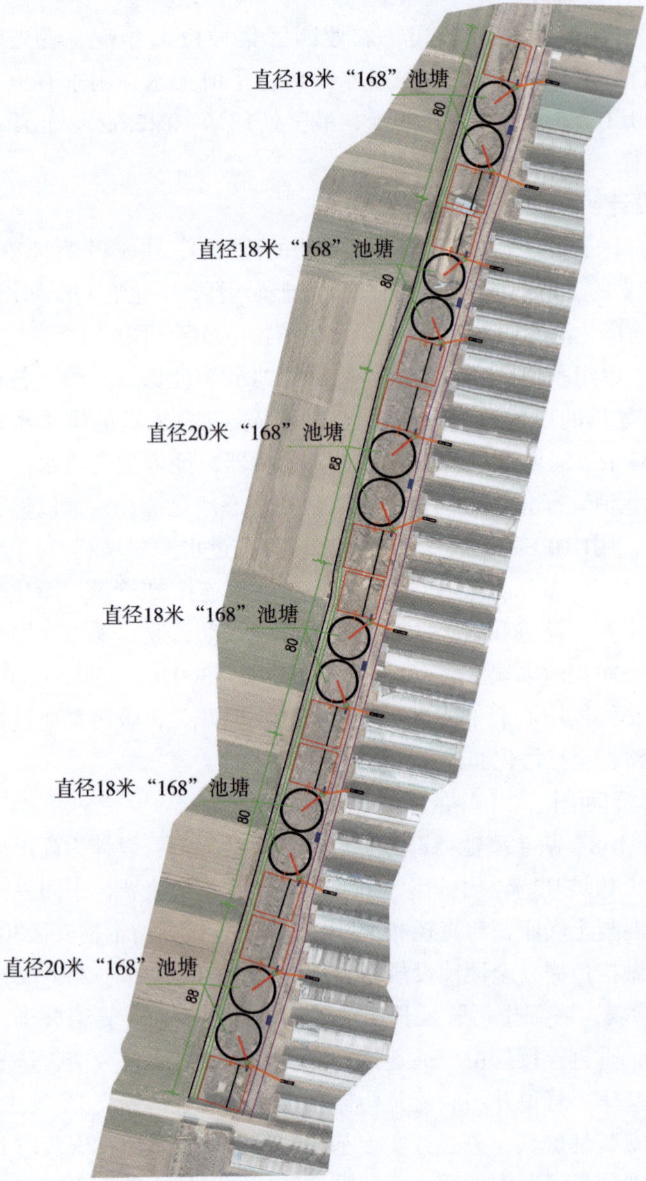

图 8.2　“168”养殖锦鲤池塘规划图

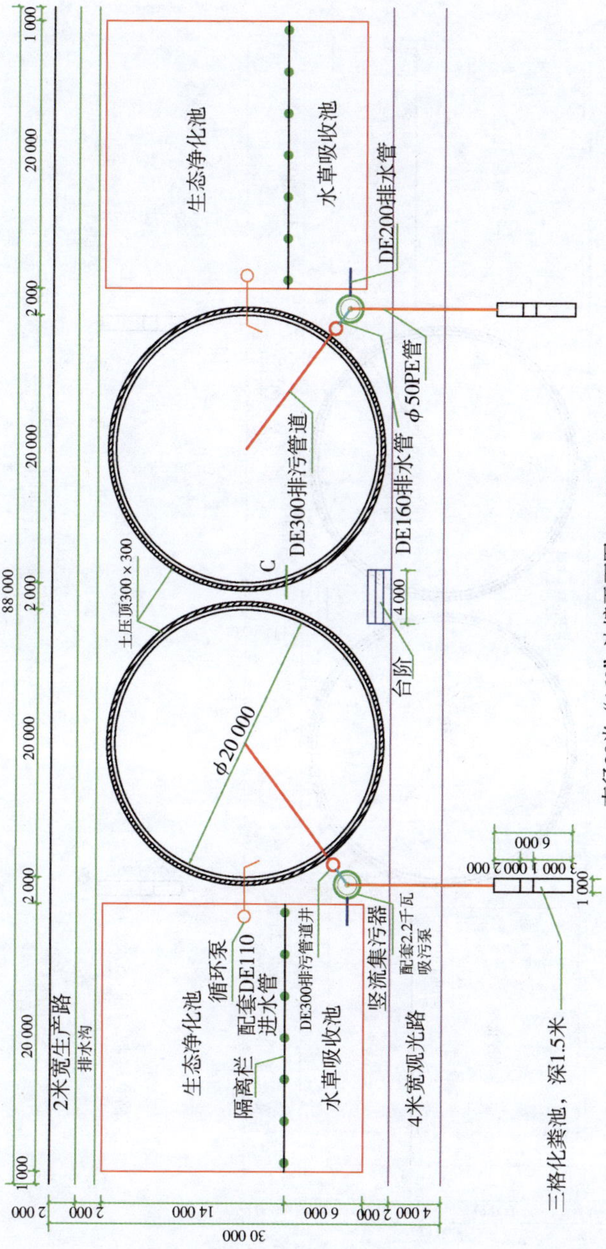

直径20米“168”池塘平面图 1：250

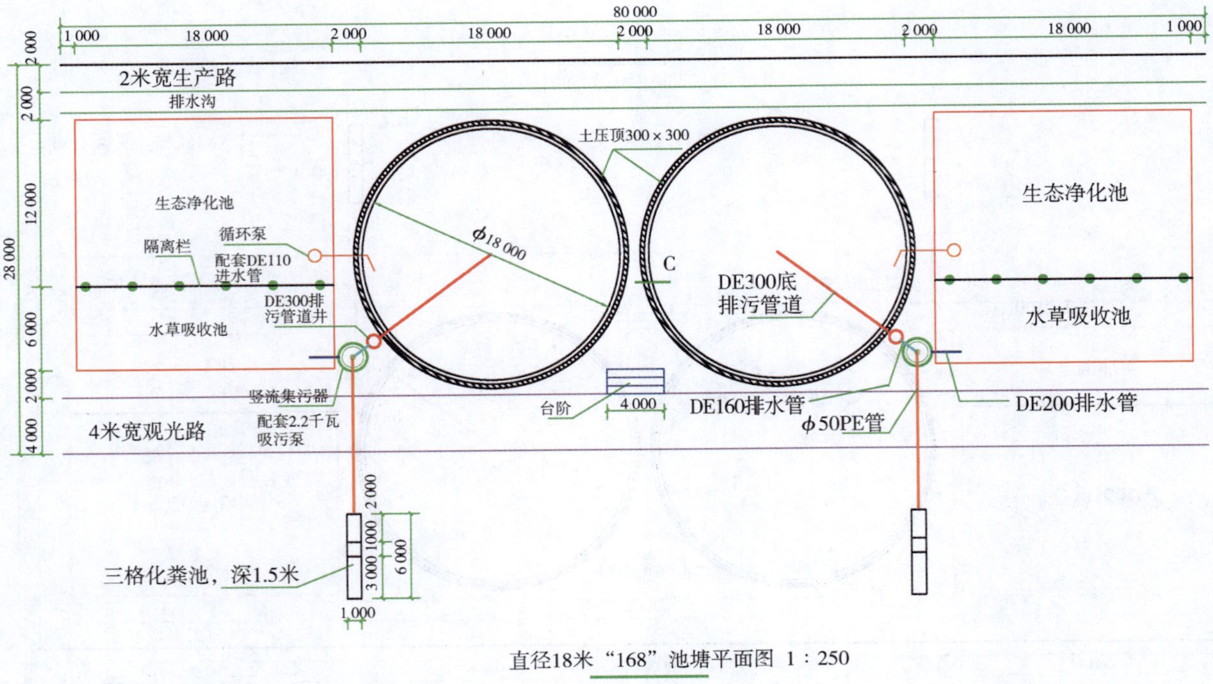

图 8.3 “168”养殖锦鲤池塘单组平面图（单位：毫米）

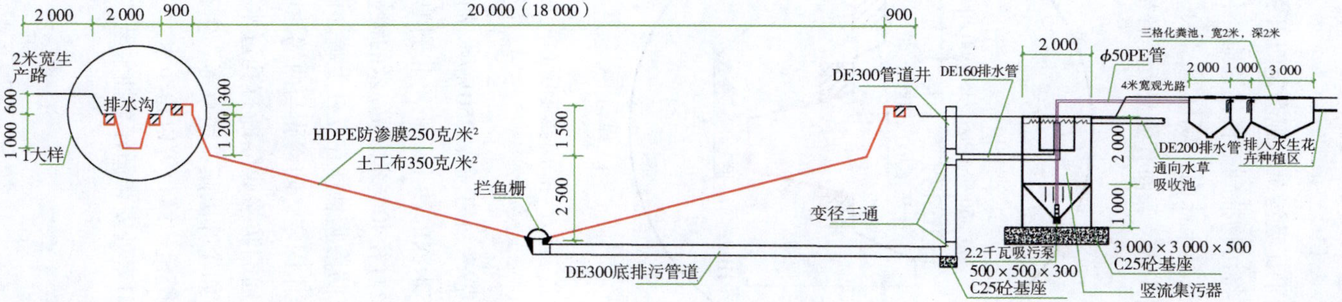

图 8.4 “168”养殖锦鲤池塘单组剖面图（单位：毫米）

竖流集污器底部安装一台2.2千瓦吸污泵，配套定时开关，一般每2小时启动一次，每次2~3分钟，将污物抽到三格化粪池。化粪池位于两座温室大棚中间，砖混结构，混凝土抹面，规格宽2米、深2米，三格长度分别为2米、1米、3米，漏斗状，表面有覆盖板，各格覆盖板中心设300毫米抽粪孔，也辅以盖板密封。三格化粪池以高出原地面0.5米为宜，出水口与灌溉管道或长方形水生植物种植池连接，资源化利用鱼粪。

左侧排水沟，上口2米、底宽1米、深1米，同样铺设土工布、防渗膜，防渗膜延伸至沟外再挖沟掩埋压实固定，用于养鱼池水排水（图8.5）。

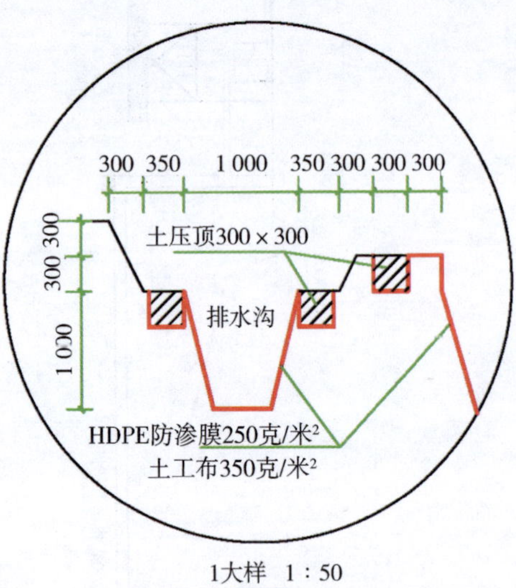

图8.5 排水沟剖面图（单位：毫米）

2）净化池部分：以直径20米的“168”池塘配套的净化池长20米、宽20米、深3米为例，边坡铺设350克/米²土工布、250克/米²的HDPE防渗膜，底部铺设防渗膜，并覆盖0.5米深的沙土。距离北侧池底5米，每隔3米做混凝土底座，底座中心设直径40毫米、高3米的镀锌钢管立柱做隔离栏，不锈钢钢丝拉展HDPE防渗膜悬挂在立柱上端，两侧固定在池埂上，下端埋入池底呈L形，压土固定，防渗膜与两端池埂连接池靠里侧延伸2米做砖混步梯固定。远端防渗膜隔断打孔过水，面积约2米²。水草吸收池种植沉水水草，如轮叶黑藻、茜草等。生态净化池安装叶轮式增氧机增氧曝气，投放鲢鱼、鳙鱼等以鱼净水。生态净化池末端紧邻“168”池塘，距离底部1米处安装循环泵抽水至“168”漏斗型池塘形成循环流水养鱼（图8.6）。

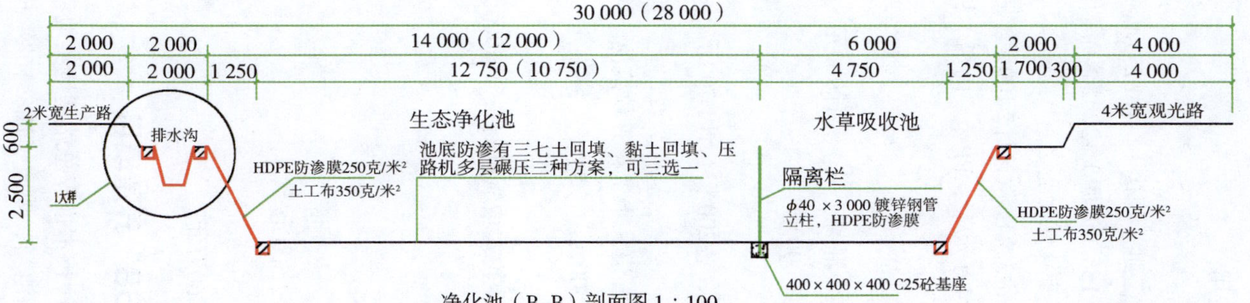

净化池（B–B）剖面图 1：100

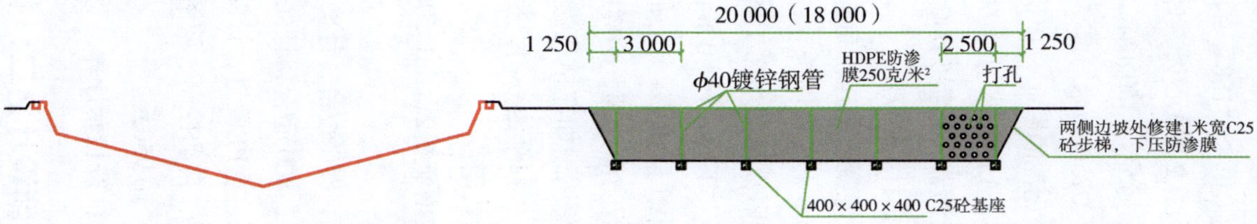

“168”池塘+净化池（C–C）剖面图1：200

图 8.6　净化池剖面图（单位：毫米）

4.投资费用

（1）建设（单个“168”+净化池）费用：

1）挖机2天，2 500元/天，计5 000元。

2）PE管道，15米，150元/米（含弯头、三通、焊接），计2 250元。

3）防渗膜（250克/米^2），500米^2（“168”池塘）+320米^2（净化池）+80米^2（净化池隔断），单价5元/米^2，计4 500元。

4）土工布（350克/米^2），600米^2，单价3.5元/米^2，计2 100元。

5）竖流集污器，砖混5 000元/座，计4万元/套；PP（聚丙烯）板成品9 500元/个，计4.5万/套。

6）排污口混凝土制作拦鱼筛，600元。

7）直径40毫米镀锌钢管立柱，80元（含混凝土墩），计960元。

8）净化池隔离两端步梯（砖混），约1 000元。

9）铺膜等人工费，计4 000元。

10）排水渠（防渗膜+土工布），45米，各200米^2，计1 700元。

11）净化池防渗处理，8 000元。

12）其他费用，如三格化粪池、部分管道、水生花卉种植池防渗处理，5 000元，每2个池一组，折合单个2 500元。

（2）设备费用：

1）水车式增氧机2台，1 500元/台，叶轮式增氧机2台，1 500元/台，计6 000元。

2）投饵机，850元/台，计850元。

3）循环泵，800元/台，计800元。

4）吸污泵，含PE管道，计800元。

5）配电柜、自动控制、溶解氧监控等2 500元/套。

设备投资：10 950元。

（3）总计：按12套计算，总投资概算60万元。

（二）最新设计之二：北京“168”养殖项目

2024年3月，笔者受邀到北京全国水产技术推广总站基地实地考察，基地中心位置有一长71米、宽71米的池塘，要改建成“168”模式。经技术人员充分讨论，结合总站要求，设计成穹顶保温大棚式“168”循环水养殖系统。

1.技术亮点

直径25米“168”池塘，覆盖32米跨度穹顶式保温大棚，环“168”池塘宽2.5米的水草净化+生态净化渠，部分渠上方加盖板，兼做观光通道，改变了原大棚内低温季节无法生态循环而靠大量补充井水保温的状况，同时保温效果好，温差不大，对冬季养好鱼提供了好方法。

2.简介与现状

该基地占地80余亩，建设有国内最新水产养殖模式。基地中心设计“168”池塘，长71米、宽71米的正方形鱼池，已建成的有集装箱养鱼鱼菜共生大棚和部分工厂化养殖车间，正在建设的有圈养模式和稻蟹共生模式。

3.设计

经现场勘察、多次讨论，紧邻主路设计2个直径25米的“168”池塘，环“168”池塘建设砖混结构的水草净化渠，上方覆盖穹顶式保温大棚，另一侧设计水草净化区和生态净化区，高温季节实现尾水处理大循环。

（1）平面图：蓝色区域内设计2个“168”池塘，各自配套水草净化区、生态净化区覆盖砼板，相对位置设置管道井，安装竖流集污器、鱼粪收集井，红色线段为直径300毫米PE管道，排污管道与三格化粪池相连，蓝色线段为直径200毫米排水管，蓝色圆点为阀门井。冬季关闭阀门，大棚内经300瓦循环泵逆时针循环，夏季关闭循环泵，打开蓝色阀门，经管道排入水草净化区，在C位置设置2根直径500毫米的双壁波纹管流入生态净化区，生态净化区绿色管道为大循环管道，为解决施工难度和延长净化路径，进口设置在生态净化区末端，管道另一端过土基分别在“168”池塘边做管道井向上延伸至路面，各自安装循环泵夏季循环。水草净化区和生态净化区由一条3米宽土基道路分开，该道路可通往“168”池塘（图8.7）。

（2）剖面图：“168”池塘边坡1.8米，高出原地面0.3米，边坡坡比1∶0.5，中间最深处4.5米，全池铺设350克/米^{2}的土工布、250克/米^{2}的HDPE防渗膜，中心排污口为混凝土结构，与排污管道、防渗膜紧密结合，保证不渗漏。底部直径300毫米PE的排污管道至池外经一底部封闭的三通向上伸至地面上，底部管道下方夯实，三通处设混凝

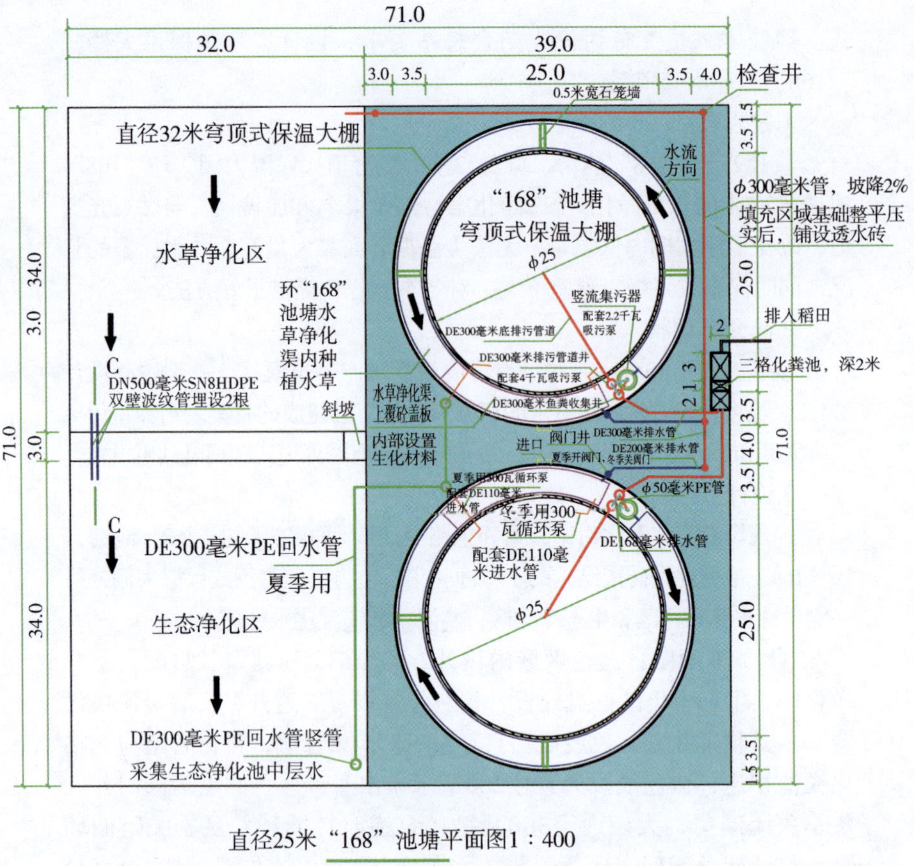

图8.7　平面设计图（单位：米）

土基座固定。“168”池塘部分高出原地面1米。

竖流集污器与管道井由直径160毫米的PE管道连接，竖流集污器与前面介绍的安装方法一致，要求务必水平。管道井和竖流集污器底部分别安装有4千瓦、2.2千瓦吸污泵，配套定时器开关控制，按设定时间抽取沉淀的鱼粪至三格化粪池。

三格化粪池呈漏斗状，高2米、宽2米，三格长度分别为2米、1米、3米，每格盖板中心设有密封盖，定期有吸污车清运漏斗底部发酵鱼粪、残饵，经三格处理，排入稻田资源化利用（图8.8）。

水草净化区与“168”池塘外缘相接，底部夯实，砖混结构墙体

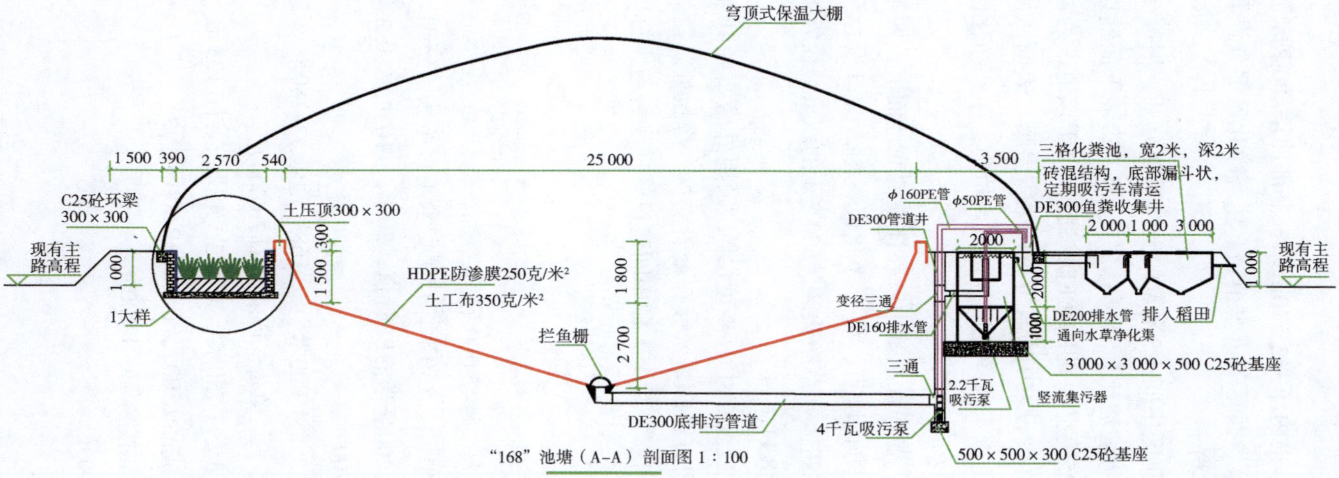

图 8.8　剖面设计图（单位：毫米）

宽240毫米，高1 350毫米，渠内净宽2 570毫米，底部回填400毫米沙土，种植夏枯草、轮叶黑藻、茜草等沉水植物。生态净化区部分设置毛刷、火山石等材料（图8.9）。

水草净化区和生态净化区中间由3米宽的土基道路分开，混凝土路面，土基每0.3米压实，边坡坡比1：1，总深度4米，边坡下面铺设350克/米^{2}的土工布、覆盖250克/米^{2}的HDPE防渗膜，由于该地区为沙土质，渗水严重，池底同样铺设250克/米^{2}的HDPE防渗膜，表面回填500毫米厚的沙土（图8.10）。水草净化区种植沉水植物，生态净化区放养鲢鱼、鳙鱼等，以鱼净水。

道路下预埋过水管道，要埋置土基中，整体在池底地面下，两端由弯头连接并向上0.5米，防止堵塞，生态净化区一侧，关口设拦鱼栅，防止鲢鱼、鳙鱼等逆水进入水草净化区。500毫米的双壁波纹管要达到国标，或改为钢管（图8.11）。

穹顶式保温大棚直径32米，中心高度6米，采用外管直径40毫米、内管直径32毫米，中间直径20毫米镀锌钢管支撑，焊接处防锈处理，外覆盖PE日光温室专用膜。两个大棚中间建设管理房，与大棚内部相通（图8.12）。

4.投资费用

（1）建设费用：

1）挖机6天，2 500元/天，计15 000元。

2）直径300毫米的PE管道，150米，150元/米（含弯头、三通、焊接），计22 500元；直径200毫米的PE管道，20米，110元/米（含阀门），计2 200元，共计24 700元。

3）防渗膜（250克/米^2），1 000米^2（“168”池塘）+750米^2（边坡）+2 250米^2（净化池池底），单价5元/米^2，计20 000元。

4）土工布（350克/米^2），1 750米^2，单价3.5元/米^2，计6 125元。

5）竖流集污器，PP板成品9 500元/个，计19 000元。

6）排污口混凝土制作、拦鱼筛，1 200元。

7）三格化粪池，10 000元。

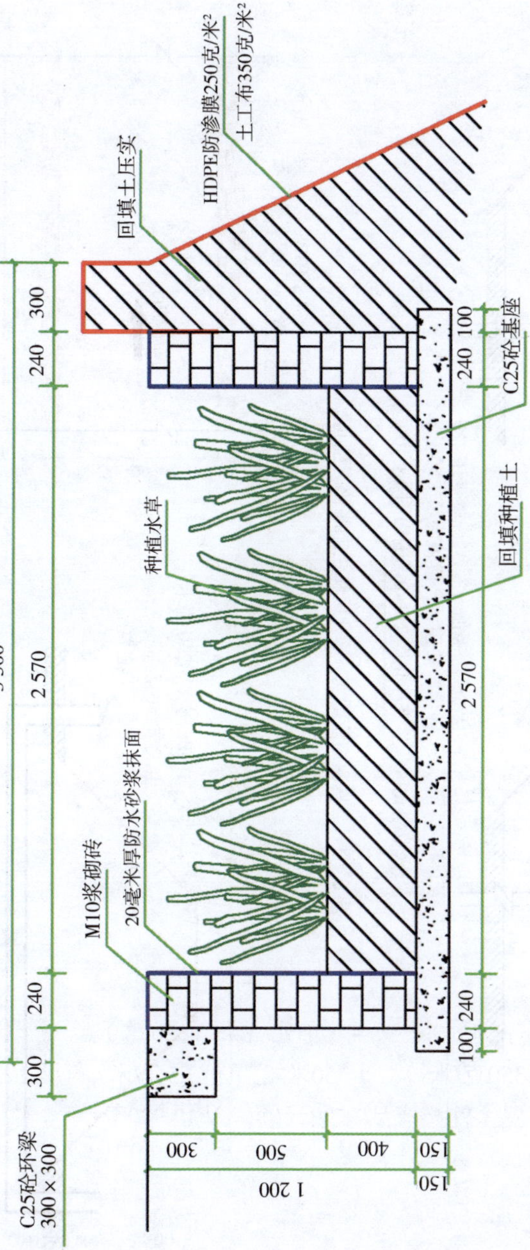

1大样 1∶25

图8.9 “168”池塘水草净化渠剖面图（单位：毫米）

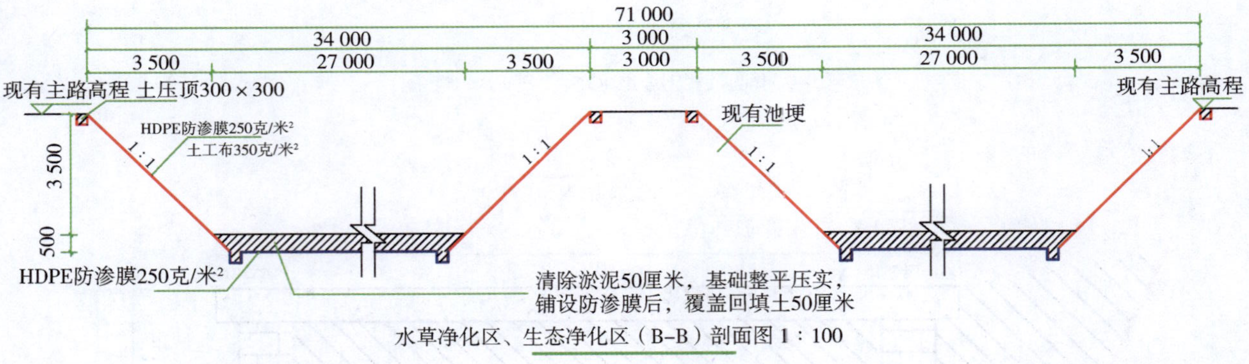

图 8.10　土基道路分割水草净化区和生态净化区剖面图

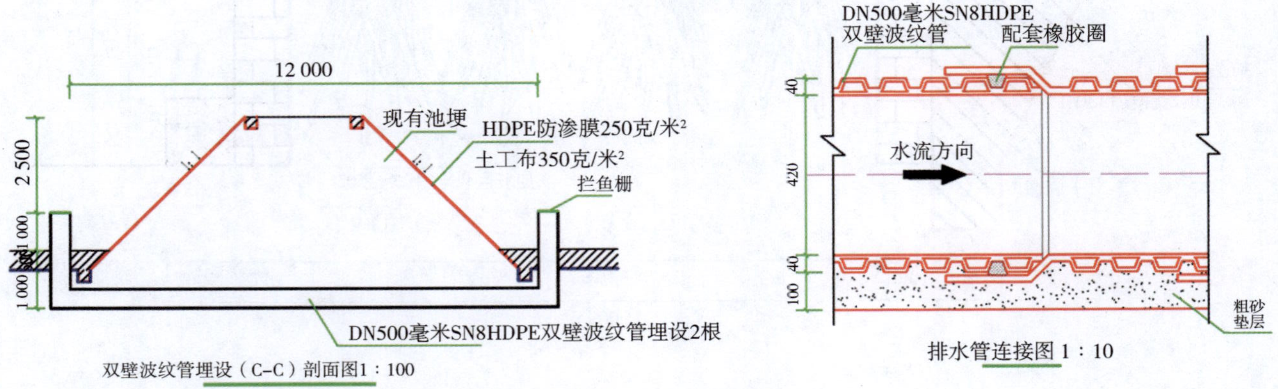

图 8.11　道路下过水管道（单位：毫米）

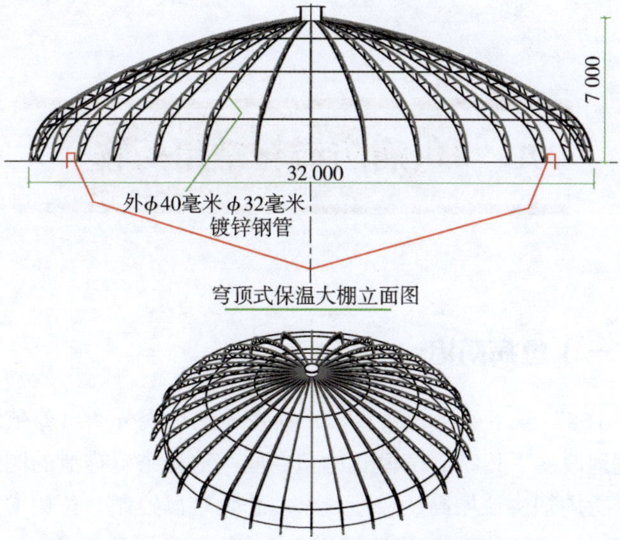

图 8.12　穹顶式保温大棚图示（单位：毫米）

8）水草净化区，长94米、宽3.07米，约30 000元。

9）铺膜等人工费，计15 000元。

10）3米宽道路+管道，计30 000元。

11）穹顶式保温大棚及施工费用，计12万元。

12）不可预见费，如土方、管理房等30 000元。

建设投资：共约32万元。

（2）设备费用：

1）水车式增氧机4台，1 500元/台，叶轮式增氧机3台，1 500元/台，计10 500元。

2）投饵机2台，850元/台，计1 700元。

3）循环泵2台，800元/台，计1 600元。

4）吸污泵2台，含PE管道，计1 600元。

5）配电柜、自动控制、溶解氧监控等2 500元/套，计5 000元。

设备投资：共约20 400元。

（3）总投资合计：34万元。

九、鱼病防治与常用药物

（一）鱼病防治

“168”漏斗型池塘养殖模式高效地把鱼粪分离出养殖水体，最大限度地改变了传统养殖模式中鱼在同一池塘采食排泄的同池污染问题。众所周知，池塘高产会造成水质恶化难以控制，鱼病增多，但是“168”漏斗型池塘与普通池塘相比，大大减少了鱼病发生。据养殖试验统计，鱼病发生大幅降低，用药量减少60%以上。但养殖者也要掌握一定的鱼病防治技术，这里笔者收集整理了“168”养殖模式中常见鱼病的发生、预防和治疗方案供大家参考。

1.斑点叉尾鮰春季暴发病

最近几年斑点叉尾鮰养殖利润大，所以养殖量增速最大，已成为河南水产乃至全国池塘养殖的主要品种。但是斑点叉尾鮰春季暴发病每年都会暴发，给渔民造成巨大经济损失。发病主因是越冬管理不善、营养不足、早春过度投喂、鱼体受伤、防病措施不力等。该病又叫斑点叉尾鮰越冬综合征，病原较多，病例特征复杂，治疗方案不统一，争议较大。

（1）发病原因：一是斑点叉尾鮰的体质弱。越冬停食过早、越冬期完全停食、投喂低质饲料，营养不平衡，对病原感染的抵抗力差。二是鱼体受伤且未及时处理，如放鱼苗、拉鱼并塘、结冰冻伤等，均会导致鱼体受伤。由于冬季水温较低，鱼体不立即表现出发病症状，但随着时间的推移，最终会在春季温度上升时暴发此病。三是开春后过度投喂，导致肠道蠕动异常，出现套肠特征。越冬期间，鱼处于半休眠状态，机体不处于饥饿状态，鱼体营养需求少，肠道无食物，消化功能减退。随着气温上升机体消化功能逐渐增强，大量、无序地增加饲料，破坏了鱼的消化生理功能。

（2）发病症状：病鱼沿池边缓慢游动或静卧池边；吻端、口腔、下颌部、鳃盖、眼部充血、出血；病鱼身上溃烂或有水霉；鳃丝腐烂，有污泥附着；腹部膨大，腹腔内有积液；胃、肠内无食物；肠道发生套叠，甚至肠脱，之后肠道溃烂，肠管充满脓液，肛门红肿出血（图9.1）。病原体有鮰爱德华氏菌、柱状黄杆菌、维氏气单胞菌。

斑点叉尾鮰鳃盖下部出血

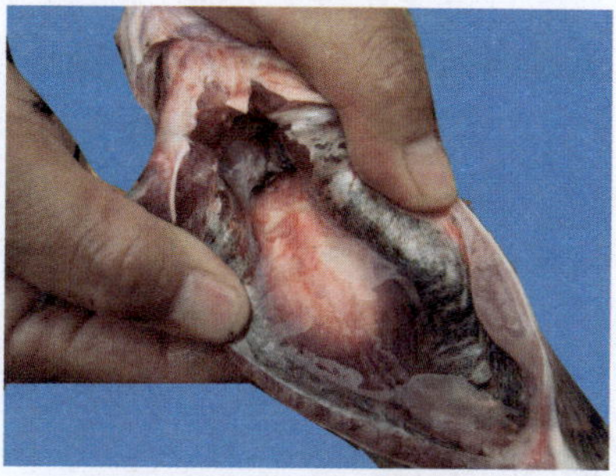

斑点叉尾鮰鱼鳔出血

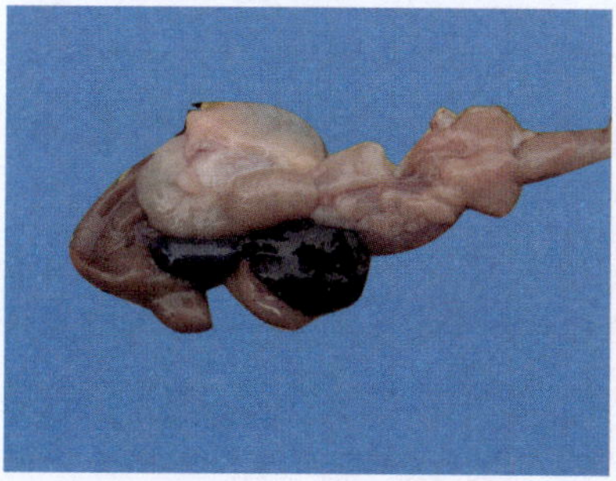

斑点叉尾鮰肠套叠

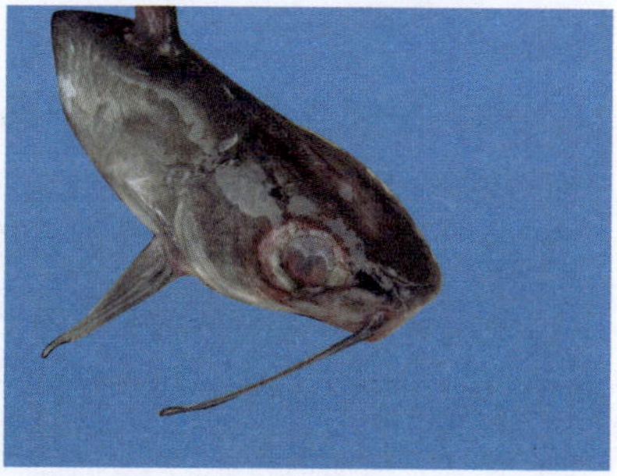

斑点叉尾鮰眼部混浊、出血

图9.1　斑点叉尾鮰春季暴发病

（3）预防与治疗：斑点叉尾鮰春季暴发病连续10年暴发，说明这是一个具有典型季节性特征的疾病。本病治疗效果差，危害性大，随着温度的升高和时间的推移，该病会慢慢减弱直至消失。经实验室检测，鮰鱼疱疹病毒无检出，药敏试验对恩诺沙星和硫酸新霉素、盐酸多西环素等敏感，主要采取的措施有：

①越冬前投喂优质饲料与肠道益生菌。越冬期每周投喂优质饲料1～2次，增强鱼的体质，提高抗病能力。

②冬季转塘、并塘以及鱼种投放等，操作要规范，减少捕捞和转运过程中鱼体的机械损伤。鱼种下塘时使用食盐及小苏打合剂、高锰酸钾或聚维酮碘等药物进行消毒。

③冬季结冰时，一定要破冰，越冬期增加水位，防止鱼体冻伤。

④春季水温上升时，根据吃食鱼的数量、鱼体大小和摄食能力，逐步增加投喂量，投喂优质饲料与益生菌。在饲料中适当添加渔用多维、免疫多糖制剂等，增强鱼的体质，提高鱼体自身免疫力。

⑤3～4月期间，一定要将水质调控好，做到“活肥嫩爽”，可以先用生石灰抛撒消毒，然后根据水体肥瘦情况少量施加肥水素。

⑥渔民要养成观看中长期天气预报的习惯，提高对斑点叉尾鮰病的洞察力。在天气骤降来临之前，提前一天或两天逐渐减料，预防套肠病的发生。

⑦抗菌药物的使用，最好先做药敏实验，明确有效的药物，准确诊断、对症治疗。

⑧准确检测水质，控制水质指标在正常范围之内。重点是溶解氧、氨氮、亚硝酸盐、pH等。

⑨全池抛撒聚维酮碘或生石灰等消毒剂，杀灭病原体。

⑩发病时可以内服渔用氟苯尼考、硫酸新霉素等，内服中药类保肝药物，另加维生素C与牛磺酸调理生理机能，排毒强体。

⑪发病时，刺激性大的外用药物不可用。

2. 蓝藻暴发引起的鱼病

漏斗型池塘中蓝藻暴发一般指的是微囊藻，是淡水中常见的一类藻类，包含会造成有害藻华的铜绿微囊藻，其毒素称为微囊藻毒素，会导致肝脏、胆囊病变，广泛分布于富营养湖泊、沼泽之中。

（1）发病原因：微囊藻喜生长在水温较高、碱性及富营养化的水中。因此，池内有机质含量高、夏秋水温上升的水域中极易发生微囊藻中毒现象。池中微囊藻大量繁殖，pH值甚至会上升到10，夜间又会消耗大量的溶解氧而释放出过多的二氧化碳，造成鱼体不适。

（2）发病症状：池中的微囊藻大量繁殖，在水面形成一层翠绿色的藻类密集层（图9.2）。微囊藻繁殖过度，引起自身的大量死亡，死亡的藻体分解时产生大量羟胺及硫化氢等有毒物质，这种毒素可成为肝毒素，引起鱼的肝脏充血、肿大。

图 9.2　蓝藻（微囊藻）暴发

（3）预防与治疗：防治微囊藻毒素中毒可采用如下方法。

①及时进行池塘清淤消毒，这是避免微囊藻暴发的主要方法。

②严格掌握投饲量，经常加注清水，降低水中有机质的含量，有效降低pH值。

③当微囊藻大量繁殖时，可全池遍撒硫酸铜，撒药后应开动增氧机，在次日酌情加注清水，以防浮头。

④在清晨藻体上浮集聚时，用生石灰粉撒在藻体上，连续撒2～3天，可杀死过多的微囊藻。

⑤使用上层吸污泵进行换水，将微囊藻吸出。

⑥泼洒腐殖酸钠，遮光，减少光合作用。

3.甲藻引起的鱼病

（1）发病原因：这是因甲藻的大量繁殖而引起的鱼病。甲藻又叫血红裸藻，其细胞壁裸露，呈蓝绿色，细胞壁外有甲板，呈黄褐色，有红色眼点，所以在阳光照射下呈红棕色，故又称之为“红锈水”（图9.3），甲藻死亡产生的甲藻素会引起鱼类的中毒。

池塘布满甲藻

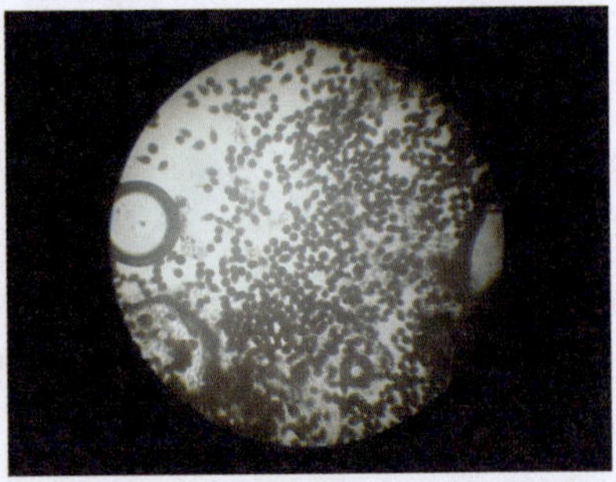

显微镜下的甲藻

图 9.3　甲藻

（2）发生症状：在池塘中对鱼类产生危害的甲藻主要是多甲藻和裸甲藻，它们都喜欢生长在含有机物多、硬度大、水温较高、微带碱性的池塘和小型湖泊，以及垂钓池塘，经常出现早红晚绿现象（严重的水体呈现出红色），鱼类吃了裸甲藻不易消化，甲藻死后产生的甲藻素会引起鱼类中毒。这种藻比蓝藻危害小，一般不影响鱼类摄食。

（3）预防与治疗：立即进行换水，使池塘的水温和水质改变，抑制甲藻繁殖。如甲藻仍不死，可用0.7克/米^{3}水体硫酸铜进行杀灭。泼洒腐殖酸钠，遮光，减少光合作用。

4.亚硝酸盐中毒

（1）发病原因：亚硝酸盐中毒是由于池水中积累的亚硝酸盐浓度过高而引起的（图9.4）。亚硝酸盐是水环境中有机物分解的中间产物，极不稳定。当氧气充足时，它可以在微生物作用下转化为对鱼毒性较低的硝酸盐，但也可以在缺氧时，转为毒性强的分子氨。它的形成过程主要由养殖动物的粪便、残饵、死藻等物质分解成氨氮，然后转化成亚硝酸盐。

亚硝酸盐使血红蛋白中的亚铁离子氧化为铁离子，因而使红细胞中的血红蛋白失去与氧结合的能力，直接影响血液组织的氧气交换，故亚硝酸盐中毒症也叫正铁血红蛋白症。正铁血红蛋白使血液变成褐色，所以又叫褐血症。

图 9.4　亚硝酸盐超标

（2）发病症状：水体中亚硝酸盐浓度过高时，通过渗透与吸收作用进入鱼类血液，从而使血液丧失载氧能力。含量在0.1~0.5毫克/升时，鱼类摄食减少，鳃呈暗紫红色，呼吸困难，游动缓慢，骚动不安；高于0.5毫克/升时，鱼类游泳无力，鱼体柔软，臀部底面呈黄色，某些器官功能衰竭，严重时导致死亡。

（3）预防与治疗：降解亚硝酸盐的必需条件，第一要有藻类吸收，防止亚硝酸盐反弹；第二要有硝化细菌才能转化；第三要有充足的氧气协作分解有机物，避免影响硝化细菌繁殖。

大量注水、换水是降低亚硝酸浓度的最佳方案。也可以使用生石灰消毒后，再使用发酵益生菌，如芽孢杆菌、乳酸菌等。

5. 氨氮超标引起的鱼病

（1）发病原因：水中的氨氮分别以分子氨和离子氨形式存在。分子氨对鱼类有很大的毒性，而离子氨不仅无毒，还是水生植物的营养源之一。分子氨和离子氨在水中可以互相转化，它们的数量取决于池水的pH值和水温，即pH值越小，水温越低，分子氨的比例相应越少，毒性越低。当pH值＜7时，总氨几乎都是以离子氨形式存在；pH值越大，水温越高，分子氨比例越大，毒性越强。

水产养殖中分子氨的主要来源是沉入池底的饲料、鱼类排泄物、肥料和动植物死亡的遗骸。水中的分子氨超标就会引起鱼类疾病（图9.5）。

图9.5　氨氮检测

（2）发病症状：水体中分子氨浓度过高时，会使鱼类产生毒血症，长期过高则将抑制鱼类的生长、繁殖，严重中毒者甚至死亡。发生急性氨氮中毒的池塘，鱼先是呼吸急促，乱游乱窜，有时浮出水面，继而呼吸减缓，鱼体仰浮，不久即死亡。

氨氮的毒性与分子氨、pH值和温度成正比，影响分子氨毒性的因素有以下几点：

①分子氨毒性强弱不仅与总氨氮含量有关，且与它存在的形式有一定关系。分子态氨氮毒性强，它通过鳃、皮肤进入鱼体，分子氨在血液中的浓度较高时，鱼血液中的pH值相应升高，从而影响鱼体内多种酶的活性。

②一般情况，温度和pH值越高，分子氨毒性越强，当池水中pH值超过9时，易发生氨氮中毒。

（3）预防与治疗：消除氨的毒害作用需要有效控制氨的来源和pH值；控制好鱼类的放养密度和单位水体载鱼量，同时加大换水量和对池水进行经常性增氧，防止缺氧，特别是在夏天高温季节尤其重要。

6. pH超标

（1）发病原因：pH超标又叫酸碱度超标，也就是水体中OH^-根离子偏高（图9.6）。淡水养殖中pH值一般控制在6.5～8.5，最佳pH值范围为7～8，因为鱼类血液的pH值为7.43左右。pH值低于4或高于10.6时，鱼虾不能存活。

图 9.6　水质 pH 值检测

（2）发病症状：水质pH值对水产动物的生长有一定的影响。当pH值低时可使养殖鱼类血液中的pH值下降，削弱其血液载氧能力，使其生长受阻或患病。pH值过高则可能腐蚀鱼类鳃部组织，使鱼类等失去呼吸能力而大批死亡。水中的pH值过高或过低，均会造成水中的微生物活动受到抑制，有机物不易分解。

养殖池塘是盐碱地的，其水质pH值容易偏高，常年在8.3以上，对鱼类的影响很大。鱼类的鳃丝呈现深褐色，表面有一层白膜。最近几年黄河鲤鱼的大面积急性烂鳃和水质pH值偏高有很大的关系。

（3）预防与治疗：对于水质pH值在8.5以上的池塘，目前采取的办法主要还是换水，泼洒醋酸和稀盐酸，但这也不是长久的办法。

7. 泛塘

（1）发病原因：水体溶解氧低于鱼类正常生长需要，会导致鱼类浮头泛塘死亡现象。当水中溶解氧降低到一定程度（一般1毫克/升左右），鱼就会因水中缺氧而浮到水面，将空气和水一起吞入口内，这种现象便为浮头。浮头是鱼类缺氧的标志，随着浮头时间的延长，水中溶解氧进一步下降，鱼类浮头也不能解决对氧气的需要时，就会窒息死亡，这种大批鱼类死亡的现象，就叫作泛池或泛塘（图9.7）。

图 9.7　泛塘

（2）发病症状：泛塘死鱼多发生在夏季高温季节，特别是连续低气压闷热天气、连绵阴雨天气最易发生，并多发生在半夜到清晨这段时间里。泛塘与水质肥瘦、鱼的放养密度有关，水越肥鱼密度越大，泛塘程度就越严重。泛塘往往会给养鱼者带来毁灭性的灾难。

在养殖过程中，夜晚一定要加强巡塘，巡塘时如果鱼类受到突然惊吓发出“唰唰”的声音，这就说明是缺氧浮头了，应该立刻开启增氧机。

（3）预防与治疗：经常换水；在鱼类浮头前开启增氧机；保证发电机的正常运转。

8.水绵引起的鱼病

（1）发病原因：这是一种藻类引起的鱼病。水绵是水绵属绿藻的总称，又名石衣、水衣、水苔、石发、水青苔，是一种普遍生活在淡水里的真核多细胞藻类，因体内含有1~16条带状、螺旋形的叶绿体，所以呈现绿色（图9.8）。

图 9.8　水绵

（2）发生症状：水绵广布于池塘、沟渠、管道，繁盛时大片生于水底，或成大团块漂浮于水面。水绵有大量叶绿体，有助于光合作用，有助于吸收水体中的腐殖质。当阳光充足、天气温暖时，它们就可以进行光合作用产生大量氧气，但是大量繁殖会造成管道堵塞、布满池塘，死亡耗氧，影响拉网，鱼苗容易钻入水绵而死亡等。

（3）预防与治疗：一般在净化池中发生，漏斗型池塘不会出现这种水绵。往池塘中连续抛撒生石灰2～3次消毒；增加池水的深度达到1.5米以上，并使用肥水素肥水，泼洒腐殖酸钠降低透明度。

如果是池塘养殖时发生水绵大量繁殖，要做以下处理：一是增加水的深度；二是生石灰消毒；三是肥水。

9. 烂鳃病

我国各养殖地区都有此病出现，每年4～10月是本病的流行高发季节。各种鱼均可发生，尤以当年草鱼受害最为严重，常因此病而引起大批死亡，是养殖鱼类中的一种主要常见病害。

（1）发病原因：本病是由鱼害黏球菌引起的。鱼害黏球菌菌体细长，柔软易弯曲，粗细均匀，长2～24微米，宽约0.8微米，两端钝圆，一般稍弯曲，但较短的菌体通常是直的，革兰氏染色阴性。

（2）发病症状：病鱼体色发黑，离群独游，反应迟钝。剖检病鱼的鳃部，明显可见鳃片上有泥灰色、白色或蜡黄色的斑点，鳃片的表面尤以鳃丝末端黏液较多，并常黏附着淤泥和杂物碎片，鳃丝腐烂，严重病鱼的鳃盖中央内表皮坏死脱落，呈近圆形或不规则的透明小窗，故有“开天窗”之称（图9.9）。

诊断方法主要是观察鳃组织有无腐烂坏死病灶，用显微镜检查有无屈曲运动的细长杆菌，两者结合可做出准确判断。

（3）预防与治疗：采用以下方法预防与治疗本病。

①本病的发生与水质不清洁、放养密度过大、消毒不及时等原因有关，因此，保持水质清洁，经常换水可防止或减少此病的发生。

②利用鱼害黏球菌在0.7%的食盐水中不能生存的弱点，可在鱼种过塘分养时，用2%～3%的食盐水给鱼种浸洗10～20分钟，对预防本病有显著效果。也可以在养殖过程中发现本病的时候直接往池塘中撒食盐。

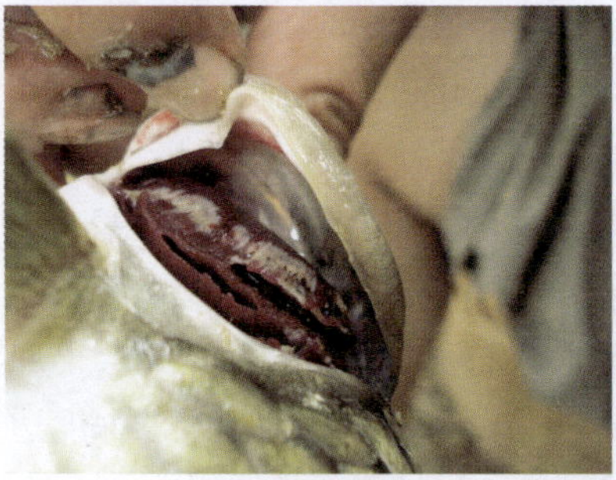

鲤鱼烂鳃

草鱼烂鳃

草鱼鳃盖“开天窗”

图9.9 烂鳃病

③用1%大黄煎液浸洗5分钟或用10%乌桕叶煎液浸洗10分钟，可较好地预防本病。

④在发病季节，每15天遍撒1次生石灰，每个“168”漏斗型池塘用10～15千克。

⑤每个“168”漏斗型池塘全池抛撒二氧化氯片剂200～250克可治疗。

⑥每个“168”漏斗型池塘全池泼洒聚维酮碘250克可预防。

10.肠炎病

（1）发病原因：病原为点状产气单胞菌，该菌与嗜水气单胞菌为同物异名，革兰氏阴性。该菌存在于草鱼肠道中，平时不致病，呈腐生状态，条件适宜时开始大量繁殖，被认为是条件致病菌，当鱼体健康受损害或环境条件恶化时，方能导致发病。

（2）发病症状：本病是我国草鱼养殖中最严重的病害之一，我国各养殖地区均有发生。病鱼腹部膨大有红色斑块，肛门外凸红肿，用手轻压腹部，有似脓样血状物从肛门处流出。肠壁微血管充血，使肠壁呈红褐色。剖开肠道，内无食物，含有许多黄色黏液（图9.10）。

肠道内出现气泡

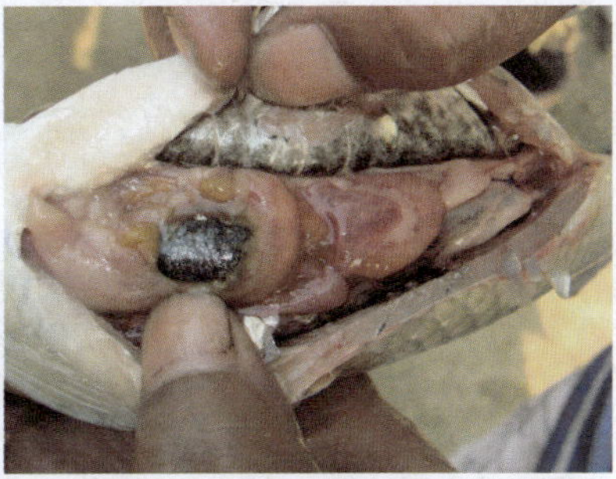

肠道溃疡化脓

图 9.10 肠炎病

（3）预防与治疗：采用以下方法预防与治疗本病。

①彻底清塘消毒，保持水质清洁。本病是经口感染的一种传染病，因此投喂的饲料必须新鲜，不喂变质饲料，特别是发霉的饲料，是预防本病的关键。

②在养殖季节，每隔15天用漂白粉或生石灰在食场周围抛撒消毒，可控制本病发生。

③恩诺沙星拌药饵投喂。每100千克鱼体重每天用药1克，拌料投喂，每天1次，连续投喂3～5天为1个疗程。或者每40千克饲料拌药250克。

④大蒜拌料投喂。每100千克鱼体重用1～3千克大蒜，先将大蒜捣碎，然后与饲料混合，并加入适量的食盐，稍晾干后即可投喂，每天1次，连用6天。

11. 由红虫引起的疾病

（1）发病原因：红虫是指水体中的枝角类和桡足类两大类浮游动物，它们含有鱼类必需的全部氨基酸，营养丰富、营养价值高，容易消化，是大部分鱼类鱼苗的优良适口饵料，特别是鳙鱼全生产阶段的主要食物。红虫不怕缺氧，数量过多时耗氧量大，导致水体缺氧而影响鱼类摄食。

（2）发生症状：在温带地区，红虫多出现在晚春和初秋，开始是乳白色，大量繁殖时可致水呈棕红色。红虫血浆中含血红素，因而身体呈红色，血红素越多，身体越红。血红素含量与水中含氧量成反比。当红虫大量繁殖，水中的氧被消耗，即含氧量下降，红虫体内脂肪体等结构产生更多的血红素，以获得更多的氧气。因此水产养殖中，通过红虫的颜色就可以大致知道水中的含氧量（图9.11）。

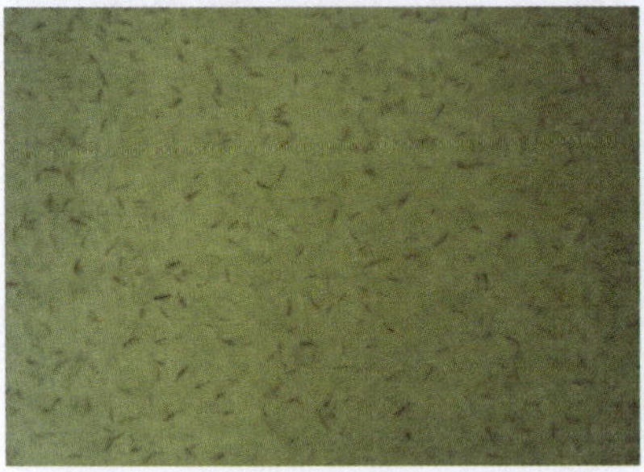

池塘水中的红虫

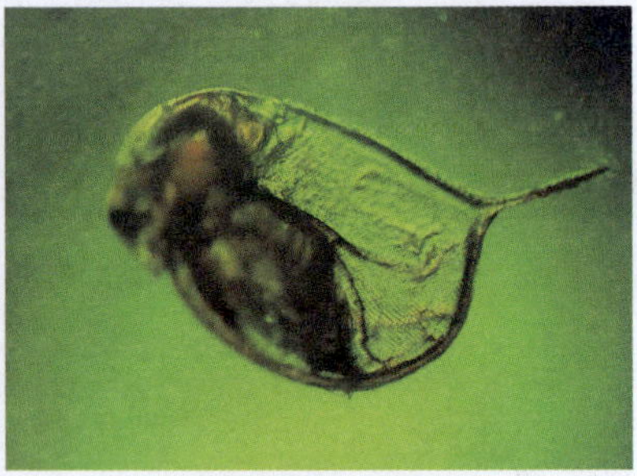

枝角类中的裸腹溞

图 9.11　红虫

（3）预防与治疗：在清晨鱼类不浮头的情况下，可以使用辛硫磷或敌百虫沿池边泼洒，效果明显。

12. 水霉病

（1）发病原因：水霉病又称肤霉病或白毛病，是水产动物真菌病之一。引起这种病的病原体在我国淡水水产动物体表及卵上共发现十多种，其中最常见的是水霉和绵霉。此类菌对温度适应范围广，5～26℃均可生长繁殖，最适温度13～18℃，水质较清的水体中生长较好，对寄主无严格选择性，各种饲养水产动物，从卵到各龄鱼都可感染。

造成此病的原因一是外力因素造成鱼体受伤或局部的组织坏死；二是水温剧烈变化，鱼体抵抗力下降，组织坏死；三是在季节交替时易发生；四是卵堆积，造成局部缺氧，卵膜开始腐烂被感染。

（2）发病症状：病鱼头部、吻端、尾部、躯干或鳍条长满水霉菌丝，有时在鳃部也有水霉寄生，并黏附有污泥或长有藻类，其状如覆盖棉絮。寄生部位周围皮肤溃烂，水霉菌丝可穿入肌肉，靠近结缔组织，病鱼无力地在水面游动，有时停在池边浅滩不动，最终死亡；鱼苗因水霉寄生有时出现体形弯曲。

鲫鱼身体上出现棉絮状菌丝

图 9.12　水霉病病鱼

此病为水产养殖中的常见病，可以通过肉眼观察鱼体表有无棉絮状菌丝体，即可做出诊断（图9.12）。

水霉病主要流行于春季和初夏期间，发病时间大多数集中在3~4月，发病率为30%~40%，发病池死亡率达10%~30%。水霉病的发生受温度影响较大，通常在水温10～20℃时发病，13~18℃为发病最适温度，水温到20℃以上时水霉病可自然痊愈；在10℃以下或20℃以上鱼几乎不发生本病。这些数值只是参考温度，养殖品种不同会有所差异。

（3）预防与治疗：采用以下方法预防与治疗本病。

①彻底清塘可预防本病。

②苗、种运输操作要小心，防止鱼受伤。

③苗、种进池前进行消毒处理，用3%盐水洗浴1~2分钟。

④按2克/米^{3}水体全池泼洒亚甲基蓝，隔2天后再用1次。

13. 草鱼出血病

（1）发病原因：病原是水生呼肠孤病毒。“168”漏斗型池塘养殖中水温相对较低（水温不超过30℃），草鱼在“168”漏斗型池塘的养殖中很少发现出血病，但是基于呼肠孤病毒对草鱼的危害较大，因此在这里做一介绍。

（2）发病症状：全身弥漫性出血，主要症状表现为病情轻者全身肌肉呈点状充血，重者全身肌肉呈红色，鳃丝呈紫红色或斑点状出血，或由于鳃丝失血呈苍白色。病鱼的口腔、下颚、鳃盖、脑盖、眼眶周围、鳍条基部、腹部、鱼鳔、肝脏、胰脏等出血，胆囊肿大，眼球突出，肛门红肿，肠道充血无食物，有时有腹水（图9.13）。

此病是草鱼饲养阶段危害最大的一种传染性疾病，全国各地都有流行。其流行时间，由南向北逐渐蔓延，南方气温高、流行早，北方流行季节迟一点。中原地区一般在4月中下旬开始流行，主要感染500克以下的1龄草鱼，8月中下旬主要感染1龄草鱼苗。

（3）预防与治疗：采用以下方法预防与治疗本病。

①草鱼出血病是一种常见的鱼类病毒性疾病，目前还没有成熟有效的治疗方案。

②停止使用刺激性大的药物，停止使用氯制剂消毒。

③停止喂料，改善水质和溶解氧。

④春季放苗时，可以注射鱼呼肠孤灭活疫苗进行预防。

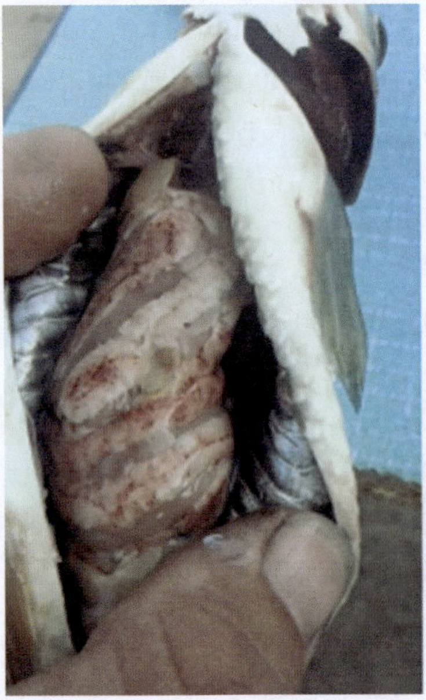

肝脏、胰脏出现出血点

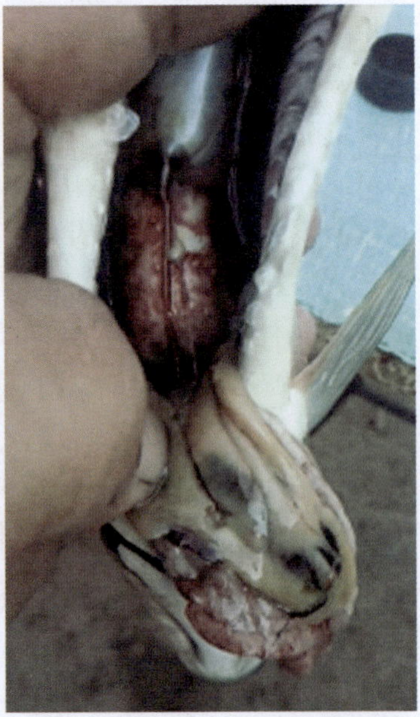

鱼鳔出血，胆囊肿大

图 9.13　草鱼出血病

14. 指环虫病与三代虫病

（1）发病原因：指环虫病是大口黑鲈、武昌鱼养殖中常见的一种寄生虫病，也是“168”漏斗型池塘中发生的一个主要疾病。鲤鱼养殖过程中，指环虫、三代虫都会发生（图9.14）。

指环虫与三代虫，需要通过显微镜来检查确定，镜检可见指环虫有4个明显的眼点，三代虫无眼点，这是二者的主要区别。

指环虫生活史较简单，不需要中间宿主，虫卵在合适的水温中孵化出幼虫，幼虫在水中遇到鱼体后，附着在鱼的体表，并移行至鳃部寄生，发育成成虫。三代虫主要靠宿主间的接触感染，寄生于鱼类的体表及鳃。

（2）发病症状：鱼的鳃部显著浮肿，鳃丝暗灰色，鳃盖张开，虫体用后端固着器的锚钩钩住鱼的鳃组织，吸取营养，鱼体黏液增多，呼吸频率加快，呼吸困难，体色发黑，与正常鱼比较起来，头显得特别大，行动迟缓，不摄食，逐渐瘦弱，窒息死亡。

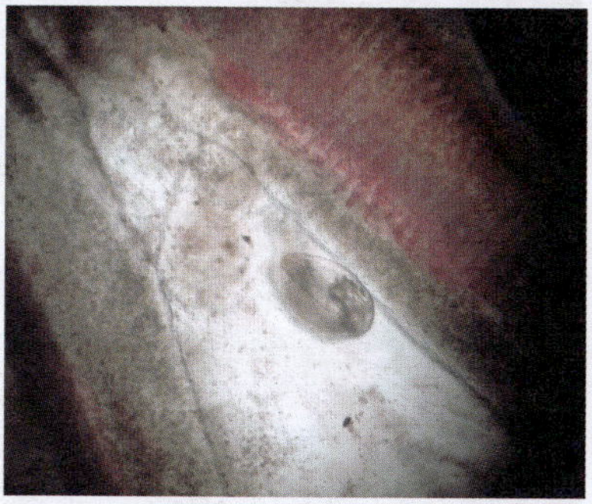

指环虫

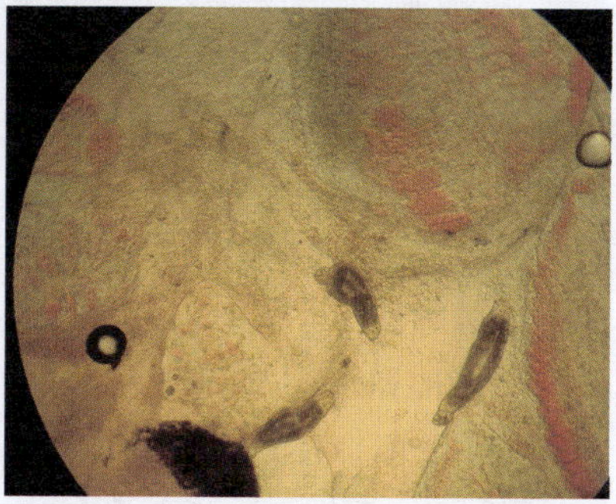

三代虫

图9.14　指环虫病与三代虫病

指环虫的分布很广，全国各地普遍出现。池塘在春夏之交和夏秋之交流行，水温约为20℃时，是指环虫大量繁殖的时期。但是“168”漏斗型池塘由于水温基本恒定，所以流行时间更长。

（3）预防与治疗：敌百虫是使用最为广泛的一种药物，按照常规用量应为每亩1米水深167克，但该用量对三代虫、指环虫的作用很小。用量在每亩500克时治疗有较大把握。在通常情况下，鲤鱼一般隔食不超3天。注意水体肥瘦和用药时机，否则易引起长时间隔食。

敌百虫加碱也是广大用户常用的治疗方法，敌百虫与碱合用提高了敌百虫的药效，其比例为1∶0.6，比单用敌百虫成本低，且不会长时间隔食。缺点是治疗时水体肥瘦决定着用药量，靠鱼病化验员的经验来判断用药，因此易引起治疗不彻底。无鳞鱼不能使用。

15. 鱼鲺病

（1）发病原因：鱼鲺病是一种侵袭性鱼病，是附着在鱼体表的寄生虫鱼鲺引起的疾病。一般发生在老旧池塘。鱼鲺是一种小型甲壳类水中害虫，外形似臭虫，俗称“水臭虫”。鱼鲺以其口刺刺伤鱼体表组织，吸取血液与体液。

（2）发病症状：鱼鲺体色透明，寄生在鱼身上时，随着鱼色而变化其体色，不仔细观察不易发现，观察时应迎着阳光辨认（图9.15）。

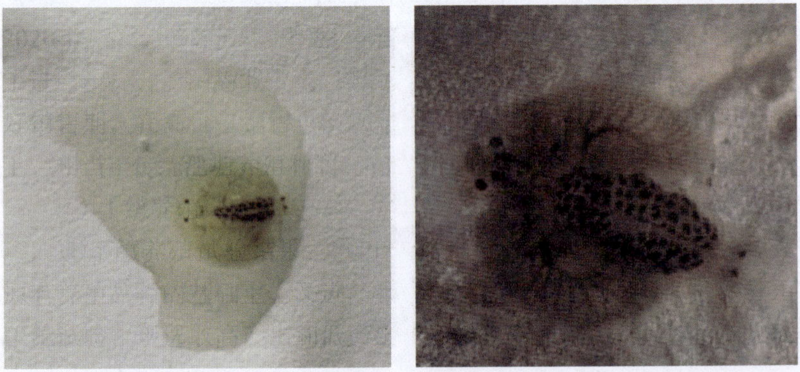

图9.15　鱼鲺

鱼鲺既可牢固地附着在鱼体上，又可随时在水中自由游动，它可以随意转移到另一条鱼体上。鱼体有鱼鲺寄生时，因为鱼鲺破坏鱼体表组织而有疼痛感，呈现出极度焦躁不安，或跃于水面，或急剧狂游、翻滚等，十分痛苦。

（3）预防与治疗：采用以下方法预防与治疗本病。

①每立方米水体用0.5～0.7克90%晶体敌百虫化水全池泼洒。

②全池泼洒高锰酸钾。

③全池泼洒氯氰菊酯。

16. 锚头鳋病

（1）发病原因：锚头鳋病是寄生在鱼的体表上的一种寄生虫锚头鳋引起的疾病。锚头鳋寄生于鱼体表和口腔，雌鳋寄生，雄鳋不寄生鱼体，锚头鳋体细长如针，长6～12.4毫米，肉眼可见。

（2）发病症状：锚头鳋钻进鱼体皮肤中，头胸部深深地插进寄主的肌肉或鳞下，而大部分的胸腹部裸露在鱼体外面，形状似针，故又称“针挂病”“铁锚虫”“蓑衣虫病”。虫体寄生部位的组织常红肿发炎，脱落后有红斑（图9.16）。发现初期，病鱼表现烦躁不安。在漏斗池塘的净化区中可见。

此病在我国各地均有发生。水温在12～33℃时，锚头鳋可产卵繁殖，最适水温为20～25℃。主要危害鲢鱼、鳙鱼、草鱼、鲫鱼。

（3）预防与治疗：采用以下方法预防与治疗本病。

①每半个月使用一次生石灰，每亩1米水深12～15千克，消毒净化水质。

②高锰酸钾消毒。

③晶体敌百虫按0.2～0.5克/米^{3}水体全池泼洒。

④氯氰菊酯全池泼洒。

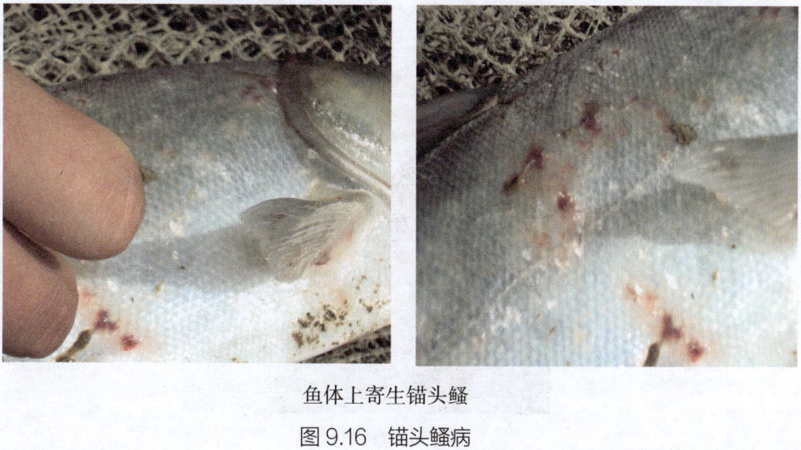

鱼体上寄生锚头鳋

图9.16 锚头鳋病

17. 诺卡氏菌病

（1）发病原因：诺卡氏菌病又称“结节病”，病原是诺卡氏菌，是水产养殖中为数不多的危害严重的一类慢性疾病。此病的流行与养殖大环境、养殖密度、投喂饵料、鱼种质量、滥用药物均有很大的关系，是鲈鱼养殖的重要病害之一，具有持续时间长、治愈率低、死亡率高等特点，发病池塘如清塘不彻底则次年发病率较高。

（2）发病症状：多发生于大口黑鲈、鳜鱼、黑鱼等高档鱼类。病鱼体色偏黑，在水面游动，反应迟钝，体表有脓疮，挤压有乳白色脓液流出。剖检可见肝脏、脾脏、肾脏、心脏、鳔腔表面等有白色结节，部分病鱼肾脏形成巨大的囊肿物（图9.17）。

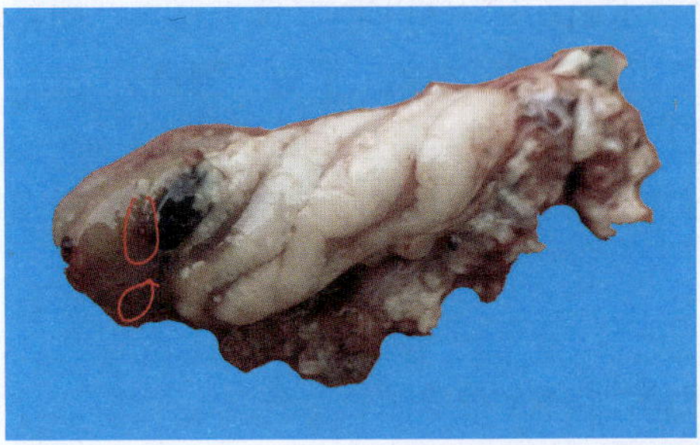

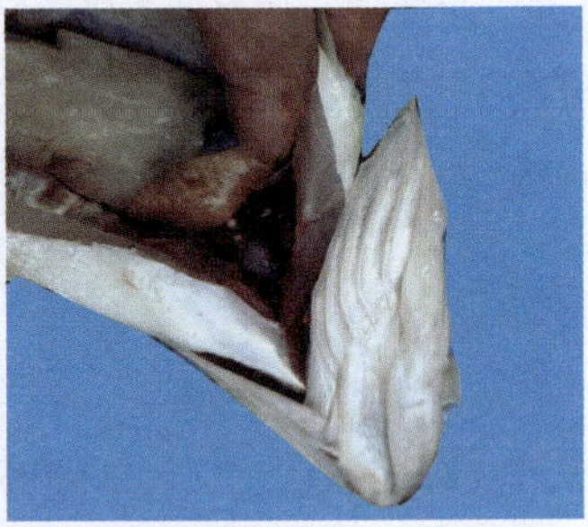

肝脏出现白色结节

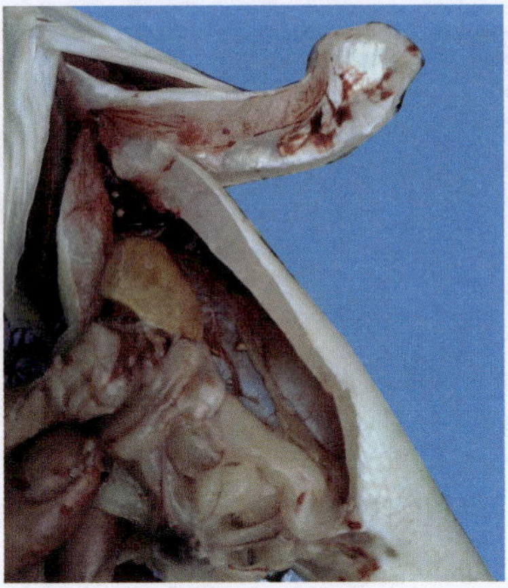

腹部出现白色结节

图 9.17　诺卡氏菌病

（3）预防与治疗：诺卡氏菌为革兰氏阳性菌，潜伏周期长，发病周期长，传染性强，病灶分布广，不易治疗。

①定期使用益生菌调水，降低氨氮、亚硝酸盐、稳定水体pH值，维持稳定的良好水质。

②放苗前，漏斗型池塘、净化池全部干塘消毒。

③定期用乳酸菌+多维+保肝护肝药拌料饲喂。

④镜检鳃部是否有寄生虫，如有则先杀虫。

⑤治疗可用盐酸多西环素+氟苯尼考+保肝中药+多维内服（使用剂量按照药物说明书使用）。

18. 鲈鱼血窦病

（1）发病原因：鲈鱼血窦病是一种以鲈鱼鳃弓基部出现血红色鼓包为典型症状的高温期常见病害。该病多发于高温季节，如水温30℃以上或鱼体长时间暴露于高温之下的塘口，常见的诱因包括水温较高、晚餐投喂量大、使用刺激性较大的杀虫药或消毒药、长期拌料抗生素等。

（2）发病症状：病鱼体表完好，无明显症状；鳃丝失血而呈淡红色或灰白色；心脏前端动脉球处出现肿瘤，一般掀开鳃盖即可观察到鳃腔下缘明显淤血并肿胀凸起，似瘤状物。在发病前期仅仅表现为摄食减少，少量死亡；发病中期可见鲈鱼游边慢游，反应迟钝，鳃弓基部出现黄豆大小的血窦，颜色多为淡粉色或者血红色；发病后期血窦膨大至花生米粒大小，颜色多为暗红色或黑色，鳃丝和肝脏发白，体色发黑，鱼体上浮，严重者开始烂鳍、烂嘴和烂身等（图9.18）。

（3）预防与治疗：血窦病病鱼与寄生虫、细菌、病毒等生物性病原均没有严格相关性，但与热应激及饲料中的淀粉、油脂含量相关。鲈鱼摄入高淀粉含量的饲料后，就极易发生血糖过高，引发血窦病。

①加水，降低池塘水温。

②更换鲈鱼饲料，排除饲料原因。

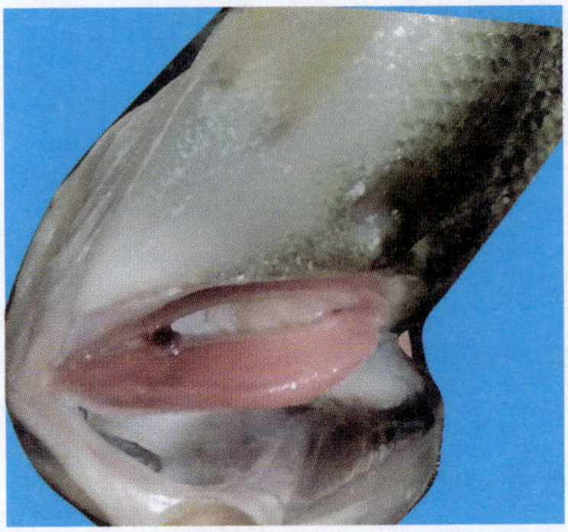
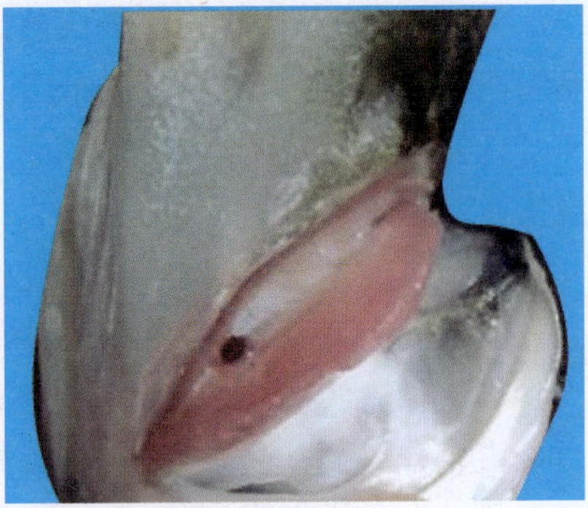

鲈鱼鳃丝下方出现血窦

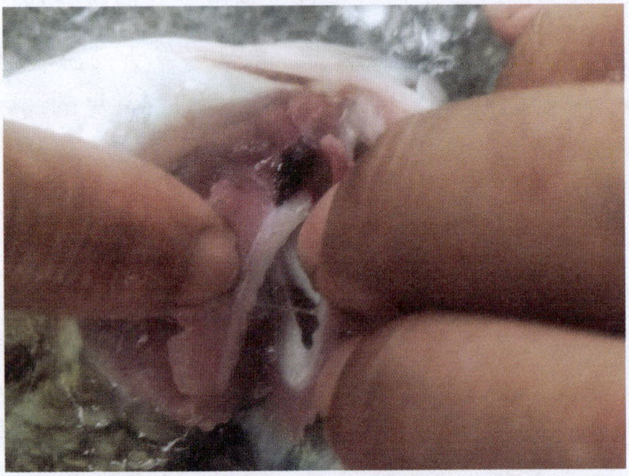

鲈鱼鳃丝前端出现血窦

图 9.18　鲈鱼血窦病

19. 小瓜虫病

（1）发病原因：病原是多子小瓜虫。该虫是一种身体比较大，肉眼能见的原生动物纤毛虫。肉眼观察需要经验，最好借助显微镜进行诊断。幼虫期的虫体呈长卵形，前尖后钝，在最前端有一个乳头状突起，称“钻孔器”，U形核不明显；成虫期的虫体呈球形或近似球形，尾毛消失，耳形胞口变为近圆形，大核香肠状或马蹄形（或叫U形核）（图9.19）。

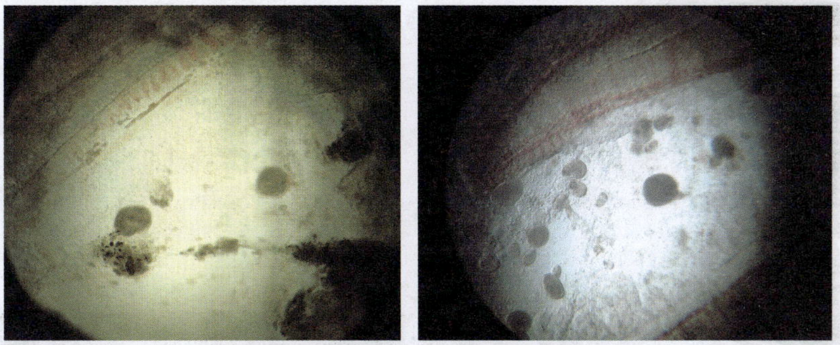

显微镜下的小瓜虫

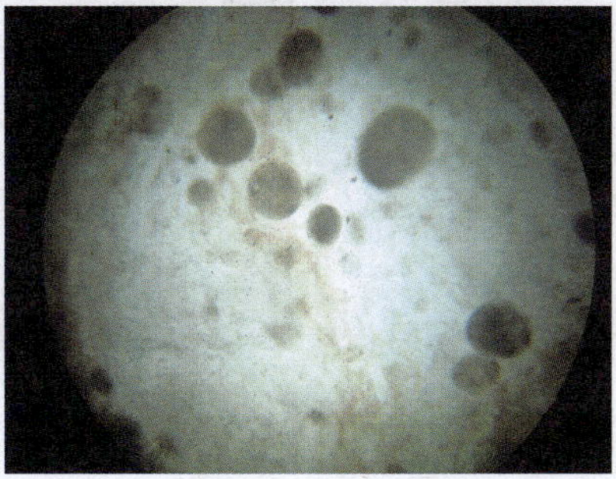

带有U形核的小瓜虫

图 9.19 小瓜虫

（2）发病症状：肉眼可见，体表有白色粉点，在病鱼的体表、鳍条和鳃瓣上，布满白色小点状囊胞，又称为白点病，利用显微镜镜检时取鳃丝制片，可见寄生虫。病鱼反应迟钝，缓游水面，不时在其他物体上摩擦，不久即成群死亡。

（3）预防与治疗：本病是一种流行广、危害大的鱼病。在密养情况下，此病更为猖獗，特别是观赏鱼和无鳞鱼的苗种阶段。小瓜虫对寄主无选择性，所有的饲养鱼类，从鱼苗到成鱼都可寄生，但以对当年鱼种危害最为严重。

①用生石灰彻底清塘，杀死虫体孢囊。

②干姜和辣椒混合剂治疗。按每亩1米水深用辣椒粉250克、干生姜片100克，混合加水煮沸30分钟后取汁泼洒。

③可以提高水温到28℃以上，虫体自动脱落死亡。

④每个“168”漏斗型池塘抛撒10千克食盐。

20. 车轮虫病

（1）发病原因：车轮虫病是一种寄生虫病，病原为车轮虫，分大车轮虫和小车轮虫，侧面观像碟形或毡帽形，身体隆起的一面叫口面，与口面相对的一面叫反口面，虫体周围边缘有一圈纤毛带（图9.20）。

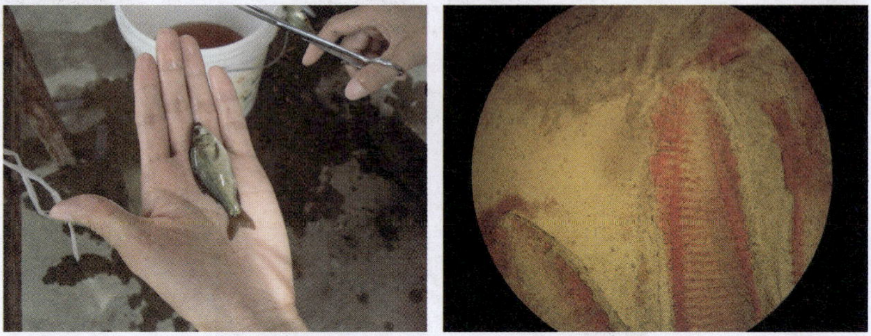

病鱼体表上的车轮虫在显微镜下可见

图9.20　车轮虫病

（2）发病症状：病鱼黑瘦，不摄食，表现烦躁不安，成群沿池边狂游，拱边。通过镜检可确诊病原体。

我国各养鱼地区均有此病流行，每年4～8月为流行季节，是一种常见病和多发病。车轮虫主要侵害鱼的皮肤、鳃和鳍条，吸取寄主的组织细胞。本病是草鱼种饲养阶段危害最大的一种传染性疾病，全国各地都有流行。寄生于寄主鳃上的车轮虫常成群聚集在鳃的边缘或鳃丝缝隙内，破坏鳃组织，使其腐烂、软骨外露，严重影响鱼的呼吸功能。池塘养殖鱼患病时出现聚群、拱边现象。

草鱼和鲤鱼混养时，鲤鱼几乎不发生车轮虫病。如果在鲤鱼身上发现车轮虫，那么在草鱼身上车轮虫就很多了。相反，鲤鱼易感染三代虫、指环虫，且易致其死亡，草鱼却很少感染。

（3）预防与治疗：采用以下方法预防与治疗本病。

①生石灰彻底清塘。

②用硫酸铜0.7毫克/升水体全池泼洒。

③硫酸铜与硫酸亚铁合剂（5：2），按0.7毫克/升水体全池泼洒。

④治疗金鱼车轮虫病，用2%盐水浸洗鱼体5～15分钟，或用20克/米^{3}水体的高锰酸钾浸洗鱼体，浸洗时间依水温高低和鱼体质情况而定，注意观察。

21. 纤毛虫病

（1）发病原因：病原是斜管虫、杯体虫、钟形虫、聚缩虫等不同的寄生虫，都是纤毛虫的一种，在显微镜下可清楚辨认（图9.21）。水产中的纤毛虫是一种寄生在鱼类、甲壳类和其他水生生物上的原生动物，纤毛虫寄生在水产生物体表或鳃部，会破坏它们的外骨骼或鳃丝，导致其呼吸困难、生长缓慢、体重减轻等，从而影响养殖生产。

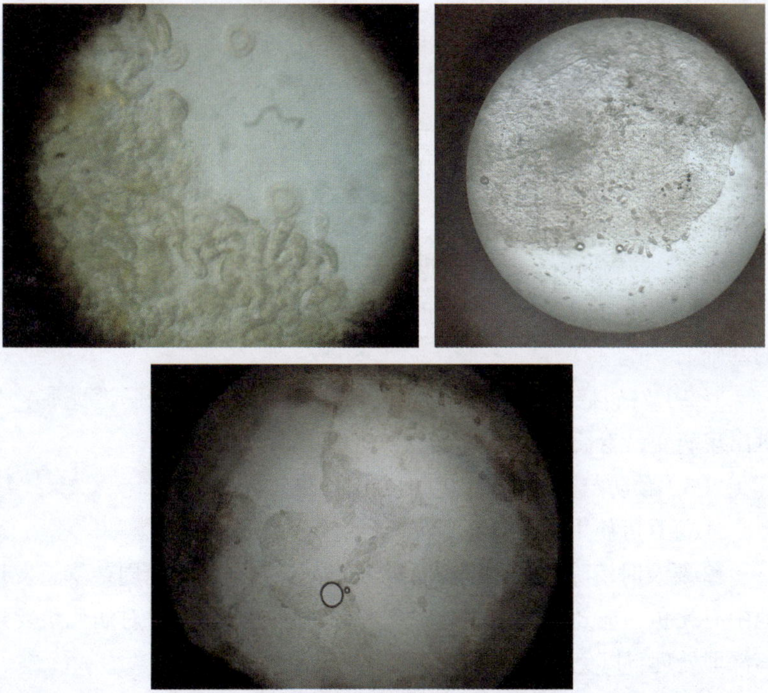

图 9.21　显微镜下的纤毛虫

斜管虫虫体分为背腹两面，侧面观背面隆起，腹部平坦；腹面观左右两边不对称，左边较直，右边稍弯，后端有一小凹陷，整个形状似心脏。

杯体虫属有许多种，钟形虫与杯体虫类似。最常见的是筒形杯体虫，常见同类有聚缩虫、累枝虫、单缩虫。虫体呈高杯形，易伸缩，充分伸展时为喇叭形或高杯形。前端为一圆盘状口围盘，边缘围绕着三层由纤毛组成的缘膜，内有一条螺旋状口沟，中部表面有一条环状的纤毛带，身体后端有一吸盘状结构，称为茸毛器。

（2）发病症状：由于纤毛虫大量寄生于鱼的体表和鳃，刺激寄主分泌大量黏液，使寄主体表和鳃组织被破坏，严重影响鱼的呼吸，同时病鱼食欲减退，体质瘦弱，浮在池边水面做侧卧状。如水温适宜时，纤毛虫繁殖迅速，2～3天即大量出现，布满寄主的体表、鳍条和鳃丝的缝隙，鱼也随之大批死亡。

诊断时，刮取病灶部位的黏液或鳃丝，加水在显微镜下检查，即可确定病原。

（3）防治方法：这些寄生虫虽然名字不一样，但是治疗方案基本是一致的，防治方法可参考车轮虫病。

22. 由饲料引起的鱼病

（1）发病原因：饲料的投喂是水产养殖过程中不可或缺的一个环节，饲料投喂的多少、投喂的时间、投喂的地点都需要建立在科学的基础上。

（2）发病症状：投喂饲料引起的鱼病主要表现为肠道炎症、肝脏出现病变、生长速度减慢等。

（3）预防与治疗：采用以下方法预防与治疗本病。

①每月可使用药物对池水、饲料、用具等进行消毒。

②要及时清除池塘及饲料台的残饵、污物，清除池周杂草。发现池中有死鱼，应及时捞出，检查死因，对症治疗，同时对病死鱼要远离深埋处理，以免败坏水质、诱发鱼病或使鱼病蔓延。

③不使用发霉变质的饲料（图9.22）。发霉变质的饲料对鱼的健康非常不利，应当尽量避免使用。发霉饲料中会产生黄曲霉素毒素，可以导致急性或慢性中毒，长期摄入还会导致免疫力下降，增加其他疾病发生的风险。

图 9.22 霉变的饲料

23.鮰鱼套肠病

（1）发病原因：鮰鱼套肠病主要病原是嗜麦芽寡养单胞菌或嗜水气单胞菌。3~5月气温尚不稳定，池塘中水温、溶解氧等变化较大，鮰鱼产生应激反应，造成肠道痉挛。在水温低时不投喂，水温高时又过量投喂，导致鮰鱼暴食，肠胃蠕动不均衡，引起消化系统不适。

（2）发病症状：鮰鱼套肠病是一种细菌性疾病，发病速度快，死亡率高。其主要病变特征为腹水、肠炎和肠套叠（图9.23），病鱼体表充血、出血，腹部膨大，腹腔内充有淡黄色或带血腹水，肠道发生套叠，甚至肠脱，肠腔内充满淡黄色黏液。体表出现圆形或椭圆形的褪色斑。

（3）预防与治疗：采用以下方法预防与治疗本病。

①定期使用过硫酸氢钾改底，并使用微生物制剂进行补菌补藻，补藻以小球藻藻益生为主，保持池塘水质稳定，减少应激。

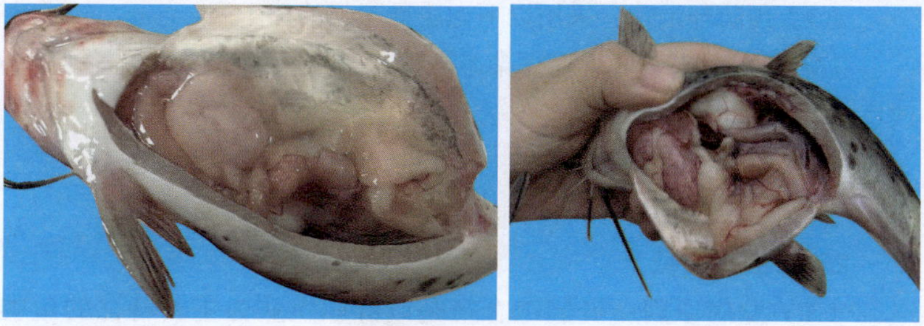

鮰鱼肠道出现套叠

图 9.23 鮰鱼套肠病

②定期使用聚维酮碘消毒，减少水体中病原菌，控制继发性感染。

③避免过量投喂，增加投喂量时应循序渐进。

④拌料内服保肝护胆的中药产品，提高鱼体自身免疫力与抗应激能力，同时避免使用刺激性较强的药品。

24.鮰鱼腐皮病

（1）发病原因：该病病因复杂，池塘水质恶化、池底污染严重、养殖密度过大，导致鮰鱼的体质变差、免疫力低下，感染小瓜虫和孢子虫或者冬季冻伤，导致鱼体质变得更弱，体表脱黏和溃烂，最终呼吸不畅，大批死亡。

（2）发病症状：病鱼头部、体表、背鳍、尾柄以及尾鳍发白、溃烂，严重时尾柄肌肉完全烂掉，露出脊柱和鱼刺；病鱼游动迟缓，鳃瓣基本正常，但黏液增多，体内各器官都很正常，无明显的病理变化，诊断为细菌性腐皮病（图9.24）。

图 9.24　鮰鱼腐皮病

（3）预防与治疗：采用以下方法预防与治疗本病。

①消毒剂消毒改底，使用聚维酮碘、二氧化氯、过硫酸氢钾片剂改底。

②镜检，如果发现有寄生虫，立即杀虫，但要注意剂量。

③内服氟苯尼考，同时内服电解多维和免疫肝胆康。

25. 肝胆综合征

（1）发病原因：肝胆综合征是以肝胆疾病为主要特征的鱼类疾病。引起肝胆综合征的原因主要有四类，一是养殖密度过大、水体环境恶化，当水体中的氨氮浓度过高时，鱼体内氨的代谢产物难以正常排出而蓄积于血液之中，引起鱼类代谢失衡引发肝胆疾病；二是乱用药物，如低剂量、长期在饲料中添加抗生素，或使用了副作用大、残留高的鱼药如敌百虫、硫酸铜等药物，都会造成肝损伤；三是投喂的饲料酸败变质；四是池塘中藻类过多，引起鱼类藻类毒素中毒。

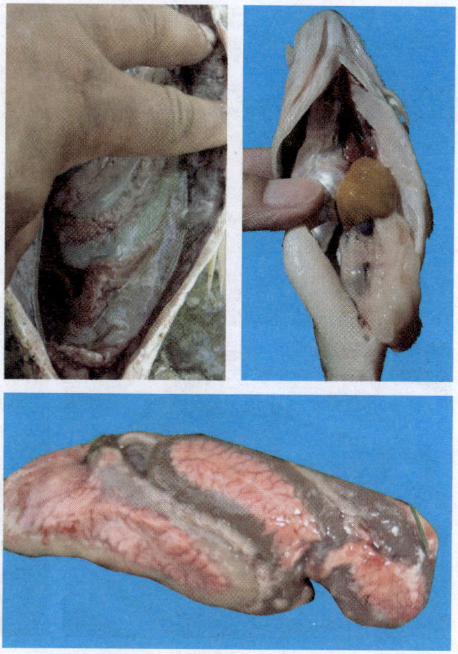

图 9.25　肝胆综合征病死鱼

（2）发病症状：肝胆综合征主要表现为肝胆肿大，呈白色或土黄色，肝脏轻触易碎，胆囊明显肿大1~2倍，胆汁颜色变深绿色或墨绿色（图9.25）。目前本病已普遍见于全国各地，各种鱼都会出现此病。

（3）预防与治疗：以保肝护胆的中药为主，可选用促进肝细胞再生的中药组成方剂防治肝病。补充微量元素。

26. 绦虫病

（1）发病原因：绦虫病是由舌状绦虫、双线绦虫及九江头槽绦虫等引起的一种寄生虫病。多数淡水养殖鱼类和野杂鱼均有发生。

（2）发病症状：病鱼腹部膨大，体腔中充满大量白色带状的虫体（图9.26）。

（3）预防与治疗：内服敌百虫、阿苯达唑等驱虫药能有效驱杀鱼体内的寄生虫。

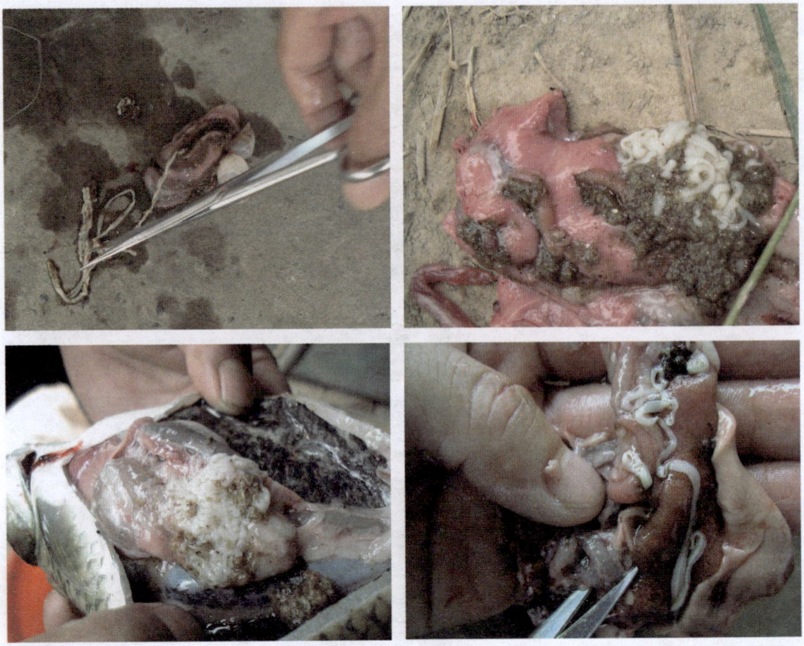

肠道中寄生的绦虫

图 9.26 绦虫病

（二）漏斗型池塘常用药物

所有的动物都是生命体，养殖的水产品也有生老病死。但不同于其他自然界的生物，鱼类处于水环境中，它们患病后的疾病传播速度是非常迅猛的，传播范围广且难以控制，治疗也和其他动物不一样，需要认真对待。

在同一片水域的规模化水产养殖中，有一个养殖动物患病，其他鱼类很快就会受到感染，其影响范围和传播速度很难控制，造成的损失对养殖户来说可能是毁灭性的，这就需要养殖人员一定要在日常养殖过程中仔细观察，发现问题马上分析病因并采取救治方法，在病情还未完全蔓延时立即切断病情的传播途径。

在鱼病问题上，养殖管理人员必须要建立一套完好的责任体系去防控鱼病，最大限度规避规模化水产养殖风险。

“168”漏斗型池塘的用药和普通池塘的药物使用方法是有区别的。第一，“168”漏斗型池塘池水很深，药物的溶解速度较慢，很难到达池塘的底部，所以在使用药物时不能按照池水的深度进行计算，否则会导致使用量过大。第二，“168”漏斗型池塘养殖技术是新型的养殖技术，而药物的研发使用是以普通池塘为参照的，普通池塘和“168”漏斗型池塘存在较大的差异，因此参考容易出错。“168”漏斗型池塘面积小，初次使用某种有陌生成分的药物时最好循序渐进。如果盲目参照池塘用药方法或者盲目信任药物使用说明的剂量进行使用治疗，可能会造成药物中毒事件。第三，泼洒药物的时候一定要做到全塘泼洒，均匀使用，泼洒完毕后要开启增氧机，让水旋转起来，以达到均匀用药的目的。第四，泼洒药物之后不能立刻离开，应进行仔细观察，如果发现池塘鱼类有跳跃、溜边、上浮、狂游等症状，应立刻打开阀门排水，并开启进水泵加水，进行水体更换，以确保养殖鱼类的生命安全。

1. 生石灰

（1）性状：生石灰的化学名称为氧化钙，为白色或灰色固体，吸水后生成氢氧化钙，水溶液呈强碱性。能吸收二氧化碳，渐渐变成碳酸钙而失效。

（2）作用与用途：可作为水质改良剂，调节池水pH值，能与铜、锌、铁、磷等结合而减轻水体毒性，提高水体酸碱度，降低水体中的二氧化碳含量，提高水生植物对磷的利用率，促进池底厌氧菌群对有机质的矿化和腐殖质的分解，使水中悬浮的胶体颗粒沉淀，透明度增加，水质变肥，有利于浮游生物繁殖，能保持水体良好的生态环境。可改良底质，提高池底的通透性，增加钙肥，为动、植物提供必不可少的营养物质。

（3）用法与用量：

①干法清塘：排干池塘水，每个“168”漏斗型池塘可使用生石灰75～100千克，化水遍洒，然后将水加满，静置7～10天。一般清塘1周后，先用试水鱼测试一下，然后放鱼苗。

②改良环境：在水产养殖过程中，按20～30克/米^{3}水体生石灰全

池遍撒，每15天左右撒1次。可较好地改善养殖环境，减少鱼病的发生。

③疾病防治：每月按20～30克/米^{3}水体生石灰全池遍撒2～3次，可有效防治黏球菌烂鳃病、细菌性败血症或嗜酸性卵甲藻病，同时可清除水体中过多的微囊藻和蓝绿藻。

（4）注意事项：本品易吸水受潮，效果减低，因此应注意防潮。最好现配现用，在晴天使用，不宜久存。具体根据淤泥多少、土质酸碱度和养殖品种确定用量。

2. 过氧化钙（增氧泡腾片）

（1）性状：本品主要成分为过氧化钙，为白色或淡黄色粉末或颗粒，无味。在常温下很稳定，但在水中可逐渐分解，能长时间释放氧气。

（2）作用与用途：是一种速效氧气释放剂，用于养殖鱼类严重缺氧时的急救。本药物可用于绝大多数养殖鱼类，能够解除鱼类因缺氧引起的浮头，或因水体中溶解氧量不足而引起的水生动物食欲不好、消化不良、生长缓慢等，可作为环境改良剂和消毒剂。本品能调节水环境pH值和降低水中氨氮、二氧化碳、硫化氢等有害物质的浓度，使胶体沉淀，并能补充水生动物对钙元素的需要，是解决鱼类浮头、泛塘、阴雨季节缺氧、停电无法换水补氧和北方冬季鱼类过冬缺氧等问题的重要药物。

（3）用法与用量：将本品均匀撒于池中，一般一个“168”漏斗型池塘每次用量为500克，严重缺氧急救用量加倍。

3. 漂白粉

（1）性状：又名含氯石灰，主要成分为次氯酸钙、氯化钙和氧化钙的混合物，为灰白色粉末。在空气中易吸收水分和二氧化碳而缓慢分解，其成分中具有消毒能力的有效氯占总量的百分比不得低于25%。漂白粉在高温时易燃烧，应注意安全。

（2）作用与用途：本品可用于绝大多数养殖鱼类，是水产养殖中的主要消毒剂，还可改良水质。漂白粉中的主要成分次氯酸钙，遇水产生具有杀菌力的次氯酸和次氯酸离子，次氯酸又可放出活性氯和游离氧，从而对细菌原浆蛋白产生氯化和氧化反应，发挥杀菌作用。本品对细菌、病毒、真菌均有不同程度的杀灭作用，但主要以杀灭细菌为主。由于其水溶液含有大量氢氧化钙，也可调节池水的pH值，定期适量遍洒，还可改良水质。

（3）用法与用量：漂白粉的使用量与漂白粉的含氯量、生产时间、施药时间、储存时间、水质肥瘦程度等有很大关系。漂白粉的含氯量高、生产时间短、储存时间短、水体清瘦，其药效就大，使用量就小，反之依然。

①清塘消毒：一般采用干塘抛撒的方法，一般一个“168”漏斗型池塘使用漂白粉20千克，全池遍撒，然后立即加满清水，可杀灭细菌、寄生虫等病原体及野杂鱼和其他敌害生物。用药后7～10天试水，待毒性消失后方可放鱼。

②水体消毒：在养殖鱼池中定期用漂白粉遍撒水体，可改良水质环境，增加溶解氧，沉淀有机物，降低氨氮与硫化氢含量。在疾病流行季节，用本品遍撒，可防治鱼类细菌性烂鳃病、白皮病、赤皮病、打印病、疖疮病等。

4. 二硫氰基甲烷

（1）性状：本品为淡红色液体，俗称红药水、拉网红。在市场上应用广泛，药物一般为组合配方，二硫氰基甲烷8%、戊二醛20%、碘0.5%。规格：200毫升/瓶。

（2）作用与用途：本品是由二硫氰基甲烷、浓戊二醛、碘经先进工艺复配而成的杀菌抗病毒水质处理剂，其有机硫具有杀灭真菌、细菌的功效，又有戊二醛及碘的杀菌抗病毒功效。主要针对暴发性出血病、烂鳃病、肠炎病、赤皮病、水霉病、不明原因死亡等有特效。

本品可用于鳜鱼、大口黑鲈、草鱼、鲤鱼、鲫鱼、鳊鱼、鳗鱼、鲮鱼、甲鱼等，刺激性较大，特种鱼类要减少使用剂量，如鲈鱼、鲟鱼等。本品能降低发病率和死亡率，此外还具有调节水中浮游生物群、改良鱼类生息环境、提高鱼类免疫等三大功效，主要用于草鱼、鲫鱼、鲢鱼、鲤鱼、鳙鱼等鱼类的细菌性败血症（暴发性出血病）、烂腮病、赤皮病、竖鳞病、烂鳍病、打印病、烂尾病、白头白嘴病和因水质腐烂引起的肝胆综合征，以及因为水温低、拉网、运输等机械损伤和寄生虫叮咬引起的水霉病（长白毛）、腐皮病等症状。

（3）用法与用量：

①用水稀释2 000倍后全池均匀泼洒。每亩水深1米用本品30～50毫升，可根据实际情况增加用量和次数。

②6～10亩（水深1米）使用1瓶（200毫升）。水体预防，每亩水深1米用本品50毫升，每15天使用1次。

5. 二氧化氯（片剂为主）

（1）性状：本品为二氧化氯片剂，主要成分为复合亚氯酸钠，养殖中广泛使用，在常温下可溶于水。在水溶液中能被光分解成次氯酸、氯气和氧气，可制成无色、无味和不挥发的稳定性液体。其消毒作用不受水质、pH值变化的影响。

（2）作用与用途：本药物可用于绝大多数养殖鱼类，为广谱杀菌消毒剂，其主要作用是氧化作用，使微生物蛋白质中的氨基酸氧化分解，从而使微生物死亡。本品可杀死细菌及其芽孢、病毒、原虫和藻类等。

（3）用法与用量：在阴天或早、晚无强光照射下，用本品0.5克/米^{3}水体全池遍洒，防治细菌病或病毒病。

（4）注意事项：①贮存或使用时应避免阳光。②盛装、稀释和喷雾容器应选用塑料、玻璃或陶瓷制品，忌用金属类。③不可与其他消毒剂混合使用。④二氧化氯有一元和二元之分，本品为一元二氧化氯，性状稳定，使用广泛。二元二氧化氯容易腐蚀包装，引起燃烧甚至爆炸。使用时，二氧化氯气体会抑制人体呼吸，易引起操作人员二氧化氯中毒，应该特别引起注意。

6. 聚维酮碘

（1）性状：其载体是聚乙烯吡咯烷酮，是表面活性剂聚乙烯吡咯烷酮（PVP）与碘的复合物，为红棕色液体。

聚维酮碘是由分子碘与PVP结合而成的具水溶性、能缓慢释放碘的高分子化合物。与纯碘相比，具有毒性小、溶解度高、稳定性较好等优点。为国际上公认的高效、广谱、无毒的杀菌剂，具有极强的杀菌力和广泛的杀菌谱。市售聚维酮碘一般为含聚维酮碘10%，含有效碘1%。

（2）作用与用途：本品可用于绝大多数养殖鱼类，是一种消毒防腐药，为广谱强力杀菌消毒剂，对病毒、细菌、真菌及霉菌孢子都有较强的杀灭作用，对皮肤刺激性小，毒性低，作用持久，使用安全、简便，消毒杀菌效果好，被称作“温和性碘”。

主要用于烂鳃病、肠炎病、竖鳞病、弧菌病、爱德华氏菌病、暴发性出血病、烂身病、烂尾病、疖疮病、赤鳍病、脱黏病等病症。

（3）用法与用量：正常普通池塘的使用量是每亩水体水深1米用本品300～500毫升（每瓶500毫升），隔日再泼洒一次，可连续用2次。使用时将本品用水稀释300～500倍，全池均匀泼洒，并开启增氧机。每个“168”漏斗型池塘可以使用350～500毫升。

（4）注意事项：①水体缺氧时禁用。②勿用金属容器盛装。③勿与强碱类物质及重金属物质混用。④保存时注意避光。

7. 苯扎溴铵

（1）性状：又名新洁尔灭，主要成分为溴化二甲基苄基烃铵的混合物。在常温下为黄色胶体，低温时能逐渐形成蜡状固体，振摇时产生大量泡沫，易溶于水，性状稳定。

（2）作用与用途：本品为阳离子表面活性剂，能降低表面张力，使脂肪乳化，故有清洁除污作用，能改变细菌细胞浆膜的通透性，使菌体内的一些重要物质外渗。对革兰氏阳性、阴性细菌，真菌等均有很好的杀灭作用，作用强，毒性低。但不能杀死芽孢和结核杆菌。草鱼使用后易出现成群窝边现象，要减少用量，注意安全。

渔业上主要用于养殖虾、蟹的烂鳃病、弧菌病以及杀灭虾、蟹固着类纤毛虫等。可用于防治“四大家鱼”等常规淡水鱼类由嗜水气单胞菌、温和气单胞菌、弧菌、鲁克氏耶尔森氏菌所引起的暴发性出血病，以及烂鳃病、肠炎、赤皮病等细菌性鱼病，同时能杀灭水生动物体表寄生的锚头鳋、中华鳋、指环虫、三代虫、鱼鲺等寄生虫。

（3）用法与用量：取本品用500倍水稀释后，全池均匀泼洒，严禁局部药物浓度过高。治疗时每个“168”漏斗型池塘可以使用

100~150毫升。注意用量，注意开启增氧机。水温低、水质清瘦时，可减半使用；视病情、体质情况酌情增减用量。

（4）注意事项：①勿与碱性物质同时使用。②水体缺氧时勿用，使用后注意增氧。③勿与生物肥水制剂同时使用，易造成缺氧死鱼。④本品商品药一般以治疗车轮虫病为卖点，但是治疗车轮虫病效果一般。

8. 戊二醛

（1）性状：无色或淡黄色澄清液体，有刺激性臭味。戊二醛是少数几个只含有碳、氢、氧三种元素的杀菌剂，在碱性水溶液中具有较好的杀菌作用。当pH值为7.5~8.5时，作用最强，可杀灭细菌的繁殖芽孢、真菌、病毒，其作用较甲醛要强，常与苯扎溴铵合用。

（2）作用与用途：本品可用于绝大多数养殖鱼类。戊二醛与病原体蛋白质分子中的氨基、巯基、亚氨基等活性基团反应，将不同的蛋白质分子交联在一起，并使蛋白质分子变性，同时其可主动吸附病原体，改变细胞渗透性，破坏酶系统，抑制DNA、RNA和蛋白质的合成，从而能快速、彻底地杀灭各种病原体。

戊二醛多用于水体消毒，防治由弧菌、嗜水气单胞菌、爱德华氏菌等引起的细菌性疾病。

（3）用法与用量：20%戊二醛按照比例计算。用水稀释300~500倍，全池均匀泼洒，严禁局部药物浓度过高。治疗时每个“168”漏斗型池塘可以使用100~150毫升。

（4）注意事项：①勿用金属容器盛装。②使用后注意池塘增氧。③水质较清瘦的水塘慎用。④勿与强碱类物质混用。

9. 硫酸铜

（1）性状：本品主要成分为含5个结晶水的硫酸铜，俗称蓝矾，为深蓝色的三斜系结晶或蓝色透明结晶性颗粒，或结晶性粉末。无臭，具金属味，在空气中易风化，可溶于水和甘油。

（2）作用与用途：本品可用于绝大多数养殖鱼类，但是特种鱼要慎重减量，并注意认真观察危险程度。主要用于杀灭寄生于鱼体上的鞭毛虫、纤毛虫、吸管虫、指环虫、中华鳋等原虫类；可杀灭无脊椎动物病害如螺类、蚌类等；抑制池塘中繁殖过多的蓝藻及丝状绿藻；杀灭真菌和某些细菌，如水霉、丝状细菌、柱状粒球黏菌等；防治出血病。

低浓度的本品对组织有收敛作用，有利于伤口愈合，高浓度的本品有刺激和腐蚀作用。

（3）用法与用量：①硫酸铜单用，对于鱼类等水生动物，在温度为15℃以上时，按8克/米^{3}水体浸浴10～15分钟，可防治鱼种口丝虫、车轮虫等原生动物引起的寄生性疾病；对于冷水性鱼类可按500克/米^{3}水体浸浴1分钟左右，每隔48小时再浸浴1次，经3～4次药浴后，可治疗鲑鱼、鳟鱼的低温性黏细菌病、病毒性出血性败血症、柱状软骨球菌病、烂鳍病等。全池泼洒可防治鱼类原虫病，治疗时每个“168”漏斗型池塘可以使用200～250克。最多连用2次，再多就会引起中毒、缺氧、泛塘，用药后第2天清晨开动增氧机并酌情加注新水。②硫酸铜与硫酸亚铁合剂，每个“168”漏斗型池塘可以使用150～200克硫酸铜加70～100克硫酸亚铁全池遍洒，防治鱼类原虫病和抑制微囊藻的大量繁殖。

（4）注意事项：①本品的药效与水温成正比，并与水中有机物和悬浮物含量、溶解氧、盐度、pH值成反比。因此，在使用过程中要根据池塘的综合条件确定其合适的用药浓度。②本品对鱼的安全浓度范围较小，毒性较大，且不同品种的鱼对该药敏感程度不同，因此要准确计算用药量。③溶解药物时，不要使用金属容器，特别是铁器。溶解药物的水温不能超过60℃，以防药物失效，并选择晴天的清晨，鱼不浮头时用药，投药后，应充气增氧。④本品有一定的毒副作用和铜的残留积累作用，因而不能经常使用。使用硫酸铜后水体3天内都会缺氧，第二天缺氧最为严重，要注意早些开启增氧机。

10. 食盐（氯化钠）

（1）性状：主要成分为氯化钠，为无色透明的结晶或白色结晶状粉末，在水中易溶解，有杂质时易潮解。

（2）作用与用途：氯化钠的作用很广，是水产养殖重要的预防药物。主要用于防治真菌病、细菌病、气泡病或寄生虫病等，还可用于防治亚硝酸盐中毒引起的褐血症。其水溶液可作高渗剂，通过改变病原体的渗透压，使细胞内外液体发生平衡失调而死亡。

（3）用法与用量：淡水养殖鱼类的浸浴用量为10～30千克/米^{3}水体，浸浴时间主要随水温高低而定，一般为5～20分钟。可有效防治烂鳃病、白头白嘴病、赤皮病、竖鳞病、真菌病、细菌性败血症、白皮病、水霉病等疾病。鱼苗孵化过程中可用本品防治水霉病。气泡病可用本品10~20千克/亩水体全池遍洒治疗。由亚硝酸盐中毒引起的褐血症一般可用本品25～50克/米^{3}水体进行防治。

11. 硫代硫酸钠

（1）性状：本品主要成分为五水硫代硫酸钠，又名次亚硫酸钠、海波、大苏打，为无色透明的结晶或结晶性细粒，可用以除去自来水中的氯气，在水产养殖上被广泛应用。

（2）作用与用途：本品对于鱼类的毒性极低，可降解池塘水质中的氨氮和腐殖质，是水产养殖中主要的水质改良剂。

（3）用法与用量：用水充分溶解，稀释1 000倍后全池均匀泼洒，每次泼洒浓度为1.5克/米^{3}水体。

（4）注意事项：本品应用于水体后可能出现变混浊或变黑现象，属于正常现象。泼洒本品后，注意水体增氧，严禁与强酸性物质混存、混用。

12. 硫醚沙星

（1）性状：本品的主要成分为复合二丙烯基二、三硫醚。

（2）作用与用途：本品对引发鱼体水霉病的真菌有独到的杀灭作用，同时对嗜水气单胞菌、鳗弧菌、迟缓爱德华氏菌和柱状嗜纤维菌有良好的杀灭作用。硫醚沙星有着极强的渗透性，既能杀灭水体病原，又能渗透到动物表皮中杀灭病原体，并能刺激表皮细胞再生，具有促进皮肤组织修复等功能，治疗鱼类的皮肤病有特效，对革兰氏阳性和阴性细菌均有杀灭或抑制作用。本品能防治鱼类因水温低、放养、运输、捕捞（拉网）等过程中造成鱼体受伤以及寄生虫叮咬等原因引起的水霉病（长白毛）、鳃霉病、腐皮病、溃烂病等，并能有效抑制鱼类暴发性出血病、细菌性烂鳃病、赤皮病、烂身病、肠炎病等，能治疗无鳞鱼的红斑病、腐皮病、烂鳍烂尾病、疥疮病、打印病、烂鳃病等，是代替孔雀石绿的最佳产品。

（3）用法与用量：孔雀石绿因“三致”的后果被禁用，硫醚沙星是最佳的替代品，能有效地预防和治疗水生动物的水霉病，具有成本低、效果好，使用安全、方便、无残留的特点。在苗种下塘前，1米^{3}水体用硫醚沙星0.5～1克，药浴3分钟，进行预防和治疗。成鱼养殖阶段，1米^{3}水体用硫醚沙星0.15～0.37克，化水全池泼洒。若病情较重，第二天再用一次即可。

（4）注意事项：若有沉淀，使用时将瓶略加摇动。本品不可与有氧化性的药物和阴离子表面活性剂的药物以及碱性药物同时使用。

13. 三氯异氰尿酸

（1）性状：本品为有机化合物，白色结晶性粉末或粒状固体，具有强烈的氯气刺激味，是一种极强的氧化剂和氯化剂，具有高效、广谱、较为安全的消毒作用，对细菌、病毒、真菌、芽孢等都有杀灭作用，对球虫卵囊也有一定杀灭作用，是现在国家允许使用的最好的有机氯消毒剂。

（2）作用与用途：主要用于水体、养殖场所和工具等消毒及水产动物体表消毒等，防治鱼、虾等水产动物的多种细菌性和病毒性疾病。

（3）用法与用量：对水产动物感染性疾病，1米^{3}水体用0.3～0.4克，仅可连用2次。治疗时每个“168”漏斗型池塘可以使用150～200克。

（4）注意事项：①本品对皮肤、黏膜有强刺激作用和腐蚀性，注意使用人员的防护，使用时不得使用金属器皿。②勿与碱性药物、油脂、硫酸亚铁等混合使用。③根据不同的鱼类和水体的pH值、水体肥瘦程度，使用剂量适当增减。

14. 氯氰菊酯

（1）性状：俗称氰戊菊酯，是一种高效、低毒、低残留的广谱农药，除被广泛应用于农田作物、果树、蔬菜、家禽、家畜等领域外，在水产上应用广泛，以控制养殖过程中发生的大型寄生虫和疾病。

（2）作用与用途：本品可以有效控制水产养殖中多种害虫和疾病。使用氯氰菊酯可杀灭鱼塘中的蛭虫、水蚤、摇蚊、吸虫、鳃蝇、蛆虫等，能有效控制钩虫、霉菌等疾病的传播。由于氯氰菊酯在水中的半衰期短，对环境的污染和对鱼的影响较小。

（3）用法与用量：杀灭三代虫、指环虫、锚头鳋时每个“168”漏斗型池塘可使用30~50克。

（4）注意事项：①在使用氯氰菊酯时，应按照规定的剂量使用，并注意药物的作用时间和作用范围。②为了保证水产品质量安全，应在使用氯氰菊酯一定时间后再进行养殖，并定期检测残留量。③使用氯氰菊酯时应注意保护好皮肤、口鼻和眼睛，避免误食、误吸入和接触。

15. 硫酸锌

（1）性状：本品为含有7个结晶水的硫酸锌，为结晶性粉末，溶于水。

（2）作用与用途：防治原生动物引起的累枝虫病、钟形虫病、斜管虫病等。具有收敛和抗菌作用。

（3）用法与用量：全池遍撒，1米^{3}水体用量为0.3~0.5克。

16. 辛硫磷

（1）性状：本品是一种有机磷杀虫剂，以触杀和胃毒作用为主，无内吸作用，在水产养殖中使用广泛，属于广谱性杀虫剂。辛硫磷杀虫谱广，击倒力强，在水中不稳定，很快分解，所以残留期短，残留危险小。但该药施入土中，残留期很长，适合于防治地下害虫。对鳞翅目幼虫很有效。

（2）作用与用途：可防治养殖鱼类感染的寄生虫和预防出血病暴发。鱼类常常受到各种各样的寄生虫和外寄生菌的侵害，如鱼类身上的水蚤、动物草履虫、外鳃线虫等，这些寄生虫和外寄生菌会危害水生动物的健康，甚至会导致它们的死亡。辛硫磷能够有效地防治各种水生动物寄生虫和外寄生菌感染。

（3）用法与用量：辛硫磷对鱼的毒性较强，具有较大的风险性，易引起鲤鱼死亡，注意控制使用量，池塘每亩使用量不得超过150克。每个“168”漏斗型池塘使用量为125克。

17. 敌百虫

（1）性状：本品是水产养殖中常用的杀虫剂。是一种有机磷杀虫剂，能溶于水和有机溶剂，性质较稳定，但遇碱则水解成敌敌畏，其毒性增大了10倍。

（2）作用与用途：作为水产杀虫剂广泛使用，可以内服也可以全池泼洒。主要杀灭鱼体三代虫、指环虫、蚣藻虫、中华鳋、锚头鳋及水体红虫等。在使用敌百虫之前，应首先诊断鱼体内的寄生虫种类及其感染程度，然后选择合适的药物进行治疗。避免盲目用药，以防产生抗药性和副作用。

（3）用法与用量：根据寄生虫的种类和感染程度，确定合适的用药剂量，如1米^{3}水体使用浓度为0.3～0.5克；而用于带水清塘或杀灭某些水生昆虫时，使用浓度可达1米^{3}水体1.5～2克。

早晨的水质pH值较低，且锚头鳋幼虫通常会在早晨聚集在水体表层，因此，使用敌百虫杀灭锚头鳋幼虫的最佳时间是早晨。在鱼浮头或刚结束浮头时不应使用敌百虫，因为敌百虫有麻痹作用，易引起鱼类暗浮头死鱼现象。

（4）注意事项：①虾、蟹、鳜鱼、淡水白鲳、无鳞鱼（如叉尾鮰）、海水鱼等对敌百虫比较敏感，不能在这些水产品养殖中使用。②敌百虫水溶液不稳定，配制后不宜长时间存放，应在短时间内使用。③敌百虫与碱性物质混用时会发生化学反应生成毒性更强的敌敌畏，因此必须谨慎控制用量。敌百虫与其他药物结合使用可以增加疗效，如硫酸铜、辛硫磷等，降低治疗成本，并且有助于克服抗药性。

18. 水杨酸

（1）性状：本品是一种苯酚类化合物，具有强效的抗菌和消炎作用，常用于人畜药物和农业防疫领域，同时在水产养殖中也表现出了独特的药效。水杨酸的化学名为2-羟基苯甲酸，分为天然来源和合成两种，大多数水产养殖企业选用天然来源的水杨酸，尤其是柳树皮中提取的水杨酸，因其价格低廉，效果稳定而备受青睐。

（2）作用与用途：水杨酸具有广谱的抗菌作用，对于水产养殖中常见的多种细菌和病毒都有一定的防治效果，能够解决如农药残留、霉菌污染、溶解氧不足等问题，广泛用于预防和治疗水生动物疾病。此外，水杨酸还能够提高动物免疫力，增强其抗病能力，降低水产动物的损失率。

（3）注意事项：①水杨酸在水产养殖中具有预防病害、促进生长等多种作用。②水杨酸具有一定的杀菌作用，可以作为消毒剂用于水产养殖池塘、设备的消毒等。③防止水产动物腐烂。水杨酸属于有机酸类化合物，具有良好的防腐效果。将其加入水产养殖水中，可以在一定程度上抑制微生物的生长，防止水产动物体内和外部表面的腐烂，延长水产品的保鲜期，提高养殖效益。

19. 益生菌生物改良剂

（1）性状：益生菌包括光合细菌、乳酸菌、酵母菌、芽孢杆菌、醋酸菌、双歧杆菌、放线菌七大类微生物中的10属80种有益微生物。

①光合菌群（好氧型和厌氧型）：如光合细菌和蓝藻类，属于独立营养微生物。

②乳酸菌群（厌氧型）：以嗜酸乳杆菌为主导。它靠摄取光合细菌、酵母菌产生的糖类形成乳酸。乳酸具有很强的杀菌能力，能有效抑制有害微生物的活动和有机物的急剧腐败分解。

③酵母菌（兼性厌氧型）：是单细胞真菌，一般呈卵圆形、圆形、圆柱形或柠檬形。菌落形态与细菌相似，但较大较厚，呈乳白色或红色，表面湿润、黏稠，易被挑起。

④芽孢杆菌（兼性好氧型）：芽孢杆菌作为一种简单的细菌，能强烈地分解碳系、氮系、硫系、磷系污染物，分解蛋白质和复杂多糖，对水溶性有机物分解也有重要的作用。同时可以与养殖环境中的有害藻类及水产致病菌竞争，形成优势种群，以此达到抑制有害藻类及水产致病菌的目的。

（2）作用与用途：益生菌生物改良剂有净化水质、改善环境、降低水环境中氨、硫化氢等有害物质含量，调控养殖池微生物生态结构，增强水产动物免疫功能，预防病害，增进健康，降低发病率及死亡率的作用，且无污染，成本低。

（3）用法与用量：①使用光合细菌适宜水温为15～40℃，最适水温为26～36℃，因而宜掌握在水温20℃以上时使用，注意阴雨天勿用。与有机肥或无机肥混合使用效果明显，可以防止藻类老化造成水质变坏。②乳酸菌能够分解木质素和纤维素，并使有机物发酵分解，还能够抑制致病菌增殖。③益生菌使用时每亩用量不超过5千克，否则容易造成鱼类缺氧浮头。

（4）注意事项：①药物对益生菌制剂及复合菌的活体细菌有杀灭作用，因此不能与消毒杀菌剂同时使用。因为作为活菌，药物对它有杀灭作用，水体使用时，把握“前三后五”的原则（使用活菌制剂的前3天和使用之后的5天，不使用消毒剂，杀菌剂和杀虫剂等）。禁止与抗生素、杀菌药或具有抗菌作用的中草药使用。②水瘦时要先施肥再使用光合细菌。③酸性水体不利于光合细菌生长，应先抛撒适量生石灰，调节水体pH值为7时再使用光合细菌。④阴雨天不要使用，以免造成鱼类缺氧。

十、拉网、销售

"168"漏斗型池塘的拉网销售，不同于普通的养殖池塘，其拉网技术和销售有自己独特的特点。优点是劳动强度小，拉网操作简便，拉鱼操作时间短，不容易伤鱼，不会出现缺氧死鱼，通常2～4人即可协作完成操作。"168"漏斗型池塘的底部是漏斗型设计，虽然有利于集中移除鱼类粪便等污染物，保持水质清洁，提高鱼类的生长速度和产品质量，但是池塘水深，周边站人十分困难，给拉网操作带来难度。

技术人员经过大胆创新，结合"168"漏斗型池塘的特点，多次试验，终于解决了这个问题，可不用下水操作，一网打尽，简单易行。特别是在养殖锦鲤时，方便及时挑选或销售，2～4人即可协作完成操作。

（一）拉网

1. 拉网的规格

一般情况下"168"漏斗型池塘拉网的长度是漏斗型池塘直径的1.2～1.3倍，即30～35米；拉网的宽度是水深的2.5倍，即12～13米。网目的大小要适宜，以确保目标鱼类能够被捕获而不会挂在网上。

2. 拉网的形状

拉网的设计，一般情况下是长方形。但是考虑到"168"漏斗型池塘特殊的结构，拉网也可以设计成扇形，中间宽，逐渐向两头递减。这样可减少拉网的重量，减少拉网累赘，但是网具的制作麻烦。

3. 拉网底纲配重

由于水深的原因，拉网的底纲要配重，这也是一网打尽的重点，底纲的中间部分使用8＃或10#铁锁链配重，这样才能使网迅速下沉（图10.1）。

4. 拉网的材质

拉网一定要使用尼龙网。尼龙拉网是一种较轻的现代渔业常用捕捞工具，由尼龙材质制成，具有较强的耐久性和较高的捕鱼效率。尼龙拉网相比传统的聚乙烯网衣，具有更好的柔软性、轻便性和抗腐蚀性，渔网更加坚韧，能够承受较大的拉力和摩擦力，对鱼的伤害较小（图10.2）。

图10.1　铁锁链

图10.2　尼龙拉网

5. 拉网的操作

在使用拉网方式时，需要注意操作的力度和速度，以避免对鱼类造成应激性伤害或导致伤亡。同时，考虑到不同地区的养殖条件和品种差异，养殖户需要根据实际情况调整捕捞策略。拉网前要停食2天以上，必要时需要降温，通过加注井水，缓慢地将池塘水温降到24℃以下，会减少鱼的活跃程度，提高运输成活率。根据需要的量，可采取拉1/3网、半网或全网，需要一网打尽时，底纲配铁锁链即可（图10.3）。

图10.3　拉网现场

（二）销售

养殖的最后一个环节是销售，也是最主要的环节之一，养得好还要卖得好，能赚钱才行。首先是保证成活率的问题，还有随着生活水平的提高，消费者对水产品的品质要求也越来越高，应采取措施，提高鱼的品质，特别是南方，对鱼的品质要求高，应运而生的就是生产吊水鱼（瘦身、去土腥味、去药残），让鱼肉更滑嫩、紧致。另外从2022年开始，在“168”漏斗型池塘的净化池开展路亚垂钓，效果很好，也成为一个效益增长点，从而产生了“168+休闲垂钓”。

1. 养成后直接销售

直接销售目前还是销售的主要方式。养成后通过水车运输，全池一次性卖完，或几次卖完，也可通过专用网具一网打尽，挑大留小，轮捕轮放。传统池塘因水温等问题拉网运输难，而“168”模式特别适合夏季销售，能通过停食降温拉网，具有明显的优势，能显著提高经济效益。

2. 吊水鱼方式销售

吊水鱼指的是当鱼类长到一定规格后，将它们转移到另一个池塘进行暂养，存放一定时间后，鱼的肉质达到要求后开始出售的一种销售模式。吊水鱼反映了人们对食品安全和营养价值日益增长的关注，其养殖方式注重环保和可持续性，旨在为消费者提供更健康、更美味的鱼类产品。

吊水鱼有助于鱼类减少体内脂肪储存，提高肌肉紧实度。在吊水过程中，鱼类不摄入任何人工饲料，这样可以避免鱼肉产生泥腥味和过多的脂肪积累。通过增加水流速度，模拟自然河流环境，促进鱼类运动，从而增强其肌肉组织，使口感更佳。

草鱼、鲫鱼、大口黑鲈、罗非鱼等多种鱼类都可以通过这种方式养殖成吊水鱼。由于吊水鱼的肉品质较好，因此在市场上通常能卖出更高的价格。目前在广州最普遍，内地在河南郑州市最先开始做吊水鱼。吊水方式有以下几种。

第一种是标准最高的车间吊水。在车间内建造长条形或方形或圆形水泥池，通过加注清水、曝气增氧、水流冲击进行吊水（图10.4）。一般根据需求不同，分为7天、15天、30天、45天、60天等不同时间、不同级别、不同价格销售，满足不同需要，也有相对较高的收益。当然，相对成本较高，有运输成本、鱼病风险等。

第二种是“168”漏斗型池塘原池吊水，“168”漏斗型池塘具有自动排污系统、池底洁净、换水方便、拉网方便、防渗膜与土地隔离无土腥味等优点，十分适合原池吊水。养成后停食，正常排污、增氧、水流冲击、加注清水，也按7天、15天、30天等时间吊水，规模生产吊水鱼。夏季可以在池塘上面覆盖遮阳网，可避免藻类的滋生，减少肉质的藻腥味。相对成本比第一种低很多（图10.5）。

图 10.4　车间吊水

图 10.5　原池吊水

第三种是小“168”漏斗型池塘吊水。建设小型漏斗型池塘，将传统池塘养的鱼，放入该池中吊水，也是不错的方式。

吊水池范例：荥阳黄河滩吊水鱼养殖试验。

荥阳富发水产养殖有限公司根据“168”漏斗型池塘养殖情况，于2019年年底建设了7座直径为10米，水深4米的吊水池塘，将郑州市荥阳黄河滩的黄河鲤鱼进行吊水销售，直供大型饭店，鲤鱼销售价格为30元/千克，价格提升了3倍，利润可观，并创立了“孤柏嘴黄河大鲤鱼”品牌。

3.“168+007路亚垂钓”方式销售

2023年郑州千山万水农业有限公司对其辖区荒废坑塘进行整治改

造，并利用“168”漏斗型池塘“007”布局进行路亚垂钓。

目前路亚垂钓方案有以下三种。

方案一：私人定制。钓鱼前钓友与老板约定投放鱼的斤数，按照34～45元/千克（根据市场定价）的价格投放大口黑鲈，不约束钓鱼的人数。这种情况大多是由卖渔具的老板、抖音直播平台老板，或者其他钓鱼界影响力较大的人牵头负责召集钓鱼的人，并约定开钓时间，然后再把钓位高价卖出，获取钓鱼利益。

方案二：按场收费。老板投放一定数量的大口黑鲈，约定主场，一根竿380元，单场时间8个小时，钓出来的鱼可以全部带走或者老板回收。老板会提前在自己的垂钓群中发布主场信息，根据报名的人数投放鱼的数量。

方案三：练竿塘。老板投放少量大口黑鲈，并提前在自己的垂钓群中发布主场信息，钓鱼费每竿100元，钓完鱼后不能将鱼带走，而是交给老板。这种方案，大多是附近饭店对大口黑鲈有需求，鱼钓出来后会直接送往饭店。

“168+007路亚垂钓”目前是效益比较好的方式，特别是距离市区较近，交通方便，环境优美的鱼塘，深得钓友喜欢。这种垂钓方式既给广大市民提供了休闲的地方，也取得了很好的收入。

还有一个好处是，一般每周五从“168”池塘拉网放到净化池，周末2天进行垂钓。这种直接池挨池放鱼，避免了别的垂钓场从外面拉鱼回来而产生的运输问题、受伤问题、鱼病问题，从而保证了“168+007路亚垂钓”鱼的质量。

十一、漏斗型池塘建设生产中应注意的事项

水产业亩产从100千克到200千克，再到2 000千克、4 000千克等，到现如今，漏斗型池塘循环水养殖技术亩产已经可以达到20 000千克。目前已经在河北、广西、山东、浙江、新疆、陕西等地建成5 000多座漏斗型池塘。漏斗型池塘循环水养殖模式具有产量较高，结构简单，建设方便，生态环保等诸多优点，是目前最适合中原地区养殖推广的养殖模式。

但是任何一种养殖模式都是有局限性的，都有自己的缺点和不足，如果我们对这些模式的缺点认识不足，就会造成很大的损失，因此我们必须有清醒的认识，尽量避开这些缺点，以达到最佳效果。

为了高质量推广漏斗型池塘养殖技术，使大家在养殖中少走弯路，本章重点分析漏斗型池塘的缺点和不足，将建设、养殖过程中可能会出现的问题总结如下。

1. 要时刻注意人身安全

"168"漏斗型池塘水深3米以上，且坡度较陡，铺设防渗膜，表面十分光滑，一旦失足落水，没有外力或绳索的帮助个人是无法出来的。因此要注意避免溺水事件发生，必须在池壁四周悬挂警示标识、救生圈和绳索软梯，防止事故的发生（图11.1、图11.2）。

2. 建设要规范

事先要认真学习或到示范基地考察，对技术了解透彻。建设前要根据地形地貌做规划设计，养殖区、生态净化区、尾水处理、鱼粪收

图 11.1　警示标识

图 11.2　配备救生圈

集与资源化利用的布局要合理，比例要合适，材料要达标（重点），应参考河南省地方标准《漏斗型池塘建设技术规范》（DB41/T 2223—2022）的要求，标准建设。

3. 建设步骤的顺序要正确

漏斗型池塘的建设，包含排污设计、水循环、粪便收集、水位控制、自动排污等技术。一般有20个建设步骤，在建设过程中要提前仔细分析，认真研究，按照预定的步骤来进行建设。一般过程为土地平整→测量→放线→挖制→埋管道→灌注水密实→排水→人工平整→铺膜排污口处理→安装鱼粪收集处理设备→循环水管道→净化池等。

4. 切记“168”漏斗型池塘是圆形漏斗状

最重要的是养殖池必须是圆形漏斗状，部分养殖户建设的“168”池塘表面看是圆形，但底部落差不大，漏斗形状不明显，还有部分养殖户鱼池的池底呈锅底状，这都会造成鱼粪、残饵不能快速排出。目前比较合适的是池塘上口直径为26米，边坡为2米，中间深5米，或者依此比例类推。

5. 铺膜一定要平整

“168”漏斗型池塘圆形漏斗状，上口、边坡要平整。而有些养殖户要求粗放，池底不平、皱褶多，高低不平影响美观，同样也是影响排污效果的关键。在铺膜前用机械平整加人工平整，是铺膜平整的前提。铺膜要求平整无皱褶、拼接严丝合缝、焊接均匀，加水无渗漏。特别应注意，池内防渗膜和排污口处理结束后，要缓慢加水，加到正常设计水位后，才能填埋压膜沟，还要人工尽量拉展池面防渗膜，避免皱褶出现（图11.3、图11.4）。

图11.3 防渗膜铺设

图11.4 平整的池埂

6. 要循环流水

流水不腐，要让全系统的水都无死角动起来。人造流水养鱼，是高产和品质提升的关键，也是漏斗型池塘的重要特征。循环过程中把鱼粪、残饵带出养殖池，并分离出来，上清水经过净化循环使用。由于该养殖模式水位高差不大，为了节能一定要使用大流量节能循环泵作为提水动力，尽量不使用普通潜水泵进行水循环。节能循环泵一般是300瓦，每小时输水30米^3，这样既可减少投资，又能达到水循环的目的。如果动力要求大，可选择多台共同使用（图11.5）。

图11.5 循环泵

7. 要防止断电

保证增氧用电是漏斗型池塘的基本要求。漏斗型池塘一旦停电或者机器损坏，水体中的溶解氧就会急剧减少，会严重威胁鱼类的生命安全，所以必须配备足额的发电机、备用增氧机和配件，以备不时之需。发电机要安装自动转换器，停电时可自动转换。采取夜间加配液氧增氧，不用电，可防止缺氧的发生，对“168”漏斗型池塘高产安全也是一个保证。有条件的可配备自动控制、报警装置等设施，当然再先进的设备，也离不开人，要定期巡池、检查。

8. 防止排污口阻塞

由于漏斗型池塘水体较深（一般3.5～5米），一旦排污口阻塞，会严重影响水循环，清理起来也十分困难。引起管道阻塞的不仅有淤泥，还有外部散落的死鱼、树叶、杂物，甚至飘落的编织袋和塑料布，要引起重视。底部排污口做混凝土处理，安装不锈钢鱼筛做拦鱼栅，能很好地解决这个问题（图11.6）。但要注意，周边不要种植落叶树木，可种植一些景松、棕榈树美化环境，同时要注意避免饲料袋等杂物落入，发现时随时打捞。

图11.6　排污口处理

9. 防止密度过大

盲目加大密度，会增大养殖风险。目前根据近几年的总结看，亩产大口黑鲈7 500千克、罗非鱼20 000千克、斑点叉尾鮰15 000千克、鲤鱼20 000千克、草鱼20 000千克比较合适。密度过大，产生的鱼粪增多，处理难度增大，同时影响水质，会增加鱼病风险和管理风险。2022年以前龙祥水产延津基地养殖罗非鱼，最高产量达到34 000千克，现在改为不超过20 000千克，每天投喂2次，八成饱，鱼病很少、饲料系数也很低，效益最佳。

10. 防止水温的剧烈变化

任何生物的疾病发生，往往都和温度的剧烈变化有关。加注新水时，温差如果变化过大，鱼类就极易产生疾病，要格外注意。特别是养殖无鳞鱼，如叉尾鮰，直接加注井水极易引起小瓜虫病。加注井水时尽量先加到净化处理池，再循环到漏斗型池塘。降温时，一定要缓慢，进水口可安装在增氧机附近，让井水尽快混合，避免局部降温过快。

11. 地下水位过浅或严重缺水地区，不适合建设

“168”池塘目前比较适宜的直径约26米，深5米，一般施工采取下挖3米，垫高2米，一些水资源比较丰富的地区，地下水位不到1米，施工难度大不建议开挖。能下挖2米的地区可以减小面积，直径20米，下挖2米，垫高1.5米，效果也不错，或者堆土建设。一些严重缺水地区，用水困难或成本过高，不适合养鱼。

12. 避开雨季施工

“168”漏斗型池塘，采取室外土基挖制，一定要在雨季到来前或过后施工，避免因下雨影响施工进度和施工质量。黄河中下游地区，一般要在每年的11月以后、翌年5月以前，否则下雨就会带来很多不便，其他地区要根据各地天气情况确定。

13. 土地性质必须符合要求

国家18亿亩土地红线保证粮食生产，基本农田不允许开挖鱼池，只能在养殖用地或设施用地上建设，投资建设前一定要清楚该土地性质，避免造成损失。

十二、专利授权与保护

截至2023年年底，全国共建设“168”养殖单元5 000多个，目前全国各地前来参观学习的同行、企业和个人络绎不绝，也受到了大家的一致好评。为更好地将“168”技术推广应用，郑州市农业技术推广中心水产站组成调研组，对河南省及部分外省用户进行了走访，发现部分地方建设“168”池塘不规范，影响了使用效果。

为将“168”标准做到家喻户晓，发挥积极作用，调研组向郑州市农业技术推广中心提出申请，经过论证适合开展“168”技术养殖后，郑州市农业技术推广中心给予该专利授权，并签订3年技术服务协议，定期或受邀组织技术人员现场指导，确保“168”技术得到正确应用，避免因建设不标准、养殖不规范造成损失，而对该技术造成不良影响，同时也为了保护专利的合法使用。

从2019年开始不断创新，首先在楼道里做模型试验，不断优化改进，同时进行小试、中试和推广。在池塘设计、鱼粪收集、水粪分离、尾水处理、循环利用等方面深入研究，至今共授权了2个发明专利（①漏斗形池塘生态循环养殖系统及方法，专利号：ZL 2021 1 0459131.6；②一种新型生态湿地循环水综合种养系统，专利号：ZL 2019 1 0300295.7），2个实用新型专利（①一种鱼粪收集装置，专利号：ZL 2022 2 2602093.8；②一种水粪分离装置，专利号：ZL 2022 2 3602155.1）。

附：专利证书、地方标准

证书号第18013438号

实用新型专利证书

实用新型名称：一种鱼粪收集装置

发 明 人：王健华;张超峰;刘忠虎;刘猛;弓飞龙;郭江涛;张友凡
张亚;元洁琼;孙新华;史楠冰

专 利 号：ZL 2022 2 2602093.8

专利申请日：2022年09月29日

专 利 权 人：郑州市水产技术推广站

地 址：450007 河南省郑州市中原区桐柏南路19号

授权公告日：2022年12月13日　　授权公告号：CN 218007771 U

国家知识产权局依照中华人民共和国专利法经过初步审查，决定授予专利权，颁发实用新型专利证书并在专利登记簿上予以登记。专利权自授权公告之日起生效。专利权期限为十年，自申请日起算。

专利证书记载专利权登记时的法律状况。专利权的转移、质押、无效、终止、恢复和专利权人的姓名或名称、国籍、地址变更等事项记载在专利登记簿上。

局长
申长雨

国家知识产权局
2022年12月13日

第1页（共2页）

其他事项参见续页

证书号第5790278号

发明专利证书

发明名称：漏斗形池塘生态循环养殖系统及方法

发明人：王健华;张超峰;刘猛;郭江涛;元洁琼;孙新华;张亚
张友凡;弓飞龙

专利号：ZL 2021 1 0459131.6

专利申请日：2021年04月27日

专利权人：郑州市水产技术推广站

地址：450000 河南省郑州市中原区桐柏南路19号

授权公告日：2023年03月17日　　授权公告号：CN 113115740 B

国家知识产权局依照中华人民共和国专利法进行审查，决定授予专利权，颁发发明专利证书并在专利登记簿上予以登记。专利权自授权公告之日起生效。专利权期限为二十年，自申请日起算。

专利证书记载专利权登记时的法律状况。专利权的转移、质押、无效、终止、恢复和专利权人的姓名或名称、国籍、地址变更等事项记载在专利登记簿上。

局长
申长雨

国家知识产权局
2023年03月17日

第1页（共2页）

其他事项参见续页

证书号第19018811号

实用新型专利证书

实用新型名称：一种水粪分离装置

发　明　人：王健华;张超峰;刘忠虎;刘猛;弓飞龙;郭江涛;张友凡
张亚;元洁琼;孙新华;史楠冰

专　利　号：ZL 2022 2 3602155.1

专利申请日：2022年12月30日

专利权人：郑州市水产技术推广站

地　　址：450007 河南省郑州市中原区桐柏南路19号

授权公告日：2023年05月16日　　　授权公告号：CN 219023375 U

国家知识产权局依照中华人民共和国专利法经过初步审查，决定授予专利权，颁发实用新型专利证书并在专利登记簿上予以登记。专利权自授权公告之日起生效。专利权期限为十年，自申请日起算。

专利证书记载专利权登记时的法律状况。专利权的转移、质押、无效、终止、恢复和专利权人的姓名或名称、国籍、地址变更等事项记载在专利登记簿上。

局长
申长雨

国家知识产权局
2023年05月16日

第1页(共2页)

其他事项参见续页

证书号第6951505号

发明专利证书

发 明 名 称：一种新型生态湿地循环水综合种养系统

发　明　人：张超峰;王健华;刘猛;弓飞龙;郭江涛;张友凡;元洁琼

专　利　号：ZL 2019 1 0300295.7

专利申请日：2019年04月15日

专 利 权 人：郑州市水产技术推广站

地　　　址：450007 河南省郑州市中原区桐柏南路19号

授权公告日：2024年04月30日　　授权公告号：CN 109906994 B

国家知识产权局依照中华人民共和国专利法进行审查，决定授予专利权，颁发发明专利证书并在专利登记簿上予以登记。专利权自授权公告之日起生效。专利权期限为二十年，自申请日起算。

专利证书记载专利权登记时的法律状况。专利权的转移、质押、无效、终止、恢复和专利权人的姓名或名称、国籍、地址变更等事项记载在专利登记簿上。

局长
申长雨

国家知识产权局
2024年04月30日

第1页（共2页）

其他事项参见续页

ICS 65.150
CCS B 52

DB 41

河 南 省 地 方 标 准

DB41/T 2223—2022

漏斗型池塘建设规范

2022-01-13 发布 2022-04-12 实施

河南省市场监督管理局 发 布

前　言

本文件按照GB/T 1.1—2020《标准化工作导则　第1部分：标准化文件的结构和起草规则》的规定起草。

本文件由河南省农业农村厅提出并归口。

本文件起草单位：郑州市水产技术推广站、河南省水产技术推广站。

本文件主要起草人：王健华、杨雪冰、张超峰、刘猛、陈颖、赵黎明。

DB41/T 2223—2022

漏斗型池塘建设规范

1 范围

本文件规定了漏斗型池塘的术语和定义、选址布局、原材料、建设、设施设备。

本文件适用于吃食性鱼类的养殖池塘。

2 规范性引用文件

下列文件中的内容通过文中的规范性引用而构成本文件必不可少的条款。其中，注日期的引用文件，仅该日期对应的版本适用于本文件；不注日期的引用文件，其最新版本（包括所有的修改单）适用于本文件。

GB/T 3280 不锈钢冷轧钢板和钢带

GB/T 10002.1 给水用硬聚氯乙烯（PVC-U）管材

GB 11607 渔业水质标准

GB/T 13793 直缝电焊钢管

GB/T 17638 土工合成材料 短纤针刺非织造土工布

GB/T 17643 土工合成材料 聚乙烯土工膜

NY 5361 无公害农产品 淡水养殖产地环境条件

3 术语和定义

下列术语和定义适用于本文件。

3.1 漏斗型池塘

圆形漏斗状，通过高效集污排污，将分离出鱼粪的养殖尾水，经生态净化处理循环利用的池塘。生态循环路径见附录 A 图 A.1。

3.2 鱼粪集排装置

利用缓沉原理，使水流流速减缓后，水中比重较大的鱼粪、残饵等颗粒物，重力的原因沉降汇集在漏斗底部，通过排污管路排出的装置。

3.3 沉淀塔

利用静水沉淀原理收集并分离水中鱼粪、残饵等颗粒物的装置。

3.4 生态沟渠

对沉淀塔排出的肥水通过水生生物的吸收、微生物的分解利用，达到预处理的长条形设施。

3.5 鱼粪发酵通道

采用聚乙烯土工膜、短纤针刺非织造土工布等材料制成，对收集到的鱼粪进行发酵处理，覆盖钢构大棚防风防雨的设施。

3.6 生态净化池

通过微生物分解利用、水生生物吸收利用、曝气增氧调节水质等方式对经鱼粪集排装置排出的清水进行净化处理，达到循环再利用的池塘。

4 选址布局

4.1 选址

4.1.1 池塘建设应选择周边生态环境好、无污染源，应符合 NY 5361 的规定，并具备良好的防洪、排涝条件的区域。

4.1.2 水源充足，水质应符合 GB 11607 的规定。

4.1.3 具备满足水产养殖所需要的交通、通信和电力条件。

4.2 布局

应符合地形、水系的特点和养殖生产需要。循环水和鱼粪应分区生态处理。生态处理区面积与养殖区面积之比不小于4:1。

5 原材料

5.1 管道材料

循环水管道使用建筑给水用硬聚氯乙烯（PVC-U）管材，压力0.63～1.0 MPa，直径110～300 mm。应符合GB/T 10002.1的规定。

5.2 防渗材料

聚乙烯土工膜规格≥250 g/m²。应符合GB/T 17643的规定。

短纤针刺非织造土工布规格≥400g/m²。应符合GB/T 17638 的规定。

5.3 钢管材料

钢构大棚采用直径32 mm和25 mm直缝钢管。应符合GB/T 13793的规定。

6 建设

6.1 池塘建设

在土基上挖制，池塘上口直径20～34 m、池深4～5 m为宜，池埂内坡比1:1，池底坡比1:4～1:5，池埂高程高于原地面1～2 m，预留宽0.5 m、深0.3 m凹槽做溢水。池底中央最深处设置长1 m、宽1 m、深0.6 m砖混结构的漏斗状排水口，覆盖钢丝网拦鱼栅，上方 0.5 m处贴紧斜面设置第二层拦鱼网。漏斗型池塘结构见附录B图B.1。

6.2 管道铺设

从池塘中心排水口最底处铺设直径300 mm循环水管道至池外，落差0.5 m，由300 mm PVC弯头连接300 mm管道垂直向上，出口稍高于养殖池塘池埂平面，管道下方地基夯实，弯头连接处地基混凝土处理。在该管道底部向上三分之二处连接300 mm×200 mm PVC三通的管道，与鱼粪集排装置进水口相连。

6.3 土工膜铺设

土基池塘成形后，采用灌注水的方法使土基密实，之后排水晾晒至表面湿润。经平整后，在土基上铺设一层短纤针刺非织造土工布保护，上面再铺设聚乙烯土工膜至池埂，并向外平铺0.5 m，挖沟下埋0.5 m封土固定。在预留的溢水凹槽处用混凝土处理，并与300 mm垂直管道相通。池底中间与排水口相接处的土工膜用混凝土覆盖压实。

6.4 钢构大棚搭建

外弧采用直径32 mm、内弧采用直径25 mm的直缝钢管，按设计弧度折弯，中间相距20 cm加镀锌钢筋焊接支撑加固，呈穹顶式，覆盖大棚专用塑料膜保温。

6.5 生态沟渠

宽5～10 m、深1.5～2 m、长50 m以上，与沉淀塔溢水管道相接。整渠铺设聚乙烯土工膜防渗处理，内填0.5 m沙土，末端与生态净化池前端相接，连接处设过滤坝。过滤坝与池埂等宽、面积2～4 m^2，采用钢架、钢丝网固定，内部填满毛刷、火山石等过滤材料。

6.6 生态净化池

分2级生态净化池，一级种植水生植物，面积是漏斗型养殖池塘的30 %以上，深度1.5 m以内。池底可种植伊乐藻、苦草、轮叶黑藻等。末端与下一级相连，连接处设过滤坝。

二级主要放养鲢、鳙鱼，面积是漏斗型养殖池塘的2倍以上，深度2～3 m，边坡用土工布或绿化砖等材料保护。

6.7 鱼粪发酵通道

长50 m以上，宽5～10 m，地基夯实，坡降不小于0.5 m。地面先铺设短纤针刺非织造土工布保护，上面再铺设聚乙烯土工膜，末端与集粪槽相连，集粪槽采用砖混结构，宽2 m、深1 m。通道上方覆盖单层钢构大棚，覆盖大棚专用塑料膜。

6.8 道路、工作场所

场区道路和工作场地应满足实际生产需要，并配备相应的照明设施；主道路以水泥混凝土路面或沙石路面为宜，净宽不小于4 m；池塘间应建设辅助道路，净宽不小于2 m。

7 设施设备

7.1 鱼粪集排装置

不锈钢或聚丙烯材料，直径2～3 m，深度3～3.5 m，底部呈漏斗状。设进水口、出水堰、溢水口、排粪口。

7.2 沉淀塔

不锈钢或聚丙烯材料，直径1～2 m，高3～3.5 m，上半部分圆筒状，下半部分漏斗状。设进水口、溢水口、排粪口。

7.3 增氧设备

增氧机配置数量和类型应符合池塘面积和养殖生产要求。养殖池塘配置水车式增氧机2台、叶轮式增氧机1台，水车式增氧机应同一方向安装在距池边1～2 m处，叶轮式增氧机安装在池塘中心位置。生态净化池每667 m^2配备0.5 kW叶轮式增氧机。

7.4 水泵、管道泵

在生态净化池末端距水面下0.5 m位置安装水泵2台（一用一备），用管道连接到养殖池塘，沿池边切线方向进水。1台水泵放入垂直管道底部，1台管道泵连接鱼粪集排装置和沉淀塔。

7.5 智能设备

安装水质监测、增氧、投饲和鱼粪集排等智能控制设备。

7.6 标识、标志

养殖区周边设立生产标识和安全警示标志。

附 录 A
（资料性）
漏斗型池塘生态循环路径示意图

图A.1给出了漏斗型池塘生态循环路径示意图。

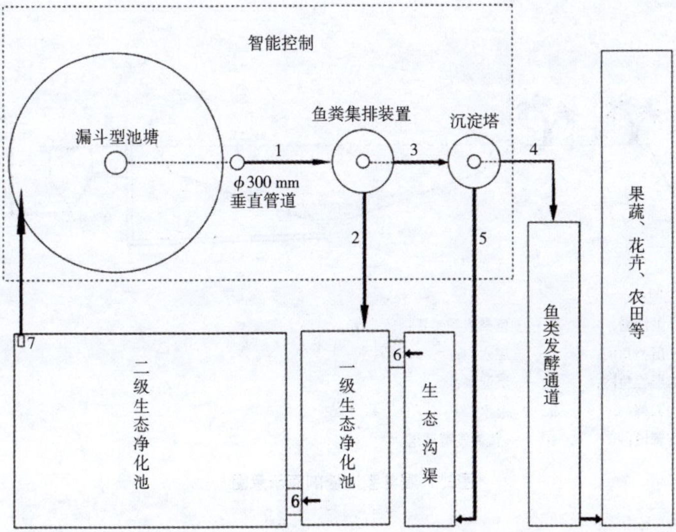

标引序号说明：

1——尾水；

2——清水；

3——鱼粪水；

4——鱼粪；

5——过滤坝；

6——水泵。

图A.1 生态循环路径示意图

附 录 B
（资料性）
漏斗型池塘剖面示意图

图B.1给出了漏斗型池塘剖面示意图。

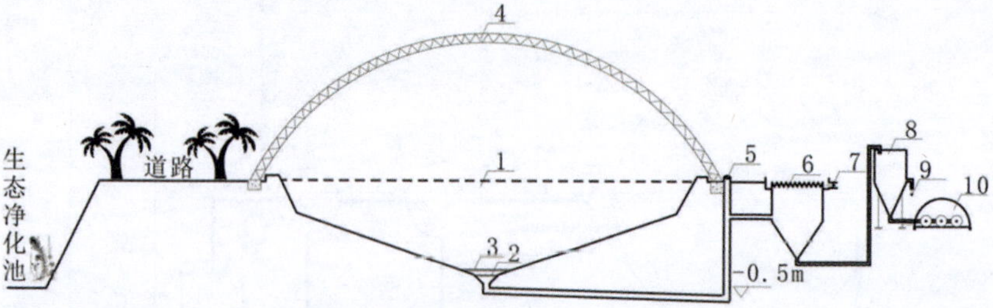

标引序号说明：

1—— 漏斗型池塘；
2—— 第一层拦鱼网；
3—— 第二层拦鱼网；
4—— 钢构大棚；
5—— 垂直管道；
6—— 鱼粪集排装置；
7—— 溢水口；
8—— 沉淀塔；
9—— 溢水口；
10—— 鱼粪发酵通道。

图B.1 漏斗型池塘剖面示意图

ICS 65.150
CCS B 52

DB41

河　南　省　地　方　标　准

DB41/T 2494—2023

漏斗型池塘养殖通用技术规范

2023-09-15 发布　　2023-12-14 实施

河南省市场监督管理局　发 布

前　　言

本文件按照GB/T 1.1—2020《标准化工作导则　第1部分：标准化文件的结构和起草规则》的规定起草。

请注意本文件的某些内容可能涉及专利。本文件的发布机构不承担识别专利的责任。

本文件由河南省农业农村厅提出并归口。

本文件起草单位：郑州市水产技术推广站、河南省水产技术推广站、河南省水产科学研究院、郑州市农村能源环境保护站、开封市水产技术推广站。

本文件主要起草人：张超峰、王健华、杨雪冰、刘猛、贾滔、王秋红、史良、郭江涛、张亚、孙新华、张友凡、弓飞龙、元洁琼、陈颖、尚胜男。

DB41/T 2494—2023

漏斗型池塘养殖通用技术规范

1 范围

本文件规定了养殖环境、池塘准备、苗种放养、饲料投喂、日常管理、病害防治、吊水提质以及捕捞。

本文件适用于摄食配合饲料的鱼类养殖。

2 规范性引用文件

下列文件中的内容通过文中的规范性引用而构成本文件必不可少的条款。其中，注日期的引用文件，仅该日期对应的版本适用于本文件；不注日期的引用文件，其最新版本（包括所有的修改单）适用于本文件。

GB 11607 渔业水质标准

GB/T 22213 水产养殖术语

NY/T 5361 无公害农产品 淡水养殖产地环境条件

SC/T 1075 鱼苗、鱼种运输通用技术要求

SC/T 1077 渔用配合饲料通用技术要求

SC/T 1132 渔药使用规范

DB41/T 2223—2022 漏斗型池塘建设规范

3 术语和定义

下列术语和定义适用于本文件。

3.1 生态循环

养殖尾水从漏斗池塘底部排污管道排出，经鱼粪集排装置分离后，上清水直接进入生态净化池；含有固态鱼粪、残饵的污水再通过沉淀塔进一步分离，二次分离出的尾水进入生态沟渠，经微生物、水生植物吸收等处理后，也进入生态净化池。经净化后回抽到漏斗型养殖池塘，实现水资源的循环利用。

3.2 资源化利用

分离出养殖水体的鱼粪、残饵，经发酵通道发酵后，输送到周边的农田、果园、苗圃等处，实现鱼粪、残饵资源化利用。

3.3 吊水

经加注清水、停食瘦身、去土腥味、提高品质的过程。

4 养殖环境

4.1 养殖环境

养殖环境应符合NY/T 5361的要求。

4.2 水源水质

水源水质应符合GB 11607的要求。

5 池塘准备

5.1 设施设备

设施设备购置、安装与调试，应符合DB41/T 2223—2022的要求。

5.2 加水运行

新建池塘应检查池壁无渗漏、无塌陷，管道无漏水、无断裂、无阻塞后缓慢加水，逐步运行。

5.3 种植水生植物

3月以后在生态沟渠和一级净化池中种植伊乐藻、苦草、莲藕、鸢尾等水生植物。

5.4 清塘消毒

采取干法清塘：放养前10 d用生石灰化水全池泼洒清塘消毒，生石灰用量180～225 g/m^2；或放养前7 d用漂白粉化水全池泼洒清塘消毒，漂白粉用量20 g/m^2。

6 苗种放养

6.1 放养品种

主要放养大口黑鲈、鲤鱼、草鱼、鲫鱼、罗非鱼、斑点叉尾鮰、黄颡鱼、丁鱥、锦鲤等品种。

6.2 苗种质量

健康，无病、无伤、规格整齐，经检疫合格的苗种。

6.3 苗种规格

养殖池：投放体长3 cm以上，已集中驯化摄食配合饲料的苗种。二级生态净化池：放养鲢、鳙鱼苗种，规格50～200 g/尾为宜。

6.4 放养密度

养殖池：培育苗种100～300尾/m^2，商品鱼养殖20～60尾/m^2。二级生态净化池：放养鲢鱼40～80尾/667m^2，鳙鱼20～40尾/667m^2。

6.5 放养时间

广温性鱼类在冬春季节放养；热带鱼在水温不低于20 ℃时放养。

6.6 注意事项

苗种应在具有苗种生产许可证企业采购，运输应符合SC/T 1075的要求。放池前经2%～4%食盐浸泡3～5 min。鱼苗放养时水温温差≤2 ℃，鱼种放养时水温温差≤5 ℃。

7 饲料投喂

投喂膨化配合饲料，配合饲料应符合SC/T 1077的要求。根据不同品种、不同规格选择相应专用饲料，根据不同水温调整投喂次数及投喂量。坚持定时、定位、定质、定量的投饵原则。

8 日常管理

8.1 巡塘

加强早、中、晚巡池，发现问题及时处理。

8.2 水体循环

循环泵从二级净化池末端水面下0.5 m处抽取中上层水至漏斗型养殖池塘，沿池切线方向进水，由中心底部排水口经管道到鱼粪集排装置，由出水堰溢出的清水流入一、二级生态净化池，循环量保证72 h循环1次以上，达到生态循环的目的。

8.3 增氧

增氧设备配置应符合5.1规定。养殖池保持1台水车式增氧机全天24 h开启，溶解氧额定值设定≥5 mg/L。

8.4 补水

补充新水应符合GB 11607的要求，温差超过5 ℃应先进入二级净化池，随循环水加入养殖池。

8.5 鱼粪、残饵收集处理

鱼粪、残饵由排污管道进入集排装置和沉淀塔。上清水排入生态净化池，鱼粪排入发酵通道，实现资源化利用。

8.6 设备检查、维修

每月定期对设备检查、维护，出现故障，及时维修，保证正常运行。

8.7 档案管理

建立生产、用药、销售等记录。档案记录应当保存至该批水产品全部销售后2年以上。

9 病害防治

坚持“以防为主、防重于治”原则。定期检查，发现鱼病，对症治疗。渔药使用应符合SC/T 1132的规定，并填写水产养殖用药记录。

10 吊水

商品鱼达到上市规格后，停止投喂，加注井水，关闭外循环，保持增氧机正常运行。吊水可设置7 d、15 d、30 d等不同时间。

11 捕捞

捕捞前降低水位，拉网时细心操作，防止鱼体受伤，夏季捕捞时应先加注井水降温。

参考文献

［1］丛子明，李挺. 中国渔业史［M］. 北京：中国科学技术出版社，1993：113–222.

［2］全国水产技术推广总站. 水产养殖尾水处理技术模式［M］. 北京：中国农业出版社，2022：24–59.

［3］张超峰，郭江涛，张亚娟. 漏斗形池塘循环水高效养殖大口黑鲈能耗成本分析［J］. 科学养鱼，2023（4）：45–46.

［4］张莉，张超峰，郭江涛，等. 漏斗形池塘水质生态净化效果研究［J］. 河南水产，2023（3）：24–26.

［5］元洁琼，张亚娟，郭江涛，等. 漏斗形池塘循环水高效养殖不同鱼类试验总结［J］. 河南水产，2021（4）：10–12.

［6］张亚娟，郭江涛. 漏斗形池塘循环水高效养殖技术推广应用及改进措施［J］. 河南水产，2022（4）：41–43.

［7］郭江涛，张超峰，王健华，等. 郑州168池塘底排污生态养殖试验［J］. 中国水产，2021（1）：101–103.

［8］郭江涛，张超峰，王健华，等. 不同底面坡度的漏斗形养殖池塘底排污效果比较［J］. 中国水产，2023（9）：64–68.

［9］郭江涛，张超峰，王健华，等. 郑州“168”池塘底排污生态养殖锦鲤试验［J］. 科学养鱼，2021（5）：78–79.

［10］郭江涛，张超峰，王健华，等. 漏斗形池塘循环水高效养殖技术探索与研究［J］. 科学养鱼，2021（9）：14–16.

［11］王健华，王飞，张超峰，等.“168”生态循环高效水产养殖模式［J］. 中国水产，2020（3）：52–55.

［12］任敬. 漏斗形池塘循环水高效养殖试验［J］. 中国水产，2022（10）：85–87.

[13] 王健华，王飞，张超峰，等.“168”生态循环高效养殖加州鲈技术研究［J］. 科学养鱼，2020（8）：39-41.
[14] 弓飞龙，李素芳，张友凡. 一种新型自动排污生态循环养鱼系统——“郑州168养殖”模式探讨［J］. 科学养鱼，2020（8）：16-17.
[15] 刘猛，王健华. 168水产养殖新模式介绍［J］. 科学养鱼，2019（11）：81-82.
[16] 万紫锦，孟庆辉. 现代水产养殖关键技术［M］. 成都：电子科技大学出版社，2023：30-54.
[17] 王健华，史楠冰，程涛. 漏斗形底排污池塘养殖黄颡鱼模式分析［J］. 科学养鱼，2022（10）：44-45.